沥青混凝土心墙坝技术研究及应用

余定仙　程　怡　杨双超　著

黄河水利出版社

· 郑州 ·

内容提要

沥青混凝土心墙作为一种新型防渗结构,具有自愈能力较强、抗渗效果好、适应坝体变形能力强等特点,并且该坝型施工方便、工期短、运行安全,因此在坝型选择过程中优势明显,并能有效规避区域黏土匮乏、土地资源紧缺等重大问题。

本书分为绪论、沥青混凝土心墙坝布置、沥青混凝土心墙设计、坝体设计、结构计算及分析、大坝安全监测、沥青混凝土坝施工及质量控制等七章内容,对沥青混凝土坝设计、施工、质检及维修加固等进行了讨论。各章节选择了有代表性的工程作为讨论依据,本书作者也根据其主持设计的工程得出的经验提出了自己的看法,对后续类似工程设计具有一定的参考意义。

本书可供水利水电工程设计、施工、试验和科研人员阅读,也可供有关专业的大专院校师生参考。

图书在版编目(CIP)数据

沥青混凝土心墙坝技术研究及应用/余定仙,程怡,杨双超著.—郑州:黄河水利出版社,2023.11
ISBN 978-7-5509-3796-3

Ⅰ.①沥… Ⅱ.①余…②程…③杨… Ⅲ.①沥青混凝土心墙-心墙堆石坝-研究 Ⅳ.①TV641.4

中国国家版本馆 CIP 数据核字(2023)第 235530 号

沥青混凝土心墙坝技术研究及应用
LIQING HUNNINGTU XINQIANGBA JISHU YANJIU JI YINGYONG

组稿编辑:王志宽 电话:0371-66024331 E-mail:278773941@qq.com

责任编辑 郭 琼 责任校对 王单飞
封面设计 黄瑞宁 责任监制 常红昕
出版发行 黄河水利出版社
地址:河南省郑州市顺河路 49 号 邮政编码:450003
网址:www.yrcp.com E-mail:hhslcbs@126.com
发行部电话:0371-66020550
承印单位 河南新华印刷集团有限公司
开 本 787 mm×1 092 mm 1/16
印 张 12.75
字 数 318 千字 插页 4
版次印次 2023 年 11 月第 1 版 2023 年 11 月第 1 次印刷

定 价 98.00 元

前　言

土石坝和重力坝是大坝工程最常见的两种坝型,我国幅员辽阔,但部分区域地质不具备建设刚性坝的条件,因此建坝投资少、能够充分利用当地材料的土石坝运用广泛。但我国云南地区优质的土地资源稀缺,建设黏土心墙坝取土需占用大量的优质耕地,导致开采后复垦难度大,耕地减产,还会带来大量的水土流失问题。过去常见的黏土心墙坝在近年土地政策收紧的影响下,导致前期设计阶段坝型变更频发。广东珠荣工程设计有限公司承接了云南省第一座沥青混凝土心墙坝设计工作,并于 2012 年开始前期勘测设计工作。水库于 2021 年通过云南省水利厅竣工验收。目前,水库运行多年,沥青混凝土心墙防渗效果良好。广东珠荣工程设计有限公司后续在云南地区成功设计了多座该坝型的水库。经查阅国内相关文献,指导该类型工程设计的书籍相对较少,这便成了撰写本书的最初起因。

本书以该工程碾压式沥青混凝土心墙坝设计为案例,对碾压式沥青混凝土心墙坝设计方法及要点、施工技术要求、室内配合比设计试验、场外碾压试验、矿料加工与质量控制、现场正常施工和低温施工技术施工质量检验等进行了分析和论述。

碾压式沥青混凝土心墙技术在土料缺乏地区具有较大优势,施工速度快,对大坝坝壳填筑料的要求也没面板堆石坝要求高,以上是该坝型近年使用广泛的主要原因。碾压式沥青混凝土心墙设计施工技术具有广泛的应用前景和推广价值。

由于作者水平有限,书中不妥之处在所难免,恳请广大读者提出宝贵意见。

作　者

2023 年 6 月

目 录

第一章　绪　论

早在5 000多年前,天然沥青作为建筑材料已被运用于工程实践中,而沥青混凝土最早是作为面板防渗材料被引入土石坝设计中的。如1893年,意大利修建的Diga di Codelago填筑坝,在坝面上游水泥砂浆块石上设置一层厚5 cm的沥青玛琋脂防渗护面;1934年,德国将沥青混凝土用于12 m高的Amecker坝坝面防渗。

最早将沥青混凝土用作土石坝心墙防渗材料的是1949年葡萄牙建成的Vale de Caio沥青混凝土心墙坝。之后,德国于1962年建成了35 m高的Eine Dhuemm坝、1980年建成了63 m高的Grosse Dhuenn坝;1980年奥地利建成了150 m高的Finstertal坝;1987年挪威建成了100 m高的Storvatn坝、1997年建成了128 m高的Storglomvatn坝;中国最早于1973年修建了第一座25 m高的白河沥青混凝土心墙坝。迄今为止,世界上已建成多座沥青混凝土心墙坝,主要集中在德国、中国和挪威,其中德国最多。

工程实践证明,沥青混凝土具有良好的防渗性能和适应变形能力。奥地利1968年修建的Eberlaste沥青混凝土心墙坝,坝高28 m,坐落在粉砂软岩基础上,施工期基础发生了2.3 m沉降,沥青混凝土心墙依旧没有渗漏。因此,国际大坝委员会(ICOLD)在1992年第84号公报中指出:沥青混凝土心墙土石坝是未来最高坝适宜的坝型。

随着对沥青混凝土心墙坝的研究和工程实践中经验的积累,沥青混凝土心墙坝的优势越来越凸显。

第一节　国内沥青混凝土心墙坝的发展

国内沥青混凝土心墙坝的发展主要分为三个时期:探索期、总结期和发展推广期。

一、探索期(1973—1985年)

我国早期对沥青混凝土性能的研究不够深入,沥青混凝土主要用于中小型工程中。我国第一座白河沥青混凝土心墙坝于1973年建成,坝高25 m,心墙厚15 cm。心墙由29%的碎石、29%的天然砂、25%的石灰岩填料、2%的石棉和15%的沥青组成。沥青混凝土心墙的副墙厚40 cm,由石块灌注沥青砂浆砌筑而成。心墙上、下游采用2~3 m厚的干砌石过渡料层。白河沥青混凝土心墙运行监测资料显示,1982年大坝建成9 a后,大坝心墙变形已基本稳定,心墙垂直挠度在-1.4%~1.9%,心墙沉降在12~39 cm,沉降与坝体变形同时发生,向下游的水平位移在1~9.5 cm。白河水库的成功建设为沥青混凝土心墙在土石坝中的运用起到了很好的推广作用。后期逐步建成有10座浇筑式沥青混凝土心墙坝和3座碾压式沥青混凝土心墙坝，其中我国第一座碾压式沥青混凝土心墙坝为党河坝，于1974年建成。这些已建工程在后期运行中未发生心墙渗漏等水库病险问题，运行表现良好。

二、总结期

尽管20世纪70年代至80年代前期已建的沥青混凝土心墙坝运行良好，但直到20世纪90年代末期才有3座沥青混凝土心墙坝完工，这种坝型的建设在80年代中后期基本处于停滞期。这一时期更多的是对这种坝型的总结思考，国内研究者对前期已建的沥青混凝土心墙坝进行监测分析，并总结工程经验，结合国外工程，研究并制定了沥青混凝土心墙坝的设计、施工和试验规程。1987年水利电力部颁布了《土石坝碾压式沥青混凝土防渗墙施工规范(试行)》(SD 220—87)，1989年水利部、能源部发布了《土石坝沥青混凝土面板和心墙设计准则》(SLJ 01—88)。此外，还出现了沥青混凝土的专业书籍和杂志，对后来沥青混凝土心墙坝的设计和施工起到了积极的指导和推广作用。

三、发展推广期

20世纪90年代以后，随着我国抽水蓄能电站的兴建和三峡大坝等大型水利水电工程的开工，水工沥青混凝土工程也进入了新阶段。一些大型水利水电工程开始采用沥青混凝土防渗，同时也兴建了若干中小型水利工程。党河(二期)碾压式沥青混凝土心墙坝，坝高74 m，于1994年完工；1997年，105 m高的三峡茅坪溪沥青混凝土心墙坝开工；2000年，125.5 m高的四川冶勒沥青混凝土心墙坝正式开工；2001年，黑龙江尼尔基工程正式开工，沥青混凝土心墙坝主坝坝高40 m；2005年，新疆下坂地沥青混凝土心墙坝正式开工。在此期间，重庆48 m高的洞塘水库沥青混凝土心墙坝、新疆54 m高的坎尔其水库沥青混凝土心墙坝也相继建成运用，工程质量良好。近几年建成的沥青混凝土心墙坝还有：75.4 m高的云南省墨江县中叶水库(2015年开工，2019年完工)、43.3 m高的贵州省册亨县者岳水库(2017年开工，2022年完工)、81.35 m高的小米田水库(2013年开工，2019年完工)、104.8 m高的红鱼洞水库(2015年开工，2022年完工)等。我国水工沥青混凝土防渗的应用在20世纪90年代后期有较大发展，主要得益于工程界对水工沥青混凝土防渗技术的认识有了改变和提高，相应的沥青供应、施工队伍技术的提高和施工设备的完善都对沥青混凝土技术的应用和发展起到了很大的推动作用。国内部分沥青混凝土心墙坝一览表见表1-1。

表 1-1　国内部分沥青混凝土心墙坝一览表

序号	项目名称	坝高/m	坝顶长/m	完建年	开工时间	平均坝坡		坝体方量/10^3 m^3	沥青混凝土心墙方量/m^3	沥青混凝土心墙厚度/m	说明
						上游	下游				
1	白河	25	250	1973		1:1.5	1:1.5	135	540	0.15	浇筑式沥青混凝土心墙坝
2	党河(一期)	59	230	1974		1:3.0	1:2.5	1 450	11 010	1.5~0.5	碾压式沥青混凝土心墙坝
3	九里坑	44	107	1977		1:1.2	1:1.2	145	1 200	0.5~0.3	碾压式沥青混凝土心墙坝
4	郭台子	21	290	1977		1:2.5	1:2.5	290	1 370	0.3	浇筑式沥青混凝土心墙坝
5	大厂	22	180	1978		1:1.2	1:1.2	78	460	0.3	浇筑式沥青混凝土心墙坝
6	杨家台	15	135	1980		1:1.4	1:1.4	33	340	0.3	浇筑式沥青混凝土心墙坝
7	二斗湾	30	320	1981		1:1.5	1:1.5	300	1 500	0.2	浇筑式沥青混凝土心墙坝
8	库尔滨	23	153	1981		1:1.5	1:1.4	67	390	0.2	浇筑式沥青混凝土心墙坝
9	碧流河(右坝)	33	113	1983		1:2.0	1:1.75	410	2 050	0.5~0.4	浇筑式沥青混凝土心墙坝
10	碧流河(左坝)	49	288	1983		1:3.5	1:2.75	1 560	7 730	0.8~0.5	碾压式沥青混凝土心墙坝
11	西沟	34	646	1990		1:1.5	1:1.5			0.22~0.14	浇筑式沥青混凝土心墙坝
12	党河(二期)	74	304	1994		1:2.5	1:2.0	360	2 140	0.5	碾压式沥青混凝土心墙坝
13	象山	51	385	1996						0.4	浇筑式沥青混凝土心墙坝
14	拖里	22		2000							浇筑式沥青混凝土心墙坝
15	洞塘	48	142	2000		1:2.5	1:2.0	514	4 430	0.5	碾压式沥青混凝土心墙坝
16	坎尔其	54	318	2000		1:2.5	1:2.0	1 650	6 360	0.6/0.4	碾压式沥青混凝土心墙坝
17	马家沟	38	264	2002		1:2.75	1:2.25	700	4 500	0.5	碾压式沥青混凝土心墙坝
18	牙塘	57	407		1997 年	1:2.5	1:2.5	1 900	14 000	1.0~0.5	碾压式沥青混凝土心墙坝
19	茅坪溪	104	1 840	2003	1997 年	1:2.5	1:2.25	12 130	48 500	1.2~0.6	碾压式沥青混凝土心墙堆石坝

续表 1-1

序号	项目名称	坝高/m	坝顶长/m	完建年	开工时间	平均坝坡		坝体方量/10^3 m^3	沥青混凝土心墙方量/m^3	沥青混凝土心墙厚度/m	说明
						上游	下游				
20	冶勒	125.5	411		2000 年	1:2.0	1:1.8	6 600	33 000	1.2~0.6	碾压式沥青混凝土心墙堆石坝
21	尼尔基	40	1 829		2001 年	1:2.3	1:2.23	7 200	30 000	0.6	碾压式沥青混凝土心墙砂砾石坝
22	高岛(西坝)	95	720	1977		1:1.7	1:1.7	6 120	63 350	1.2/0.8	碾压式沥青混凝土心墙坝
23	高岛(东坝)	105	420	1978		1:1.7	1:1.7	3 440	34 200	1.2/0.8	碾压式沥青混凝土心墙坝
24	中叶	75.4	220	2019	2015 年	1:2.25	1:2.0	1 115	7 961	0.6/1.0	碾压式沥青混凝土心墙风化料坝
25	官帽舟	108.6	242.8			1:2.25	1:2.25	2 529	16 800	0.6~1.5	碾压式沥青混凝土心墙混合料坝
26	下坂地	78	406		2005 年	1:2.35	1:2.15		22 993	0.6~1.2	碾压式沥青混凝土心墙砂砾石坝
27	库什塔依	91.1	444	2012	2009 年 8 月	1:2.25	1:2.14	4 820	19 677	0.4/0.8	碾压式沥青混凝土心墙砂砾石坝
28	王家沟	50									沥青混凝土心墙堆石坝
29	龙头石	58.5		2010	2005 年	1:1.8	1:1.8			0.5~1.0	沥青混凝土心墙堆石坝
30	阳江核电	43.4									沥青混凝土心墙堆石坝
31	黄金坪	95.5									沥青混凝土心墙堆石坝
32	隘口	80.2			2005 年 12 月						沥青混凝土心墙堆石坝
33	旁多	72.3	1 052		2011 年	1:2.6	1:2.0		54 865	0.7~2.2	碾压式沥青混凝土心墙砂砾石坝
34	石门	107.6	310					2 995		0.5/1.5	碾压式沥青混凝土心墙砂砾石坝
35	达克曲克	62	223.7		2015 年 2 月	1:2	1:1.8		3 341	0.5/0.6/1.8	浇筑式沥青混凝土心墙坝
36	去学	170	219.85		2014 年 2 月			4 200		0.6/1.5	碾压式沥青混凝土心墙堆石坝
37	者岳	43.3	153.4	2022	2017 年 1 月	1:2.5	1:2.5	249.9	3 176	0.4~0.8	碾压式沥青混凝土心墙混合料坝

第二节　沥青混凝土心墙坝的优势及劣势

在已建的水利工程中,土石坝的建设量一直居于首位。据 20 世纪 80 年代的国际大坝会议统计,截至 1986 年底,全世界共建 15 m 高度以上的大坝 36 235 座,其中土石坝 29 974 座,占 82.7%。在中国,土石坝占建坝总量的 58.3%。土石坝能得到广泛应用和发展与其自身的特点有很大的关系,具体如下:

(1)可以就地取材、就近取材,节省大量水泥、木材和钢材,减少工地的外线运输量。

(2)对地基要求低,能适应各种不同的地形、地质和气候条件。

(3)大容量、多功能、高效率施工机械的发展,促进了高土石坝建设的发展。

(4)岩土力学理论、试验手段和计算技术的发展,提高了大坝分析计算的水平,保障了大坝设计的安全可靠性。

土石坝因其自身优势被广泛运用于工程实践中。沥青混凝土心墙是土石坝中的一种新型防渗结构,作为一种典型的黏弹性柔性材料,沥青混凝土心墙具有较强的自愈能力、抗渗能力,适应坝体变形能力强。在当地土料的质量和储量无法满足工程防渗需求时,沥青混凝土心墙坝的优势就更为突出。

在中国,沥青混凝土心墙坝的建设已有 50 年的历史,目前中国最高的沥青混凝土心墙堆石坝是位于中国四川甘孜藏族自治州得荣县境内的去学沥青混凝土心墙堆石坝,最大坝高 170 m。沥青混凝土心墙在高土石坝中的工程实践优势已越来越明显,主要因为沥青混凝土的力学特性及其在心墙构造中的独特之处。国内外研究者对沥青混凝土的性能做了大量研究,总结出的沥青混凝土心墙坝的优势和劣势如下。

一、沥青混凝土心墙坝的优势

(一)可选用酸性骨料

Höeg 曾经研究出骨料强度的大小对水工沥青混凝土应力-应变-强度性能没有多大影响。在实际工程中,并不是所有工程区内都能找到碱性骨料,当有酸性骨料时,因酸性骨料与沥青黏附力不强,往往放弃选用酸性骨料,而采用运距较远的碱性骨料方案,从而加大了工程投资。为了研究沥青混凝土中骨料与沥青黏附力的相互关系,王为标开展了大量的系列室内试验,研究骨料-沥青的黏附力和对沥青混凝土应力-应变-强度性能的影响,并得出以下结论:对于孔隙率小于 3%的水工沥青混凝土,骨料颗粒表面黏裹较厚的沥青薄膜,其渗透性非常低,即使使用酸性骨料,浸水和冻融循环对沥青混凝土的压缩、拉伸和抗弯强度都没有什么影响。因此,在水工沥青混凝土中可以采用酸性骨料,而不是只能采用碱性骨料或使用如胺类抗剥落剂或熟石灰以提高黏附力的措施。

(二)防渗性能好

对于工程中常用的沥青混凝土配合比,即使压缩应变达 16%,侧向应变为 7%,沥青混凝土仍是防渗的。沥青混凝土心墙厚度为 50~120 cm,即使这样的厚度也足以满足防渗要求。沥青混凝土防渗体在坝体中就像是具有足够柔性的薄膜一样随坝体的变形而变形,只要坝体在外力作用下是稳定的,沥青混凝土防渗体就是稳定的。

沥青混凝土防渗有别于黏土心墙，不存在水力劈裂问题。德国的 Haas 曾对防渗沥青试样做过试验，在正常水温条件下根本测不出水力对沥青试样的影响；当水温提高到 40 ℃，在 750 m 水头条件下，水力对沥青试样才开始略有影响。

（三）抗裂性和裂缝自愈性好

王为标用几种不同的沥青混凝土配合比在不同温度和应力水平条件下，研究了裂缝自愈性和拉伸强度的恢复。通过劈裂（巴西劈裂试验）使试样产生裂缝，然后计量试件裂缝渗水速度来评价裂缝自愈能力。在短短几个小时内，渗水速度就下降了 2 个数量级。在 7 ℃条件下持续 24 h 施加 1 MPa 的竖向应力使裂缝的试件自愈，之后对其进行劈裂确定恢复拉伸强度，平均恢复强度达 55%。沥青混凝土这种独特的自封和自愈能力，可消除因地震和不均匀沉陷所造成的裂纹和裂缝所需的修补措施。

（四）抗震性能高

王为标系统地研究了循环荷载对沥青混凝土应力-应变-强度性能和防渗性能的影响，得出动模量与平均静应力在对数图上大致呈线性关系，试验温度对动模量值有显著的影响。例如，平均静应力为 1 MPa 时，20 ℃水温下的动模量大约为 900 MPa；而平均静应力为 3.5 MPa 时，20 ℃水温下的动模量为 2 500 MPa。即使施加强地震所产生的剪切应力循环荷载，对沥青混凝土的应力-应变-强度性能和防渗性能影响也非常小。王为标的试验结果表明，在地震区土石坝中的沥青混凝土心墙能承受非常强的地震震动而不出现裂缝和失去防渗性能。大坝抗震性能主要取决于土石坝本身合理的设计，如坝体分区、筑坝材料、基础条件和坝址地震烈度等。

（五）施工时间短

Saxegaard 建了一个 15 m 长、有过渡区的坝体心墙实尺模型试验断面，用沥青含量为 6.7%的沥青混凝土来研究铺层厚度和每天铺层数对心墙质量的影响。一种情况是每天铺筑 4 层，每层压实厚度为 20 cm；另一种情况是每天铺筑 3 层，每层压实厚度为 30 cm。钻取已压实的心墙芯样，并对其进行检测分析，结果表明，这两种情况下的心墙孔隙率都小于 3%。

Alicescu 等对加拿大 Ne miscau-1 坝进行了系统的试验，研究铺层厚度和每天铺筑层数的效果，并得出以下结论：每天铺筑 4 层，压实层厚度为 22.5 cm，心墙仍能保持高质量且孔隙率远小于 3%的要求。

从各国学者对沥青混凝土心墙填筑厚度和层数的研究中可以得出，沥青混凝土心墙的施工速度较以往工程中规定的每天铺设 2 层、每层 20 cm 左右的压实厚度要求要快，且不影响沥青质量。

近几年建设的下坂地水利枢纽、克孜加尔水利枢纽、库什塔依水电站沥青混凝土心墙在快速筑坝、心墙和坝体冬季施工、层面结合关键技术研究上都取得了可贵的工程经验。特别是下坂地水利枢纽，在高海拔、缺氧、低温、高辐射、温差大的极端气候下成功筑建大坝，为后期沥青混凝土心墙坝提供了成功的工程经验，同时为后续类似工程的建设提供了强有力的技术支撑。

（六）对坝基适应性强

王为标、Hao 和 He 研究了中国冶勒沥青混凝土心墙堆石坝。冶勒坝最大坝高为

125.5 m,坝顶长度为411 m。坝址区寒冷多雨,基础复杂,且位于高烈度地震区。左岸石英闪长岩基础处于深35~60 m的冲积层下,河床有5~160 m深的覆盖层;右岸有深度达220 m的覆盖层。混凝土防渗墙下设有帷幕灌浆以减少和控制基础渗漏。对于不规则的、可压缩覆盖层的、复杂的地质基础条件和高烈度地震区,土石坝方案是唯一可行的。在黏土心墙坝、混凝土面板坝及沥青混凝土心墙坝3种坝型比选中,通过对投资、施工条件、抗震性能、与沿河谷产生显著不均匀沉陷的地质条件的适应性等多方面进行综合比较,认为该坝址区沥青混凝土心墙坝是最合适的坝型。

冶勒大坝布置了大量的观测项目,研究人员对观测结果进行了反馈分析,并与其他高沥青混凝土心墙堆石坝进行了比较。观测结果反馈的信息表明,沥青混凝土心墙坝运行很好,没有迹象表明沥青混凝土心墙和基础防渗墙以上的心墙与混凝土垫座接头有渗漏发生。

二、沥青混凝土心墙坝的劣势

(一)对施工工艺和质量要求高

沥青混凝土目前是热施工,需要一套专用的设备。德国Strabag公司于1962年研制了世界上首个沥青混凝土心墙摊铺机。随后,日本和挪威也相应研制出优于德国的摊铺机。为了推动国内沥青混凝土心墙的发展,我国也积极开展沥青混凝土心墙摊铺机的研究。

沥青混凝土心墙有两种类型:一种是浇筑式(沥青含量大于9%),这种心墙施工时不需要专用的摊铺设备;另一种是碾压式(沥青含量一般为6%~7%)。碾压式沥青混凝土心墙的施工是沿坝轴线分层连续铺压沥青混凝土心墙体和心墙两侧的过渡材料,依靠两侧的过渡材料支撑刚摊铺好的沥青混凝土心墙。这种施工方法需要专用的摊铺机来完成沥青混凝土心墙和两侧过渡材料的摊铺与初压。

我国从20世纪80年代就开始研究沥青混凝土心墙摊铺设备,但因沥青混凝土心墙坝这种坝型在国内并不普及,对这种坝型的性能没有充分的认识和信心,大型工程的心墙摊铺设备的投产并不顺利。但用于中小型的牵引式心墙摊铺机于1999年已运用于相关工程中,如重庆黔江洞塘水库和新疆坎尔其水库沥青混凝土心墙的施工均采用该设备,且心墙芯样的性能能达到工程设计要求,大坝运行情况良好。

2012年由中国能源建设集团有限公司所属葛洲坝五公司施工科研所承担的西藏旁多水利枢纽工程沥青混凝土心墙摊铺机改造工作顺利完成,标志着沥青混凝土心墙高土石坝关键施工设备实现了国产化。

旁多水利枢纽工程位于拉萨河上游,距拉萨市直线距离63 km,这里多年平均气温为3.9 ℃,普通沥青混凝土心墙摊铺机在这种恶劣的气候条件下很难发挥全部功效。为了提高设备使用效率,技术人员运用“水工碾压沥青混凝土心墙履带式联合摊铺机”专利,对徐工RP951A型公路沥青摊铺机主机进行了改造,增加了自主研制的红外加热系统。该系统可使设备快速加热至70~90 ℃,准确控制过渡料的摊铺厚度和平整度,同时具有保温防雨功能,增强了设备在高寒条件下的运行能力。该改造成果在我国水电行业沥青混凝土心墙施工技术上起到重要意义,能有效节约工程成本、提高经济效益,具有较高的推广应用价值。

相较其他坝型来说,沥青混凝土心墙热施工这一工艺对设备和施工人员技术水平要求较高,施工条件更严格,是这种坝型施工的一个难点。目前,国内外正在积极研究采用简易设备进行沥青混凝土冷施工的方法,以改善沥青混凝土心墙热施工工艺的难点问题。

(二)对心墙两侧过渡料要求较高

沥青混凝土心墙较薄,但防水效果较好。碾压式沥青混凝土心墙坝,虽然自身具有自愈合能力,抗冲蚀能力也较强,但是,由于沥青的黏着力,当水平位移过大时,在极薄的心墙上会引起裂缝,在一定水头作用下,渗水仍会通过裂缝渗向下游,削弱沥青的黏结作用。因此,在设计中应考虑在心墙和堆石坝壳间增设变形协调的过渡带,确保渗透稳定安全。

心墙和坝壳间的过渡料层,既能防止细颗粒流失,又能排出渗水,还能调整坝体应力使变形匀缓。设计时通常考虑过渡料层厚1.5~3 m,其最大粒径为沥青混凝土心墙中矿料最大粒径的6~8倍,可取为80 mm。由于碾压中产生较大的碎屑块,因此易产生较大的体积变形。

为减少坝壳料与心墙之间的沉降差,上游坝壳料尽量选用新鲜坚硬的料石,提高渗透系数k值;对石渣料坝,坝壳渗透系数k值较低时,可选用与石渣料相近的石料。

(三)检查维修较困难

沥青混凝土心墙的防渗性能好于其他防渗材料,只要施工质量满足要求,通常认为是不会发生渗水的,但心墙与其他各部位的连接处容易出现问题,一旦产生渗漏,原因不易查明,并且坝体与基础的变形对沥青混凝土心墙安全性影响也较大。沥青混凝土心墙施工质量不佳、坝体和坝基变形等情况均有可能造成沥青混凝土心墙坝的运行不良,一旦出现上述工程问题,沥青混凝土心墙坝的检修维护就较为困难,因此在施工前期,应对工程的防渗形式、沥青混凝土心墙与坝体的变形特性及施工质量进行严格控制,加强坝体安全监测等措施,以满足工程安全运行。

第二章　沥青混凝土心墙坝布置

第一节　概　述

沥青混凝土心墙坝属于土石坝的一种,布置与黏土心墙坝类似,主要建筑物包括大坝、溢洪道及输水隧洞等。沥青混凝土心墙坝坝轴线的选择应根据地形、地质条件,有利于混凝土心墙及枢纽建筑物布置,并充分考虑施工条件,经经济技术比较后选定。坝轴线一般为直线,在地形、地质条件存在问题时,也可设计成折线,但在坝址选择时尽量避免。

沥青混凝土心墙坝心墙基础建基面应布置在坚硬基岩上,高坝心墙应坐落在弱风化基岩上;中低坝要求可适当放宽,可坐落在压缩性较低的强风化基岩之上,但建基面应做适当的处理,以减小心墙基础变形。深厚覆盖层地基应避免大方量开挖,采用地下防渗墙处理,与地上墙连成整体,共同组成大坝防渗系统。

泄水建筑物的布置形式应根据枢纽布置综合比较后选定,在地形、地质条件允许的情况下,优先采用开敞式溢洪道作为泄水建筑物。当不具备开敞式溢洪道条件时,可以采用泄洪洞,但进水口应采用开敞式,高坝建议避免采用单一泄洪洞泄洪。

第二节　坝址选择

一、坝址选择的原则

沥青混凝土心墙坝对地形、地质条件具有较好的适应性,坝址选择主要取决于泄水建筑物、导流建筑物、输水发电建筑物的布置。各种形态的河谷均可修建沥青混凝土心墙坝,岸坡较陡(坡度陡于1:0.5)时应论证心墙与岸坡连接的可靠性。坝址应依据以下原则进行选取:

(1)集雨面积和库容足够大,可有效利用水资源并具有经济可开发性,水库径流区汇水面积小时,坝址选择应尽量使附近较大支流的水流汇入水库。

(2)地形条件满足首部枢纽布置要求,坝址尽量选择在两岸地形相对完整、岸坡适宜、有利于枢纽建筑物布置的河段,建坝工程量较小。

(3)水库地质条件基本满足成库要求,坝址区地质条件应能适应建坝要求,避开两岸堆积体、滑坡体,库区无低邻谷渗漏,绕坝渗漏相对较小,避开活动性断裂构造及其他不良地质地段。

(4)尽可能减少水库淹没敏感区。

(5)考虑下游灌区的分布高程。

(6)工程地处山区峡谷,坝址选择应考虑施工交通、材料供应、设备运输条件等因素。

二、坝址选择的方法

规划设计时首先应根据成库条件、建坝条件及受益区范围对建坝河段进行划分,中小型水库项目应选择集水面积、兴利库容、受益对象相对匹配的河段,以保证水资源的供需平衡。以下是中叶水库工程坝址选择内容的简述。

中叶水库工程位于云南省墨江县北部新抚江一级支流绿叶河上游,为Ⅲ等中型工程,是云南省墨江哈尼族自治县水资源配置的重点工程,工程建设任务是农村人畜生活供水与农业灌溉。水库总库容为 1 078 万 m^3,工程设计供水人口 0.5 万、牲畜 5.8 万头,设计灌溉面积 2.62 万亩❶,其中新增灌溉面积 1.76 万亩,改善灌溉面积 0.86 万亩。

水库枢纽由大坝、溢洪道、泄洪输水导流隧洞组成。大坝为沥青混凝土心墙风化料坝,最大坝高 75.40 m,坝顶高程为 1 553.40 m,防浪墙顶高程为 1 554.50 m,坝顶宽 10.0 m,坝顶长度为 220 m。溢洪道布置在右岸,为单孔开敞式溢洪道,净宽 5 m,由进水渠、控制段、泄槽段、消力池等部分组成,全长 316.10 m。泄洪输水导流隧洞布置在大坝左岸,兼顾导流、输水、泄洪及放空等多种功能,全长 441.2 m。

中叶水库前期设计初拟上、下两条坝址,上坝址集水面积为 17 km^2,年来水量为 1 455 万 m^3,兴利库容为 789.3 万 m^3;坝址区以强、弱风化泥质粉砂岩为主;右岸山体单薄,左、右两岸存在水库绕渗问题,防渗线长 696 m;坝顶长度为 294 m,坝高 71.2 m;上坝址距离石料场均比较远,大坝坝壳填筑方量为 149.5 万 m^3,同等条件施工强度更大。下坝址集水面积为 18.1 km^2,年来水量为 1 544 万 m^3,兴利库容为 742.4 万 m^3;坝址区左岸以强、弱风化泥质粉砂岩为主,右岸以强弱风化砂岩为主;坝顶长度为 225 m,坝高 75.4 m,防渗线长 284 m;下坝址距离石料场较近,大坝坝壳填筑方量为 128.2 万 m^3,同等条件施工强度低。上、下坝址淹没损失相当。对上、下两条坝址进行比较,两条坝址相距约为 530 m,下坝址集水面积较大,年来水量较大;上、下坝址均存在坝基渗漏及绕坝渗漏的问题,但上坝址绕渗问题较突出,防渗线较长,下坝址地形地貌、工程地质条件明显优于上坝址;下坝址坝略高于上坝址坝,但坝线长度仅为 225 m,就投资而言,下坝址投资相对较少;上坝址大坝坝壳填筑方量大,同等条件施工强度更大,因此选用下坝址作为推荐坝址。

第三节　坝轴线及枢纽布置

在选定坝址的基础上,选择最优的坝轴线,主要考虑心墙基础地质条件、河谷地形、泄水建筑物布置等,坚硬岩石基础的埋置深度是轴线选择的主要因素之一。坝轴线多采用直线,遇不良地质条件也可采用折线。在存在深厚覆盖层的河道上建坝,坝基可坐落在低压缩性的覆盖层上,防渗是通过坝体防渗墙、坝基防渗墙及帷幕来实现的。冶勒水电站大坝就是该类覆盖层上建设沥青混凝土坝的典型代表。冶勒水电站是四川南桠河流域开发

❶ 1 亩 = 1/15 hm^2。

的龙头水库电站，大坝高 125.5 m，采用沥青混凝土心墙技术，解决了高寒多雨、坝基为深厚覆盖层、地质条件极为复杂条件下的世界性筑坝难题，是该条件下型坝中已建成的最高大坝。冶勒水电站的大坝和厂房分别位于凉山州冕宁县和雅安市石棉县境内，坝线选择依然无法避免深厚覆盖层的问题。下面介绍几座典型的沥青混凝土心墙坝的工程布置。

一、中叶水库大坝布置

大坝轴线为直线，坝址范围可选坝线河道岸线曲折，基本无顺直段，小冲沟非常发育，高坝坝基宽度大，布置难度非常大，坝线选择具有唯一性，只能选择相对顺直的河段布置大坝。

具体布置见附图 1。

二、官帽舟水电站大坝布置

官帽舟水电站位于四川省乐山市马边县境内，是规划的马边河干流七级开发方案的龙头水库电站。工程任务以发电为主。电站正常蓄水位为 674 m，总库容为 9 733 万 m^3，调节库容为 5 730 万 m^3，属于季调节水库，采用混合式开发，电站额定水头为 102.6 m，装机容量为 120 MW，多年平均发电量为 4.761 亿 kW · h。

该工程规模为中型。大坝为沥青混凝土心墙混合料坝，最大坝高 108.6 m，沥青混凝土心墙坝级别提高一级，为 2 级建筑物。

沥青混凝土心墙混合料坝轴线为直线，距离狮子大桥上游 570 m。坝顶高程为 679 m，坝高为 108.6 m，坝顶长度为 242.8 m。溢洪道和泄洪洞布置在右岸。溢洪道采用 2 孔弧形闸门，其闸孔尺寸为 14 m×12 m。溢流堰为 WES 实用堰。泄洪洞结合导流洞，其轴线与溢洪道轴线平行，距离溢洪道轴线右侧 32 m。发电引水系统位于左岸，全长 6 400 m，采用 1 洞 2 机引水方式，引水额定流量为 2×59.94 m^3/s。发电厂房位于原初设厂址下游 150 m，位于洞子口上游，其尾水位衔接下梯级烟峰电站回水位。发电厂房为岸边地面厂房，主厂房前缘长度为 39.161 m，顺水宽 20.13 m，安装 2 台混流式机组，机组安装高程为 545.65 m。

生态流量引水系统位于左岸，其进水口与发电引水洞进口并列布置，但有独立的拦污栅和检修闸门。生态流量引水系统全长 471.724 m，采用 1 洞 2 机引水方式，引水额定流量为 2×7.74 m^3/s。生态流量电站厂房位于坝后左岸下游，为岸边地面厂房，主厂房前缘长度为 21.2 m，顺水宽 13.25 m，安装 2 台混流式机组，机组安装高程为 580.35 m。

大坝轴线采用直线，坝顶长度为 237.7 m，轴线位于河道平面拐弯后的顺直段，有利于输水建筑物及溢洪道的布置。由于溢洪道净宽 28 m，右岸高边坡问题无法避免。具体布置见附图 2。

三、者岳水库大坝布置

者岳水库地处贵州省册亨县弼佑乡者岳村境内，位于秧坝河一级支流弼佑河者岳沟上，是一座综合利用水利工程，工程的主要任务是向下游沿河两岸的村镇及周边农村供水和农业灌溉。

大坝为沥青混凝土心墙风化料坝，最大坝高 43.3 m，坝顶高程为 894.80 m，坝顶宽 7 m，坝顶长度为 153.4 m，大坝轴线为直线。

溢洪道采用岸边无闸控制开敞式溢洪道，紧靠大坝，布置于左岸坝肩。溢洪道轴线在平面上布置为直线，与坝轴线成 85°角斜交。溢洪道由进口引渠段、交通桥段、控制段、泄槽段、消力池段和出水海漫渠段等组成。溢洪道全长 226.83 m，堰型为驼峰堰，与正常蓄水位平齐。

取水建筑物采用有压取水输水形式，位于大坝右岸山体。输水隧洞平面上布设一处转弯，转弯角度 60°，转弯半径 r=30 m，立面不设转弯，全长 355.74 m。输水隧洞全段采用 C30 钢筋混凝土衬砌。具体布置见附图 3。

四、老鲁箐水库大坝布置

老鲁箐水库位于普洱市思茅区思茅街道莲花村，坝址位于思茅河右岸一级支流老鲁箐上，坝址以上集雨面积为 7.18 km^2，多年平均年径流量为 408 万 m^3，是一座以城乡供水为工程任务的小(1)型水库。老鲁箐水库兴利库容为 225.60 万 m^3，总库容为 302.40 万 m^3。到设计水平年，老鲁箐水库每年可提供 336.5 万 m^3 生活用水，可有效缓解普洱市主城区和下游农村的用水需求矛盾。

工程主要建筑物包括大坝、溢洪道、导流输水隧洞等。大坝为沥青混凝土心墙风化料坝，最大坝高 60.40 m，坝顶高程为 1 448.40 m，防浪墙顶高程为 1 449.40 m，坝顶宽度为 6.0 m；溢洪道为开敞式，布置在大坝左岸，溢流堰净宽 8.0 m；导流输水隧洞布置于大坝左岸，隧洞出口闸阀室后接输水干管，与下游已建管道连接，向普洱市供水。老鲁箐水库概算计划总工期为 36 个月。

坝顶采用干砌条石路面。坝体分区由上游至下游依次为上游填筑区、过渡料层、沥青混凝土心墙、过渡料层、下游填筑区Ⅰ、下游填筑区Ⅱ、排水层。

溢洪道布置在大坝左岸，为开敞式台阶溢洪道，全长 374.0 m。溢洪道由进水渠、控制段、一级泄槽段、一级消力池、明渠缓流段、二级泄槽段、二级消力池、护坦段等部分组成。溢洪道为单孔溢流，控制段净宽 8.0 m，泄槽第一节为渐变段，净宽由 8 m 渐变为 6 m，泄槽第二节后净宽均为 6 m，采用 U 形槽结构。控制段溢流堰采用 B 形驼峰堰，堰顶高程为 1 444.98 m，堰顶设交通桥，宽 6 m，桥面板为钢筋混凝土结构。消能形式采用台阶消能，并设两级消力池分级底流消能，泄槽段采用分级台阶形式消能，二级消力池后接抛投大块石护坦段，出口处与原河床顺接，下泄水流可顺接流入河道。

导流输水隧洞布置在大坝左岸，为充分利用导流洞，在主体工程完工后改造成为输水隧洞，全长 596.50 m。隧洞设计输水流量为 0.157 m^3/s，其中引水流量为 0.144 m^3/s，河道生态流量为 0.012 9 m^3/s。改建后隧洞由进口段、闸前有压段、闸门井段、无压洞身段、出口闸阀室段及消力池段等部分组成。进口段设底层取水口，取水口进口底高程为 1 415.00 m；闸前有压段隧洞断面为城门洞形，净尺寸为 1.5 m×1.8 m(宽×高)；闸门井段长 5.0 m，为直挖竖井，设事故检修闸门，闸门尺寸为 1.5 m×1.3 m(宽×高)，上部设启闭机房,采用卷扬式启闭机,坝顶与启闭机房通过交通便道连接,设表层取水口,取水口进口底高程为 1 435.50 m;闸门井后无压洞身段长 545.50 m,断面为城门洞形,净尺寸为 1.5 m×1.8 m。导流结束后,闸门井后设封堵段进行封堵,在闸后隧洞铺设 DN600 输水放空钢管;无压洞身段后接闸阀室段长 8.0 m,放空钢管设工作闸阀控制下泄流量。工作闸阀前分两支管,分别为供水管和生态基流管。供水管接入下游已建管道,向普洱市供水;生态基流管下放生态流量,流入下游河道。出口接消力池段,与原河床顺接,下泄水流可直接流入河道。具体布置见附图 4。

第四节　泄水建筑物布置

泄水建筑物种类主要有开敞式溢洪道及泄洪洞两种。沥青混凝土心墙坝属当地材料坝,泄洪安全是设计的重中之重。由于开敞式溢洪道具有水力条件好、泄量大、超泄能力强等优点,应优先采用开敞式溢洪道方案,泄洪安全比较有保障。泄洪洞在大型工程中广泛采用,可兼顾排沙、放空等多种功能。

一、开敞式溢洪道

我国已建的大中型沥青混凝土心墙坝工程的泄洪多以开敞式岸坡溢洪道为主,部分工程采用开敞式溢洪道结合泄洪洞联合泄洪,详见表 2-1。

表 2-1　国内部分工程泄洪方式统计

序号	项目名称	所在地	坝高/m	泄洪建筑物
1	尼尔基水利枢纽	黑龙江/内蒙古	40	溢洪道
2	四川省乐山市官帽舟水电站	四川省乐山市	108.6	溢洪道
3	四川大渡河黄金坪水电站	四川康定市	95.5	溢洪道+泄洪洞
4	云南省墨江县中叶水库	云南省墨江县	75.4	溢洪道+泄洪洞
5	贵州省册亨县者岳水库	贵州省册亨县	43.3	溢洪道
6	新疆库什塔依水电站	新疆特克斯县	91.1	溢洪道+泄洪洞
7	重庆秀山隘口水库	重庆秀山县	80.2	溢洪道

开敞式岸坡溢洪道在位置选择时,应充分考虑其他枢纽建筑物的布置,避免泄水建筑物与引水建筑物、航运及发电建筑物相互影响。因此,泄水建筑物布置应结合大坝等建筑物全面考虑,依据地形地质条件、施工条件,经过经济技术比较后选定。两侧山体较陡时,优先选择布置在逆向坡侧。对于高陡的坝肩边坡,不仅开挖量大,往往还会形成高边坡,需要加固处理,岸边溢洪道也往往会存在这种问题。在这种情况下,如果和料场选择相结合,进行统一考虑,既可就近取材,又可避免高边坡处理问题或降低处理难度和处理量。在近坝场区,往往需要修建管理设施,有时整理和场地开挖量较大,如能利用该部分开挖料,可以减少弃料和对环境的影响。广东清远抽水蓄能电站的近坝场区管理区就是挖除

了一座小山，形成建筑用地，其开挖料用于坝体填筑。开敞式岸坡溢洪道主要有以下几种形式：

（1）开敞式岸坡溢洪道宜选择在岸坡较缓侧或垭口位置，以进水渠有支沟或凸岸时最优，该地形能够改善进水条件，减少进口段土石方开挖。我国珊溪工程开敞式岸坡溢洪道布置在左岸凸岸，进口水流归槽条件较好。白溪工程进水口处有一支沟，不仅减少了开挖量，而且流态极佳，泄流能力较强。

（2）当坝址附近存在连接下游的垭口时，因开挖量较小，有利于溢洪道布置，坝体填筑与溢洪道开挖互不干扰，应优先利用垭口布置溢洪道，既经济又安全，国内水布垭工程就是利用垭口布置溢洪道的。

（3）目前，多数工程建设的条件较差，当坝址两岸坡均较陡时，且无垭口可利用，采用侧槽式溢洪道可避免高边坡，因进水口沿等高线开挖，可适当加大溢流前缘的宽度，以加大泄流能力。我国早期建设的横山水库就采用了侧槽式溢洪道。

二、泄洪洞

泄洪洞受地形条件影响相对较小，受地质条件及地下水影响较大，广泛用于山区峡谷地形，我国多座沥青混凝土心墙坝采用了泄洪洞与溢洪道，如四川大渡河黄金坪水电站、云南省墨江县中叶水库、新疆库什塔依水电站等。

云南省墨江县中叶水库工程泄洪主要依靠溢洪道及 1 条泄洪洞，泄洪洞由导流洞改建而成，泄洪洞兼顾输水、放空功能。由于泄洪洞较深，泄洪安全一直是大家争议的话题，主要体现在深孔的运行状况及检修环境，洞室及金属结构使用频率较低，养护条件差，均得不到较好的运行保养，在泄洪关键时刻易出现各种问题，解决不好直接威胁大坝安全。

泄洪洞设计主要是洞线的选择、衬砌断面设计及进出口边坡的设计等，洞线选择注重地质条件，应避开不良地质段，较好的地质条件或许比短洞线投资更省。高水头隧洞要重视抗内压计算以及出口闸室的稳定计算，尤其是出口段围岩的稳定问题，主要是因为出口段围岩抗力指标较差，且围岩厚度较为单薄。计算时一般不考虑初期支护的作用，依赖永久支护维持内外压的稳定。

第五节　附属建筑物布置

施工组织设计中土石方平衡是影响土石坝枢纽工程投资的重要因素，枢纽布置时应把弃渣控制到一个合理水平。坝料选择应充分利用开挖料，坝体设计应事先进行土石方平衡分析，必要时适当加大开挖料。

一、弃渣场的选址原则

水土保持措施总体布局是在对主体工程具有水土保持功能防护措施的基础上，根据水土流失防治分区进行布置的。按照“预防为主、保护优先、全面规划、综合治理、因地制宜、突出重点、科学管理、注重效益”的原则，以防治工程建设中水土流失和恢复区域环境为目的，提出水土保持专项措施，使之与主体工程具有水土保持功能的措施形成一个以工程措施为先导、土地整治与植物措施相结合、临时防护措施相配套的水土流失综合防治体系，既能有效地控制项目建设期的水土流失，保护项目区生态环境，又能保证工程建设和运行安全。根据工程布置、防治分区和区域生态环境现状，结合水土流失防治措施体系，提出防治措施总体布局。

(1)弃渣场选址应根据弃渣场容量、占地类型与面积、弃渣运距及道路建设、弃渣组成及排放方式、防护整治工程量及弃渣场后期利用等情况，经综合分析后确定。

(2)严禁在对重要基础设施、人民群众生命财产安全及行洪安全有重大影响的区域布设弃渣场。

(3)弃渣场不应影响河流、沟谷的行洪安全，弃渣场不应影响水库大坝、水利工程取用水建筑物、泄水建筑物、灌排干渠沟功能，不应影响工矿企业、居民区、交通干线或其他重要基础设施的安全。

(4)弃渣场应避开滑坡体等不良地质地段，不宜在泥石流易发区设置弃渣场；确需设置的，应确保弃渣场稳定安全。

(5)弃渣场不宜设在汇水面积和流量大、沟谷纵坡陡、出口不易拦截的沟道；对弃渣场选址进行论证后，确需在此类沟道弃渣的，应采取安全有效的防护措施。

(6)不宜在河道、湖泊管理范围内设置弃渣场，确需设置的，应符合河道管理和防洪行洪的要求，并应采取措施保障行洪安全，减少由此可能产生的不利影响。

(7)弃渣场选址应遵循少占压耕地，少损坏水土保持设施的原则。山区、丘陵区弃渣场宜选择在工程地质和水文地质条件相对简单、地形相对平缓的沟谷、凹地、坡台地、滩地等；平原区弃渣应优先弃于洼地、取土(采砂)坑，以及裸地、空闲地、平滩地等。

二、弃渣场的设计

弃渣场设计应认真贯彻执行“安全第一，预防为主”的方针，采取切实可行的技术措施，确保弃渣场安全运行；在满足弃渣堆放需要的条件下，积极稳妥地采用可靠技术，以减少工程量，降低投资，缩短工期，方便施工和生产管理；贯彻执行《中华人民共和国环境保护法》，在生产工艺中消除污染，保护环境。

根据挡渣坝的施工特点及运行特点，结合坝址工程地质、当地筑坝材料的条件，再考虑环保方面的要求，要求挡渣坝具有较强的稳定性及较好的透水能力。大型工程设计采用永久工程弃渣石方碾压堆筑坝体；中小型水利工程可采用浆砌石或格宾石笼挡墙作为拦挡结构。当挡渣坝采用土石方填筑时，稳定计算与土石坝计算方法类似；当挡渣坝采用挡墙时，应同时计算挡墙稳定及渣料与挡墙的整体稳定。稳定计算时应考虑强降雨导致坝体浸润线提高对坝体稳定的影响。

国内某工程弃渣场典型断面图见图2-1，挡墙拦挡弃渣场典型断面图见图2-2。

弃渣场排水主要包括两套系统，分别为坝体表面排水系统和截洪沟排水系统。主要排水设施为坝面排水沟和截洪沟。弃渣场汇水面积内的降雨主要是通过截洪沟排水系统将雨水排出到挡渣坝下游。

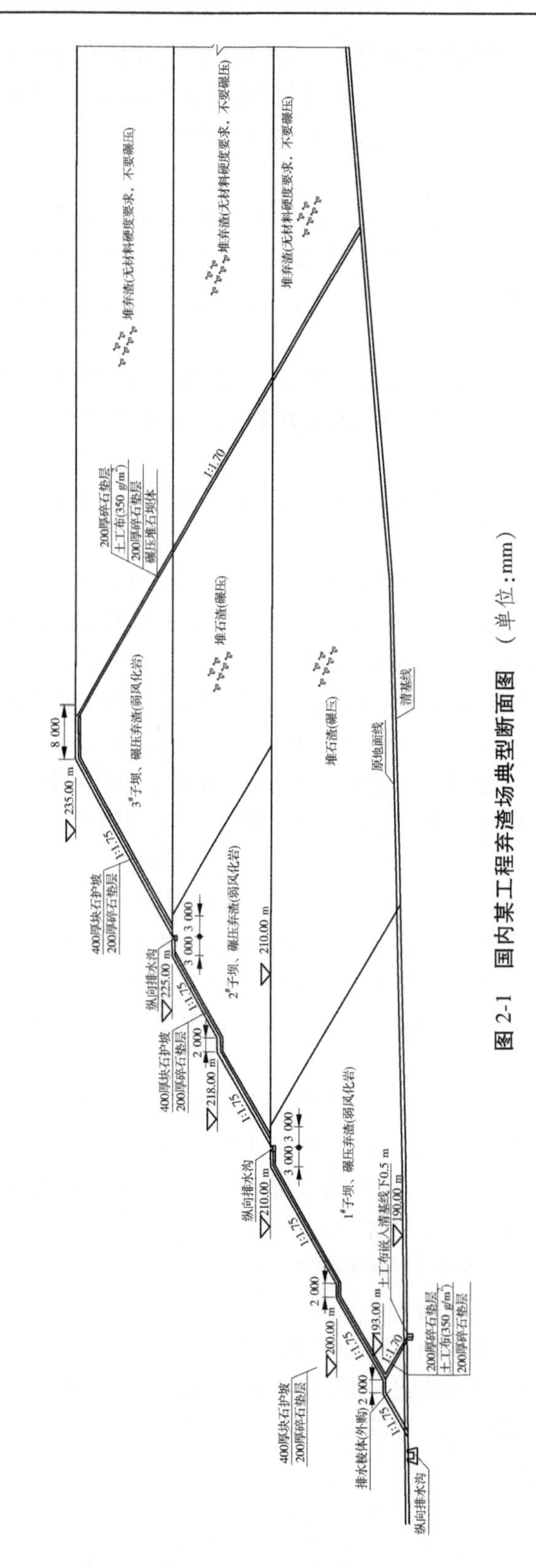

图 2-1　国内某工程弃渣场典型断面图　（单位：mm）

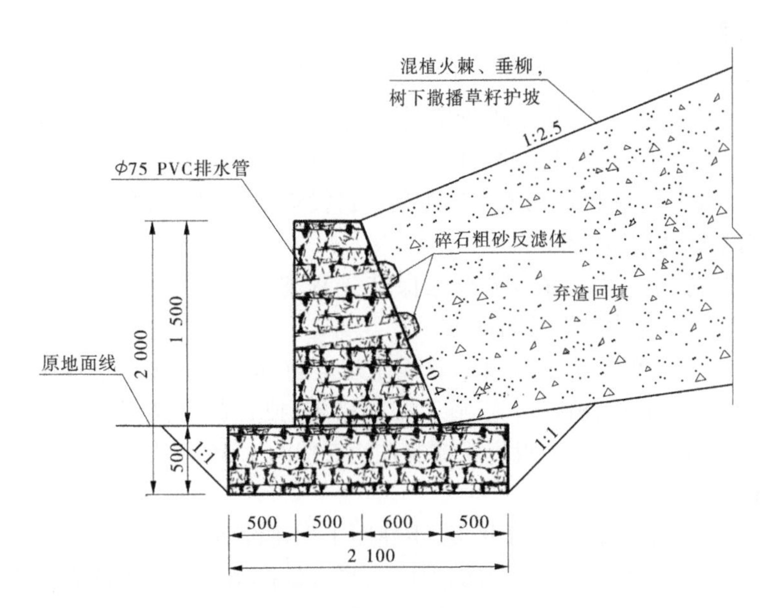

图 2-2　挡墙拦挡弃渣场典型断面图　（单位:mm）

三、土石方平衡

沥青混凝土心墙坝涉及的土石方工程主要有坝基开挖、溢洪道开挖、隧洞开挖、料场剥离料开挖、料场有用层开挖及坝体填筑。

坝基开挖分心墙基础开挖及坝壳基础开挖，高坝心墙基础应开挖至弱风化基岩，心墙基础部分开挖料可上坝；中低坝基础坐落在强风化中部即可，开挖料多为弃料。坝壳填筑料采用堆石料时，坝基应剥离全风化土层，开挖至强风化基岩；坝壳填筑料采用风化料时，对坝壳基础的要求可放宽，剥离表层 1~2 m 即可，以清除树根、腐殖质土及软弱等特殊土层为原则。风化料坝可大大提高开挖料的利用率，且坝基开挖较小，但坝体较大，从而填筑量大，水土保持投资会较低。

溢洪道开挖料的利用率取决于地质条件及坝壳的填筑材料。由于溢洪道开挖深度较大，上部多流向弃渣场，后期开挖料可直接上坝。隧洞开挖料较少，但石料质量较好，部分可作为骨料，部分可直接上坝。

料场剥离料方量较大，一般就近堆放，不运离料场，若场地堆放困难时可运至弃渣场，设计概算应考虑该部分费用，该费用对坝壳填筑单价影响较大。料场有用层开挖前应进行爆破开挖试验，爆破开挖后级配应满足直接上坝料的要求，一般弃料极少。

土石方平衡设计时应分析工程区地质、坝基开挖量、弃渣场的储量、厂区布置、运距等因素，为坝型设计提供指导性意见。应避免二次转运、大方量跨区弃运等。

近些年，对料场开采后要求恢复或再造耕地和林地的情况越来越多，环境要求越来越严格，因此提出保留料场表层清理的腐殖土，以便再利用。

四、水土保持措施投资控制及效益分析

(一)编制原则

水土保持方案作为工程建设的一个重要内容,其概算价格水平年与主体工程一致,材料价格与主体工程一致,植物措施单价依据当地水土保持植树造林价格确定。水土保持投资概算作为主体工程投资概算的组成部分,计入总投资概算中,主体工程及其他单项设计中已有的水土保持措施投资列入主体工程项目投资中,方案不再重复计列。

(二)编制依据及投资控制

工程水土保持投资编制依据《水土保持工程概(估)算编制规定》(水利部水总〔2003〕67 号)及工程设计报告及图纸等。

根据水利部《水土保持工程概(估)算编制规定》(水利部水总〔2003〕67 号)的要求,水土保持投资由工程措施、植物措施、施工临时措施、独立费用、基本预备费、水土保持补偿费等部分组成,水土保持专项投资应控制在建安费的 1.5%左右。

(三)效益分析

水土流失防治措施布设侧重于恢复、重建因工程建设而损毁的植被和水土保持设施。方案实施后,初步形成水土流失综合防治体系,将有效控制因工程建设造成的新生水土流失,遏制项目水土流失防治责任范围内生态环境的恶化。其水土保持效益主要是基础效益、生态效益和社会效益。

水土流失控制情况依据方案编制提出的各项指标,复核水土流失治理度、土壤流失控制比、渣土防护率、表土保护率、林草植被恢复率及林草覆盖率等六项指标。

第三章　沥青混凝土心墙设计

第一节　沥青混凝土心墙设计要点

沥青混凝土心墙设计时,应结合《土石坝沥青混凝土面板和心墙设计规范》(SL 501—2010)、《碾压式土石坝设计规范》(SL 274—2020)及相关工程规范的要求和已建工程的经验合理设计心墙断面,注意要点如下:

(1)《土石坝沥青混凝土面板和心墙设计规范》(SL 501—2010)中规定,对坝高超过150 m 的碾压式沥青混凝土心墙坝应进行专项技术论证。

(2)沥青混凝土心墙轴线通常采用直线布置,并布置在坝轴线的上游侧,以便与坝顶防浪墙连接。心墙顶部应设保护层,保护层厚度应根据坝顶结构形式、交通要求、冻结深度等综合确定。

(3)沥青混凝土心墙两侧应设置过渡区,过渡区应满足坝壳料与心墙之间的变形协调要求,并具有良好的排水性、抗水性、抗风化能力和渗透稳定性。对于碾压式沥青混凝土心墙,过渡区应满足心墙摊铺机行走的要求,实现心墙和过渡料同步施工。

(4)沥青混凝土心墙一般通过底部的混凝土基座与基岩中的灌浆帷幕或覆盖层中的防渗墙连接,河床部位的混凝土基座内可布置排水廊道。

(5)沥青混凝土心墙基础宜避开断层发育、强风化、夹泥、软黏土等不利地质条件,且应与地基和岸坡妥善连接。连接部位应避免出现过大的接触变形和接触渗漏。心墙与岸坡基础的接触面应避免有几何形状突变,坡度不宜陡于 1∶0. 25。

(6)基座沿防渗轴线方向布置应平顺,避免采用台阶状、反坡或突然变坡,岸坡上缓下陡时,变坡角应小于 20°。心墙与基座或其他刚性建筑物表面的坡比宜缓于 1∶0. 35,坡比陡于 1∶0. 35 时应进行专门的论证。

(7)与基础和岸坡的基座及刚性建筑物连接处的沥青混凝土心墙,应采用厚度逐渐扩大的形式连接。心墙与基座及刚性建筑物连接处的表面应凿毛,喷涂 0. 15~0. 2 kg/m^2 阳离子乳化沥青或稀释沥青,待充分干燥后,再涂一层厚度为 1~2 cm 的砂质沥青玛琋脂。

第二节　沥青混凝土原材料

沥青混凝土心墙原材料由粗骨料、细骨料、填料及沥青组成。

碱性岩石(石灰岩、白云岩等)粗骨料与沥青黏附性能好,宜尽量采用。与沥青黏附性能好的天然卵砾石料也可用作沥青混凝土粗骨料,但从骨料洁净性和沥青混凝土的力学性能考虑,当采用未经破碎卵石料时,其用量不宜超过粗骨料用量的 50%,并经试验研究论证。在坝址附近若没有碱性岩石粗骨料或运距较远时,可考虑采用酸性碎石料,但应采取增强骨料与沥青黏附性的措施并经试验研究论证。

细骨料可选用人工砂、天然砂等。人工砂洁净、有棱角,对沥青混凝土的强度和稳定性有利。天然砂一般级配良好,含酸性矿物和泥质较多,符合要求的天然砂和人工砂掺配使用可改善沥青混凝土的级配和施工压实性,用量一般不超过50%。加工碎石筛余的石屑也可利用,但应符合级配要求。

粗骨料和细骨料应质地坚硬、新鲜,不因加热而引起性质变化。

填料可采用石灰岩粉、白云岩粉,也可采用滑石粉、普通硅酸盐水泥和粉煤灰,但采用粉煤灰时需经试验研究论证。

水工沥青混凝土所用的沥青原材料主要为石油沥青,其技术指标应按照《土石坝沥青混凝土面板和心墙设计规范》(SL 501—2010)的相关要求执行。沥青混凝土原材料质量鉴定按《水工沥青混凝土试验规程》(DL/T 5362—2018)进行。

本章主要以云南省墨江县中叶水库为例,详述沥青混凝土原材料的选取、沥青混凝土心墙的配合比、沥青混凝土力学性能等特征。

沥青混凝土骨料采用中叶水库的石灰岩破碎后的粗骨料、细骨料,经室内人工筛分为9.5~19 mm、4.75~9.5 mm的2级粗骨料和人工砂细骨料,填料采用石灰岩粉,沥青采用克拉玛依70号A级沥青。

各种原材料检测成果与《土石坝沥青混凝土面板和心墙设计规范》(SL 501—2010)要求的技术参数等进行对比分析,以判定各种材料的适用性。

一、粗骨料

沥青混凝土粗骨料是指粒径在2.36~19 mm的颗粒,采用中叶水库石灰岩人工破碎骨料。粗骨料鉴定试验包括粗骨料密度及吸水率试验、与沥青的黏附性试验、坚固性试验、抗热性试验及压碎率试验。

粗骨料质量鉴定结果见表3-1。

表3-1 粗骨料质量鉴定结果

技术指标	密度/(g/cm^3)	吸水率/%	黏附力/级	坚固性/%	抗热性	压碎率/%
规范要求	≥2.60	≤2	≥4	≤12	—	≤30
检测结果	2.713	0.3	5.0	1.22	合格	11.8

经鉴定,石灰岩破碎料为碱性,石灰岩经破碎后的人工粗骨料质地坚硬,在加热过程中未出现开裂、分解等现象,与沥青黏附力强,坚固性好,满足《土石坝沥青混凝土面板和心墙设计规范》(SL 501—2010)规定的沥青混凝土粗骨料的技术要求,可作为中叶水库沥青混凝土心墙的粗骨料。

二、细骨料

沥青混凝土中细骨料是指粒径在0.075~2.36 mm的颗粒,采用中叶水库石灰岩破碎后的人工砂。细骨料鉴定试验包括表观密度、吸水率、水稳定等级、硫酸钠5次循环质量损失及粒径<0.075 mm的颗粒含量测定。

此次检测的人工砂为破碎石灰岩的细骨料。细骨料质量鉴定结果见表3-2，细骨料级配筛分结果见表3-3，细骨料级配曲线见图3-1。

表3-2　细骨料质量鉴定结果

技术指标	密度/(g/cm^3)	水稳定等级/级	硫酸钠5次循环质量损失/%	吸水率/%	粒径<0.075 mm的颗粒含量/%
规范要求	≥2.55	≥6	≤15	≤2	<15
测量结果	2.729	9	1.2	0.3	5.9

表3-3　人工砂细骨料级配筛分结果

筛孔尺寸/mm	分计筛余/%	累计筛余/%	筛孔尺寸/mm	总通过率/%
≥2.36	30.4	30.4	2.36	69.6
1.18~2.36	23.5	53.9	1.18	46.1
0.6~1.18	20.1	74.0	0.6	26.0
0.3~0.6	11.3	85.3	0.3	14.7
0.15~0.3	5.4	90.7	0.15	9.3
0.075~0.15	3.4	94.1	0.075	5.9
<0.075	5.9	100.0		

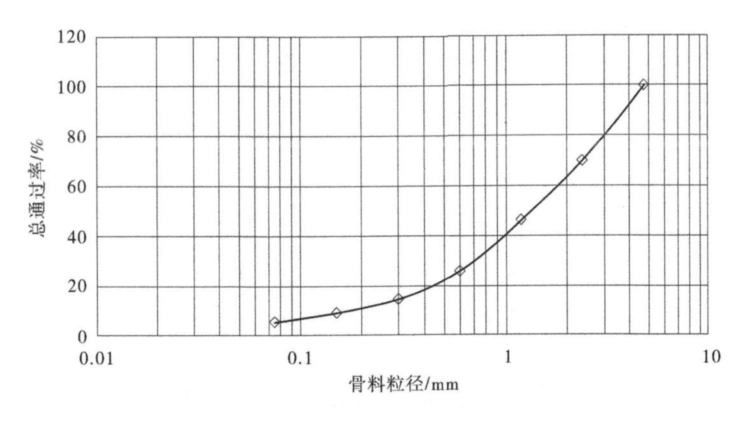

图3-1　人工砂细骨料级配曲线

经鉴定，石灰岩经破碎后的人工砂细骨料质地坚硬，在加热过程中未出现开裂、分解等现象，满足《土石坝沥青混凝土面板和心墙设计规范》(SL 501—2010)规定的沥青混凝土细骨料的技术要求，可作为中叶水库沥青混凝土心墙的细骨料。

三、填料

填料采用石灰岩粉，其鉴定试验包括密度试验、含水率试验、亲水系数试验及级配筛分试验。石灰岩粉检测结果见表3-4。

表 3-4　填料质量鉴定结果

技术指标	密度/(g/cm³)	含水率/%	亲水系数	填料级配筛分结果/%		
				0.075 mm	0.15 mm	0.3 mm
规范要求	≥2.5	≤0.5	≤1	>85	>90	100
检测结果	2.732	0.16	0.77	87.8	99.4	100

经鉴定,矿粉满足《土石坝沥青混凝土面板和心墙设计规范》(SL 501—2010)规定的沥青混凝土填料的技术要求,可用作中叶水库沥青混凝土心墙的填料。

四、沥青

克拉玛依 70 号 A 级沥青质量鉴定结果见表 3-5。

表 3-5　克拉玛依 70 号 A 级沥青质量鉴定结果

试验项目		质量指标	检测结果
针入度(25 ℃)/0.1 mm		60~80	62.0
针入度指数 PI		-1.5~+1.0	-1.2
延度(10 ℃)/cm		≥20	76
延度(15 ℃)/cm		≥100	116
软化点/℃		≥46	50.4
溶解度/%		>99.5	99.9
闪点/℃		≥260	280
密度(15 ℃)/(g/cm³)		实测	0.986
含蜡量/%		≤2.2	1.82
薄膜烘箱试验后(163 ℃,5 h)	质量损失/%	±0.8	0.02
	针入度比/%	≥61	76.0
	延度(10 ℃)/cm	≥6	15

沥青指标检测结果表明,克拉玛依 70 号 A 级沥青的各项指标均满足《土石坝沥青混凝土面板和心墙设计规范》(SL 501—2010)规定的水工沥青混凝土所用石油沥青的技术指标要求,可用作中叶水库沥青混凝土心墙的沥青。

五、结论与建议

(1)石灰岩经破碎后的人工粗骨料质地坚硬,在加热过程中未出现开裂、分解等现象,与沥青黏附力强,坚固性好,满足《土石坝沥青混凝土面板和心墙设计规范》(SL 501—2010)规定的沥青混凝土粗骨料的技术要求,可作为中叶水库沥青混凝土心墙的粗骨料。

(2)经破碎后的石灰岩人工砂细骨料质地坚硬,在加热过程中未出现开裂、分解等现象,满足《土石坝沥青混凝土面板和心墙设计规范》(SL 501—2010)规定的沥青混凝土细骨料的技术要求,可作为中叶水库沥青混凝土心墙的细骨料。

(3)石灰岩矿粉填料指标满足《土石坝沥青混凝土面板和心墙设计规范》(SL 501—2010)规定的沥青混凝土填料的技术要求,可用作中叶水库沥青混凝土心墙的填料。

(4)克拉玛依 70 号 A 级沥青各项指标均满足《土石坝沥青混凝土面板和心墙设计规范》(SL 501—2010)规定的水工沥青混凝土所用石油沥青的技术指标要求,可作为中叶水库沥青混凝土心墙的沥青。

第三节　沥青混凝土技术要求及配合比

一、沥青混凝土技术要求

(1)心墙基础开挖至弱风化岩石中上部,沥青混凝土心墙与过渡料、坝壳填筑应尽量平起平压,均衡施工,以保证压实质量。

(2)沥青混凝土填筑前应进行各原材料的级配试验、沥青混凝土配合比试验、沥青混凝土的力学性能试验。

(3)沥青混凝土心墙上、下游设置过渡料层,过渡料层应进行碾压试验。

(4)沥青混凝土心墙施工工艺复杂,首先要布设沥青混凝土拌和楼,沥青混凝土施工摊铺及碾压应采用专业机械,沥青混凝土心墙需进行现场碾压试验确定施工参数。沥青混凝土摊铺厚度初步可采用 0.3 m,压实厚度为 0.27 m 左右,每天摊铺 2 层。最终施工参数根据生产性试验成果确定。

(5)沥青混凝土孔隙率应不大于 3%;渗透系数应不大于 1×10^{-8} cm/s;水稳定系数应不小于 0.9;沥青含量为 6.5%;粗骨料最大粒径为 19 mm。

(6)粗、细骨料及矿粉水泥质量应满足规范要求。沥青建议采用克拉玛依 70 号沥青,其各项指标见表 3-6。

(7)心墙与基座沿防渗轴线方向应平顺布置,避免采用台阶状、反坡或突然变坡,岸坡上缓下陡时,变坡角应小于 20°。心墙与基座或其他刚性建筑物表面的坡比宜缓于 1:0.35。

(8)心墙与基座按施工工序需要设置施工缝。已浇好的混凝土,在强度尚未达到 25 kg/cm^2 前,不得进行下一段混凝土浇筑的准备工作。混凝土表面应用压力水、风砂枪或刷毛机等加工成毛面并清洗干净,排除积水。施工缝间铺一层 2~3 cm 的水泥砂浆,铺设的砂浆面积应与混凝土浇筑强度相适应,铺设工艺应保证新混凝土与老混凝土结合良好。

(9)心墙与基座及刚性建筑物连接处的表面应凿毛,喷涂阳离子乳化沥青,待充分干燥后,再涂一层厚度为 2 cm 的砂质沥青玛琋脂。

二、沥青混凝土配合比

沥青混凝土配合比初选是根据不同骨料级配指数、不同矿粉和油石比(沥青占矿料的百分比)组成各种不同配合比,通过基本性能(孔隙率、变形和强度)试验,选择满足工程要求的较优配合比沥青混凝土。

表 3-6　克拉玛依 70 号沥青质量指标要求

试验项目		技术要求
针入度(25 ℃)/0.1 mm		60~80
软化点/℃		47~54
延度(15 ℃)/cm		>100
密度/(g/cm³)		实测
含蜡量/%		<3
脆点/℃		<-10
溶解度/%		>99.0
闪点/℃		>230
薄膜烘箱试验后(153 ℃,5 h)	质量损失/%	<0.8
	针入度比/%	>65
	延度(15 ℃)/cm	>60
	脆点/℃	<-8
	软化点升高/℃	<5
化学组分	饱和烃含量/%	—
	芳香烃含量/%	—
	沥青质含量/%	—
	胶质含量/%	—

根据沥青混凝土心墙的受力特点,在室内试验中采用劈裂试验(也叫间接拉伸试验),其试验条件的应力和变形特性与沥青混凝土心墙工作状态相近,能较好地评价心墙配合比沥青混凝土的性能。试验温度为 17.8 ℃。

(一)沥青混凝土矿料级配

沥青混凝土矿料级配参数包括骨料最大粒径 D_{max}、级配指数 r 和填料含量 $p_{0.075}$。矿料级配选择采用《土石坝沥青混凝土面板和心墙设计规范》(SL 501—2010)附录 A 丁朴荣公式计算[见式(3-1)]。

$$p_i = p_{0.075} + (100 - p_{0.075}) \frac{d_i^r - 0.075^r}{D_{max}^r - 0.075^r} \tag{3-1}$$

式中　p_i ——筛孔 d_i 的通过率(%);

$p_{0.075}$——粒径小于 0.075 mm 的矿粉含量(%);

D_{max} ——骨料最大粒径, mm;

d_i ——某一筛孔尺寸, mm;

r ——级配指数。

(二)沥青混凝土配合比初选

试验骨料最大粒径选用 D_{max} = 19 mm 。按照《水工沥青混凝土试验规程》(DL/T 5362—2018)的要求,试件制备采用马歇尔击实成型法,两面各击 30 次。试件钢模直径为 101.6 mm,试件厚度控制为 63.5 mm±0.5 mm。为保证试验数据的可靠性,每种配合比在相同条件下制备 3 个试件。测定不同配合比参数条件下试件的密度和孔隙率。采用劈裂试验测定间接拉伸荷载和垂直位移,计算出试件间接拉伸强度和间接拉伸应变。劈裂试验加载速度为 1.0 mm/min。

1. 级配指数对沥青混凝土性能的影响

在矿料最大粒径(D_{max} = 19 mm)、填料含量($p_{0.075}$ = 12%)和初选油石比(B = 6.6%)不变的条件下,根据不同级配指数,组成 4 种配合比,具体见表 3-7。

表 3-7　沥青混凝土配合比参数

<table>
<tr><th rowspan="2">配合比编号</th><th colspan="4">级配参数</th><th colspan="4">材料</th></tr>
<tr><th>矿料最大粒径/mm</th><th>级配指数</th><th>填料含量/%</th><th>油石比/%</th><th>粗骨料</th><th>细骨料</th><th>填料</th><th>沥青</th></tr>
<tr><td>1</td><td rowspan="4">19</td><td>0.36</td><td>12</td><td>6.6</td><td rowspan="4">破碎石灰岩料</td><td rowspan="4">石灰岩人工砂</td><td rowspan="4">石灰岩矿粉</td><td rowspan="4">克拉玛依70号A级</td></tr>
<tr><td>2</td><td>0.39</td><td>12</td><td>6.6</td></tr>
<tr><td>3</td><td>0.42</td><td>12</td><td>6.6</td></tr>
<tr><td>4</td><td>0.45</td><td>12</td><td>6.6</td></tr>
</table>

为保证试验数据的可靠性,每种配合比沥青混凝土在相同条件下制备 3 个试件,共计 12 个试件。分别计算和测定不同配合比参数条件下试件的密度和孔隙率,并进行劈裂试验,试验结果见表 3-8、表 3-9 和图 3-2~图 3-8。

表 3-8　沥青混凝土理论密度、孔隙率结果

<table>
<tr><th rowspan="2">配合比编号</th><th>试件编号</th><th colspan="2">1</th><th colspan="2">2</th><th colspan="2">3</th><th colspan="2">平均值</th></tr>
<tr><th>理论密度/(g/cm³)</th><th>密度/(g/cm³)</th><th>孔隙率/%</th><th>密度/(g/cm³)</th><th>孔隙率/%</th><th>密度/(g/cm³)</th><th>孔隙率/%</th><th>密度/(g/cm³)</th><th>孔隙率/%</th></tr>
<tr><td>1</td><td>2.465</td><td>2.392</td><td>2.97</td><td>2.418</td><td>1.90</td><td>2.398</td><td>2.71</td><td>2.403</td><td>2.53</td></tr>
<tr><td>2</td><td>2.465</td><td>2.369</td><td>3.90</td><td>2.408</td><td>2.30</td><td>2.417</td><td>1.94</td><td>2.398</td><td>2.71</td></tr>
<tr><td>3</td><td>2.465</td><td>2.414</td><td>2.08</td><td>2.407</td><td>2.36</td><td>2.403</td><td>2.53</td><td>2.408</td><td>2.32</td></tr>
<tr><td>4</td><td>2.464</td><td>2.420</td><td>1.78</td><td>2.420</td><td>1.78</td><td>2.372</td><td>3.74</td><td>2.404</td><td>2.42</td></tr>
</table>

表 3-9　沥青混凝土劈裂试验结果

<table>
<tr><th rowspan="2">配合比编号</th><th colspan="4">最大间接拉伸强度/MPa</th><th colspan="4">最大强度对应的间接拉伸应变/%</th></tr>
<tr><th>1</th><th>2</th><th>3</th><th>平均</th><th>1</th><th>2</th><th>3</th><th>平均</th></tr>
<tr><td>1</td><td>0.24</td><td>0.27</td><td>0.29</td><td>0.26</td><td>1.90</td><td>1.64</td><td>1.44</td><td>1.66</td></tr>
<tr><td>2</td><td>0.19</td><td>0.26</td><td>0.27</td><td>0.24</td><td>2.59</td><td>1.98</td><td>1.38</td><td>1.98</td></tr>
<tr><td>3</td><td>0.24</td><td>0.23</td><td>0.22</td><td>0.23</td><td>1.89</td><td>1.88</td><td>2.20</td><td>1.99</td></tr>
<tr><td>4</td><td>0.25</td><td>0.25</td><td>0.18</td><td>0.23</td><td>1.79</td><td>1.73</td><td>2.78</td><td>2.10</td></tr>
</table>

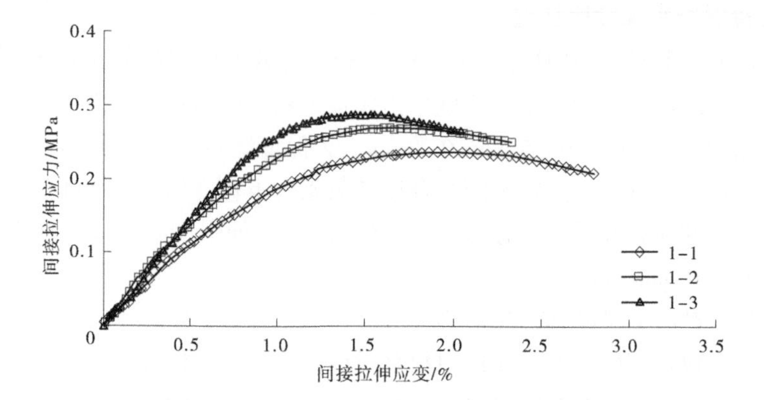

图 3-2　1 号配合比沥青混凝土劈裂试验曲线

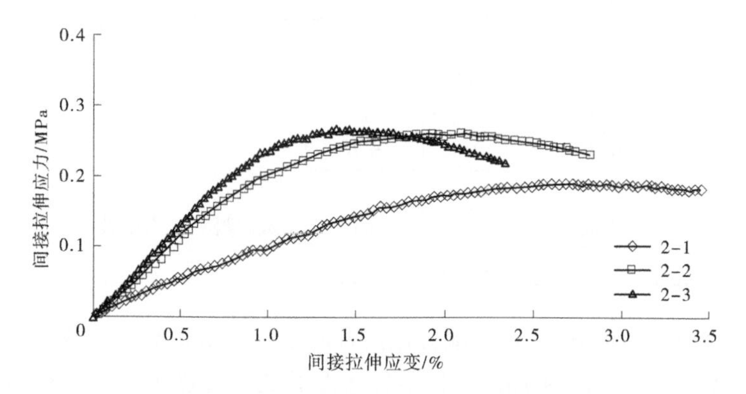

图 3-3　2 号配合比沥青混凝土劈裂试验曲线

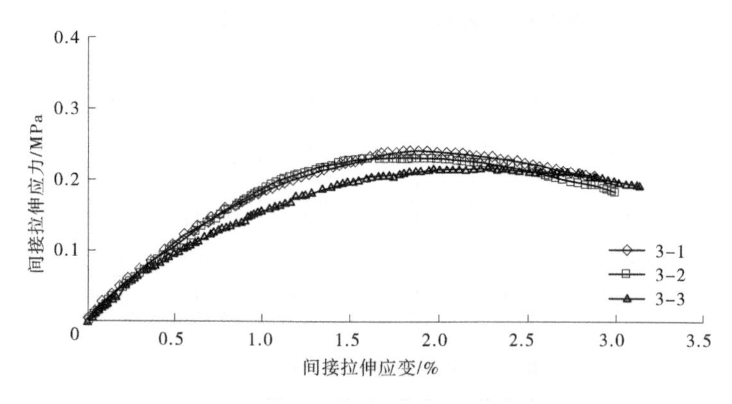

图 3-4　3 号配合比沥青混凝土劈裂试验曲线

1) 级配指数对孔隙率的影响

级配指数对孔隙率的影响见表 3-8 和图 3-6。

由图 3-6 可知，当油石比为 6.6%、填料含量为 12%时，随着级配指数的增加，孔隙率呈减小的趋势，且孔隙率大于 2.0%。

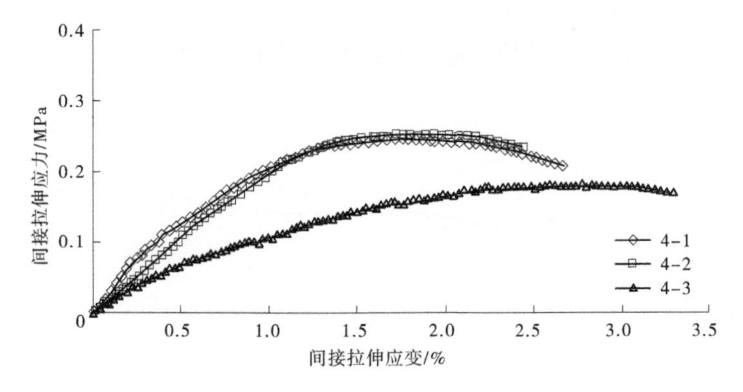

图 3-5　4 号配合比沥青混凝土劈裂试验曲线

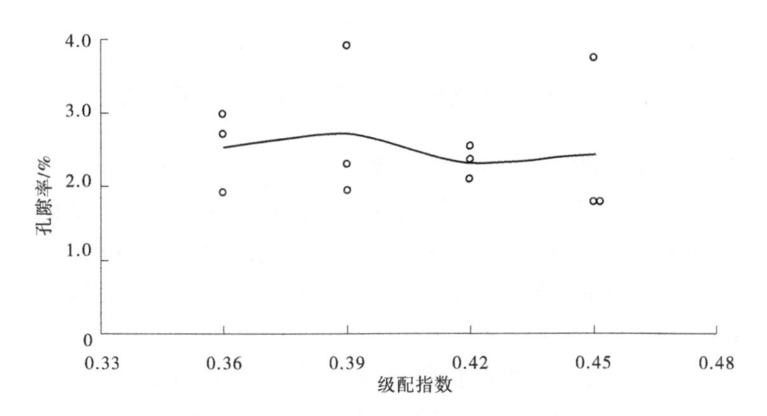

图 3-6　沥青混凝土级配指数与孔隙率关系曲线

2) 级配指数对间接拉伸强度的影响

级配指数对沥青混凝土间接拉伸强度的影响见表 3-9 和图 3-7。

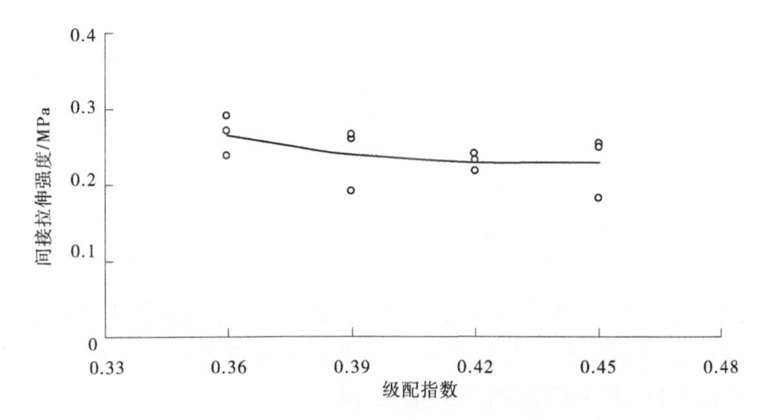

图 3-7　沥青混凝土级配指数与间接拉伸强度关系曲线

由图 3-7 可知,间接拉伸强度随着级配指数的增加有减小的趋势,但变化不大。

3)级配指数对间接拉伸应变的影响

级配指数对沥青混凝土间接拉伸应变的影响见表 3-9 和图 3-8。

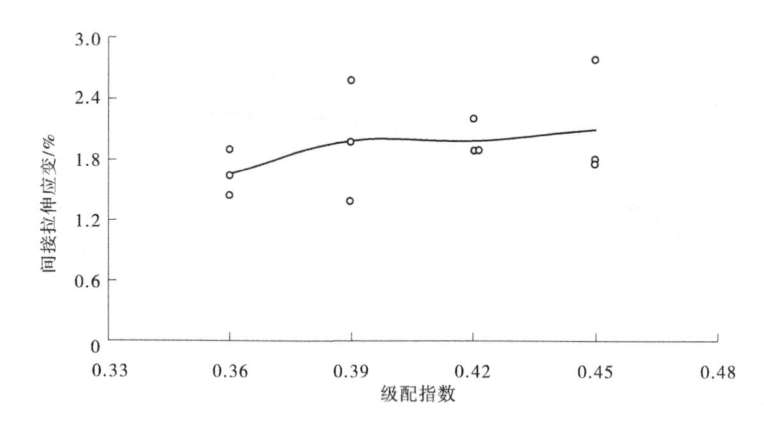

图 3-8　沥青混凝土级配指数与间接拉伸应变关系曲线

由图 3-8 可知,间接拉伸应变随着级配指数的增加呈增加的趋势。

综合表 3-8、表 3-9 和图 3-6~图 3-8 的试验结果,当级配指数为 0.42 时,有较小的孔隙率、较大的间接拉伸应变和较大的间接拉伸应力。从结果中也可以看出,试验中试件的孔隙率偏大,所以试验中将油石比从 6.6%提高到 6.9%,进行下一步试验。

2. 填料含量对沥青混凝土性能的影响

根据沥青混凝土配合比不同级配指数试验结果,选择沥青混凝土矿料级配指数为 0.42,填料含量为 10%、12%、14%,油石比为 6.9%,组成 3 种不同的配合比沥青混凝土进行试验,各种沥青混凝土配合比参数见表 3-10。

表 3-10　沥青混凝土配合比参数

配合比编号	级配参数				材料			
	矿料最大粒径/mm	级配指数	填料含量/%	油石比/%	粗骨料	细骨料	填料	沥青
5	19	0.42	10	6.9	破碎石灰岩料	石灰岩人工砂	石灰岩矿粉	克拉玛依 70 号 A 级
6		0.42	12	6.9				
7		0.42	14	6.9				

为保证试验数据的可靠性,每种配合比沥青混凝土在相同条件下制备 3 个试件,共计 9 个试件。分别计算和测定不同配合比参数条件下试件的密度和孔隙率,并进行劈裂试验,试验结果见表 3-11、表 3-12 和图 3-9~图 3-14。

表 3-11　沥青混凝土理论密度、孔隙率结果

配合比编号	试件编号	1		2		3		平均值	
	理论密度/(g/cm^3)	密度/(g/cm^3)	孔隙率/%	密度/(g/cm^3)	孔隙率/%	密度/(g/cm^3)	孔隙率/%	密度/(g/cm^3)	孔隙率/%
5	2.455	2.434	0.85	2.391	2.60	2.407	1.94	2.411	1.80
6	2.455	2.424	1.26	2.444	0.45	2.417	1.54	2.428	1.08
7	2.455	2.425	1.20	2.412	1.74	2.437	0.73	2.425	1.22

表 3-12　沥青混凝土劈裂试验结果

配合比编号	最大间接拉伸强度/MPa				最大强度对应的间接拉伸应变/%			
	1	2	3	平均	1	2	3	平均
5	0.30	0.30	0.25	0.29	1.31	1.63	1.95	1.63
6	0.28	0.34	0.27	0.30	1.23	1.20	1.64	1.35
7	0.31	0.30	0.38	0.33	1.62	1.93	1.23	1.59

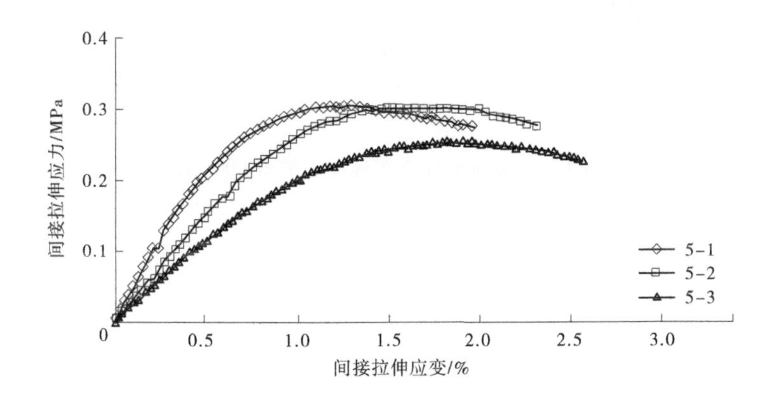

图 3-9　5 号配合比沥青混凝土劈裂试验曲线

1) 填料含量对孔隙率的影响

填料含量对孔隙率的影响见表 3-11 和图 3-12。

由图 3-12 可知,当级配指数为 0.42、油石比为 6.9%时,随着填料含量的增加,孔隙率减小且孔隙率平均值都小于 2%。

2) 填料含量对间接拉伸强度的影响

填料含量对间接拉伸强度的影响见表 3-12 和图 3-13。

由图 3-13 可知,间接拉伸强度随着填料含量的增大而增大。

3) 填料含量对间接拉伸应变的影响

填料含量对间接拉伸应变的影响见表 3-12 和图 3-14。

由图 3-14 可知,在级配指数和油石比不变的情况下,随着填料含量的增加,间接拉伸应变变化不大。

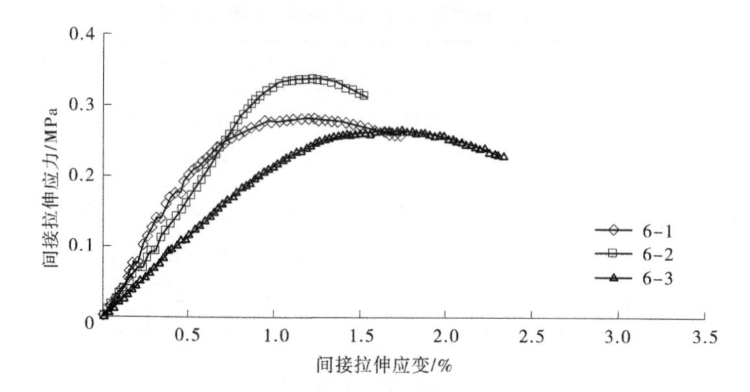

图 3-10　6 号配合比沥青混凝土劈裂试验曲线

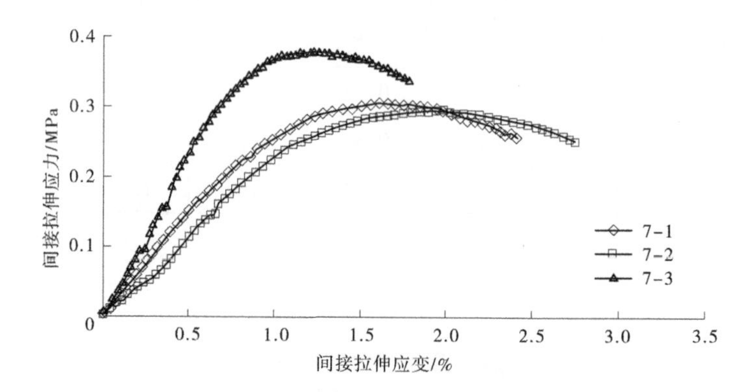

图 3-11　7 号配合比沥青混凝土劈裂试验曲线

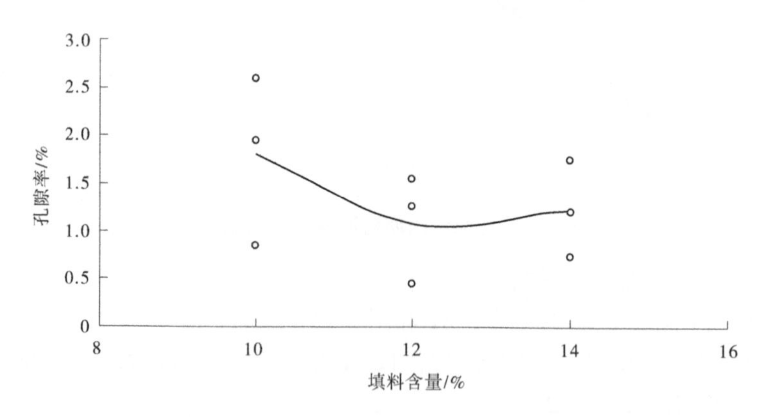

图 3-12　沥青混凝土填料含量与孔隙率关系曲线

由表 3-11、表 3-12 和图 3-12～图 3-14 可知，填料含量为 12%时，有较小的孔隙率、较大的间接拉伸应力和较大的间接拉伸应变。

3. 油石比对沥青混凝土性能的影响

根据沥青混凝土配合比不同填料含量试验结果，选择级配指数为 0. 42，填料含量为 12%，油石比分别为 6. 6%、6. 9%、7. 2%，组成 3 种不同的配合比沥青混凝土进行试验，配合比参数和材料见表 3-13。

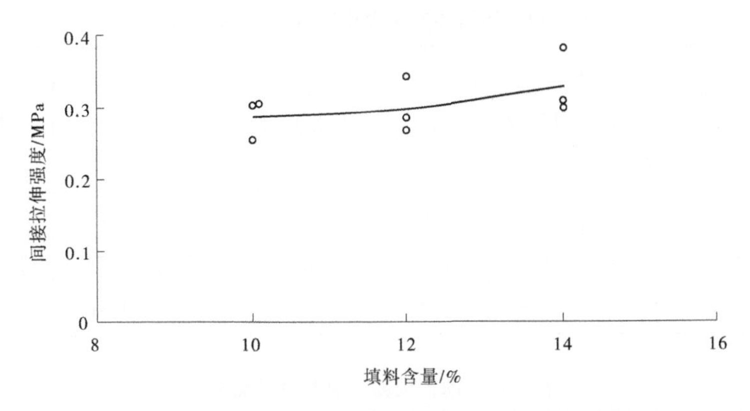

图 3-13　沥青混凝土填料含量与间接拉伸强度关系曲线

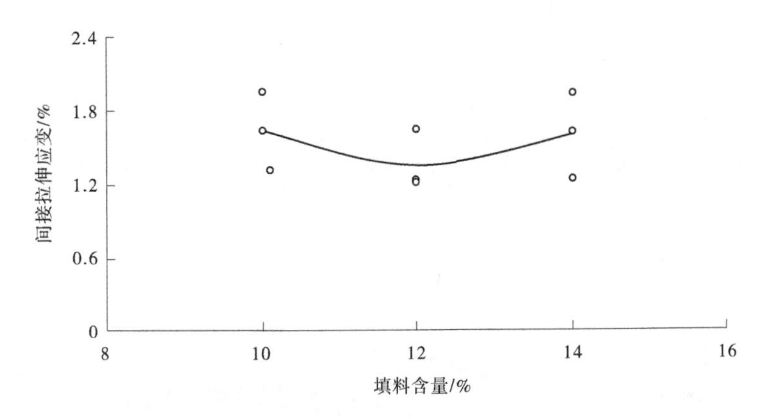

图 3-14　沥青混凝土填料含量与间接拉伸应变关系曲线

表 3-13　沥青混凝土配合比参数

<table>
<tr><th rowspan="2">配合比编号</th><th colspan="4">级配参数</th><th colspan="4">材料</th></tr>
<tr><th>矿料最大粒径/mm</th><th>级配指数</th><th>填料含量/%</th><th>油石比/%</th><th>粗骨料</th><th>细骨料</th><th>填料</th><th>沥青</th></tr>
<tr><td>3</td><td rowspan="3">19</td><td>0.42</td><td>12</td><td>6.6</td><td rowspan="3">破碎石灰岩料</td><td rowspan="3">石灰岩人工砂</td><td rowspan="3">石灰岩矿粉</td><td rowspan="3">克拉玛依70号A级</td></tr>
<tr><td>6</td><td>0.42</td><td>12</td><td>6.9</td></tr>
<tr><td>8</td><td>0.42</td><td>12</td><td>7.2</td></tr>
</table>

为保证试验数据的可靠性,每种配合比沥青混凝土在相同条件下制备 3 个试件,共计 9 个试件。分别计算和测定不同配合比参数条件下试件的密度和孔隙率,并进行劈裂试验,试验结果见表 3-14、表 3-15 和图 3-15~图 3-18。

表 3-14 沥青混凝土理论密度、孔隙率结果

配合比编号	试件编号	1		2		3		平均值	
	理论密度/(g/cm^3)	密度/(g/cm^3)	孔隙率/%	密度/(g/cm^3)	孔隙率/%	密度/(g/cm^3)	孔隙率/%	密度/(g/cm^3)	孔隙率/%
3	2.465	2.414	2.08	2.407	2.36	2.403	2.53	2.408	2.32
6	2.455	2.424	1.26	2.444	0.45	2.417	1.54	2.428	1.08
8	2.445	2.432	0.51	2.402	1.77	2.401	1.80	2.412	1.36

表 3-15 沥青混凝土劈裂试验结果

配合比编号	最大间接拉伸强度/MPa				最大强度对应的间接拉伸应变/%			
	1	2	3	平均	1	2	3	平均
3	0.24	0.23	0.22	0.23	1.89	1.88	2.20	1.99
6	0.28	0.34	0.27	0.30	1.23	1.20	1.64	1.35
8	0.27	0.22	0.20	0.23	1.63	2.32	2.40	2.12

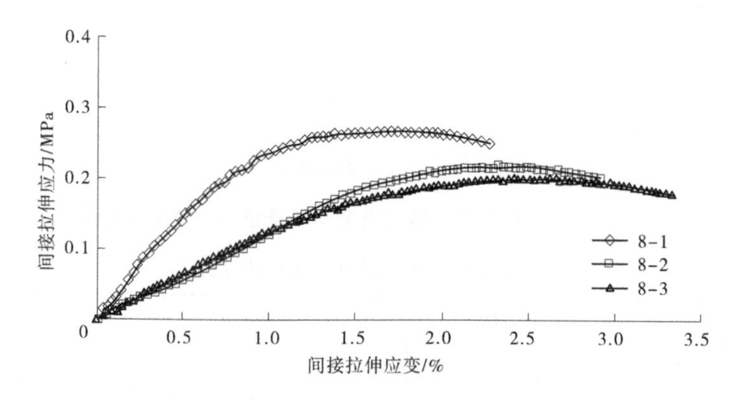

图 3-15 8 号配合比沥青混凝土劈裂试验曲线

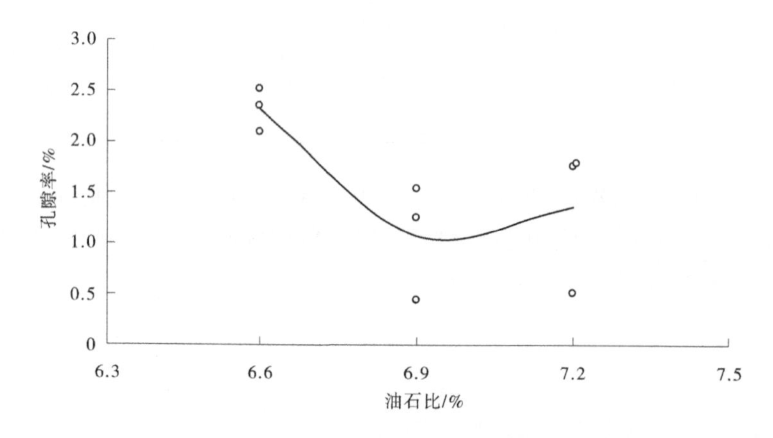

图 3-16 沥青混凝土油石比与孔隙率关系曲线

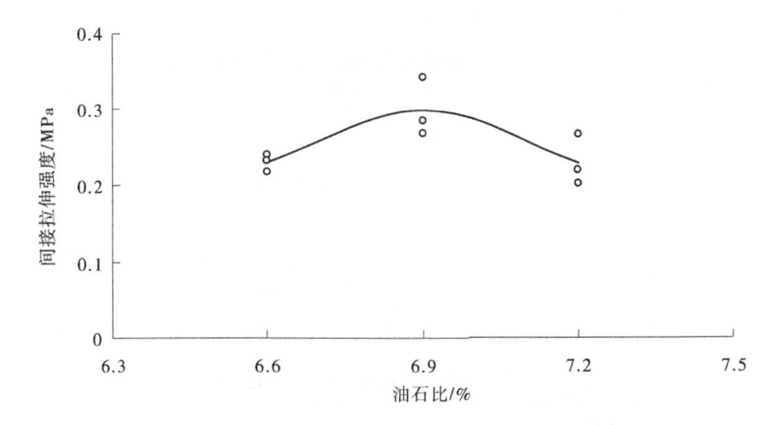

图 3-17　沥青混凝土油石比与间接拉伸强度关系曲线

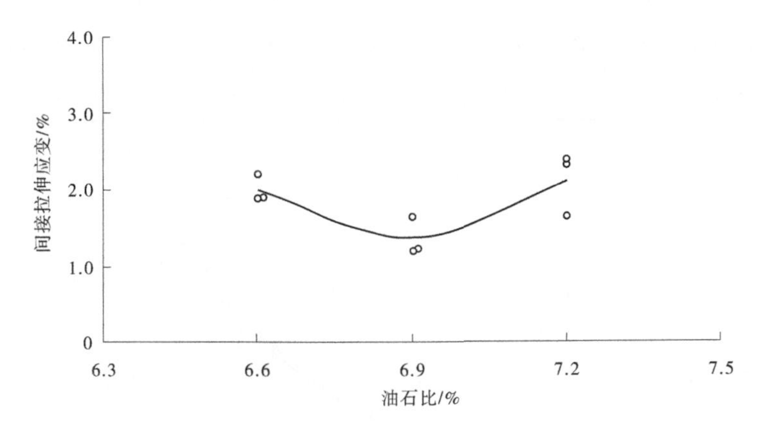

图 3-18　沥青混凝土油石比与间接拉伸应变关系曲线

1)油石比对孔隙率的影响

油石比对孔隙率的影响见表 3-14 和图 3-16。

由表 3-13、表 3-14 和图 3-16 可知,当级配指数为 0.42、填料含量为 12%时,孔隙率随着油石比的增加而减小。

2)油石比对间接拉伸强度的影响

油石比对间接拉伸强度的影响见表 3-15 和图 3-17。

由图 3-17 可知,随着油石比从 6.6%增加到 7.2%,间接拉伸强度先增大后减小。

3)油石比对间接拉伸应变的影响

油石比对间接拉伸应变的影响见表 3-15 和图 3-18。

由图 3-18 可知,间接拉伸应变随着油石比的增大先减小后增大。

由表 3-14、表 3-15 和图 3-16~图 3-18 可知,选择油石比为 6.9%。

(三)推荐沥青混凝土配合比

根据不同配合比沥青混凝土试验结果,从防渗、变形、强度、施工等性能和安全、经济考虑,结合工程实际情况,推荐 3 号和 6 号配合比为中叶水库沥青混凝土心墙配合比,并对 6 号配合比进行各项性能试验验证。配合比沥青混凝土材料和级配参数见表 3-16,矿料级配见表 3-17，配合比级配曲线见图 3-19。

表 3-16　推荐的 3 号和 6 号心墙沥青混凝土配合比

配合比编号	级配参数				材料			
	矿料最大粒径/mm	级配指数	填料含量/%	油石比/%	粗骨料	细骨料	填料	沥青
3	19	0.42	12	6.6	破碎石灰岩料	石灰岩人工砂	石灰岩矿粉	克拉玛依70号A级
6	19	0.42	12	6.9				

表 3-17　推荐 2 种配合比的矿料级配

配合比编号	筛孔尺寸/mm	粗骨料（19～2.36 mm）					细骨料（2.36～0.075 mm）					小于 0.075 mm
		19	16	13.2	9.5	4.75	2.36	1.18	0.6	0.3	0.15	
3、6	理论级配	100	93.2	86.2	75.4	56.9	43.1	32.8	25.3	19.5	15.2	12.0
	实际级配	100	97.4	91.2	73.8	59.6	43.1	32.1	22.7	17.4	14.8	12.0

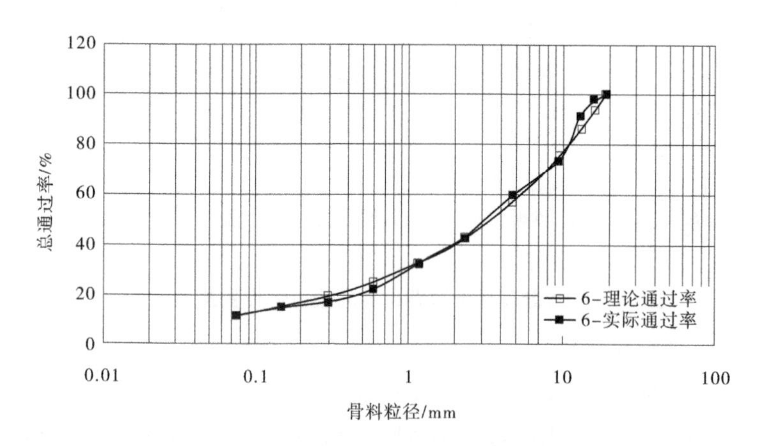

图 3-19　推荐 3 号和 6 号配合比沥青混凝土矿料级配曲线

三、推荐配合比性能试验

在配合比初选的基础上，需推荐配合比进行性能验证试验，即对选定的 6 号配合比进行小梁弯曲试验、拉伸性能试验、抗压性能试验、水稳定性能试验和渗透试验。

（一）小梁弯曲试验

选用 6 号配合比，制作板式试件，然后再切割成尺寸为 35 mm×40 mm×250 mm 的小梁弯曲试件。试验温度为 17.8 ℃，变形速率按小梁跨中 1.67 mm/min 控制（应变速率为 1%/min）。试件在弯曲试验机上进行，简支梁支撑，中间集中加载，通过传感器用计算机采集应力和变形（见图 3-20）。试件的弯曲最大强度和应变按式（3-2）、式（3-3）计算：

$$\sigma_{max} = \frac{3PL}{2bh^2} \tag{3-2}$$

$$\varepsilon = \frac{6fh}{L^2} \tag{3-3}$$

式中　P——荷载,N;

L——梁跨距,取 200 mm;

b——试件的宽度,取 35 mm;

h——试件的高度,取 40 mm;

f——挠度, mm。

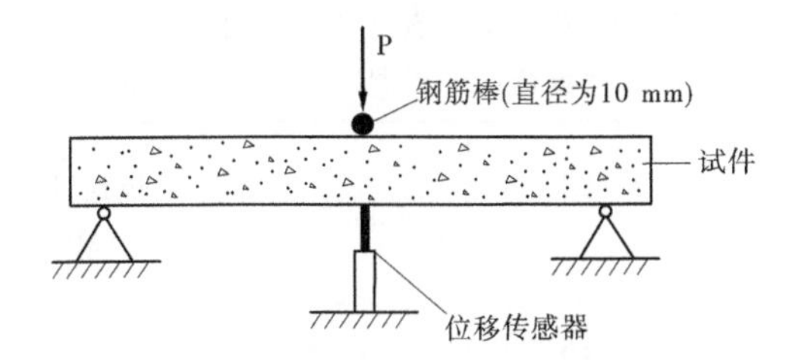

图 3-20　小梁弯曲试验简图

6 号配合比沥青混凝土的小梁弯曲试验结果见表 3-18 和图 3-21。

表 3-18　6 号配合比沥青混凝土的小梁弯曲试验结果

配合比编号	试件编号	密度/(g/cm^3)	孔隙率/%	挠度/mm	抗弯强度/MPa	抗弯强度对应的弯曲应变/%	变形模量/MPa	挠跨比/%
6	W6-1	2.422	1.33	6.68	0.81	4.01	20.2	3.34
	W6-2	2.417	1.55	10.77	0.68	6.41	10.6	5.39
	W6-3	2.417	1.55	11.86	0.73	7.06	10.3	5.93
	平均值	2.419	1.48	9.77	0.74	5.83	13.7	4.89

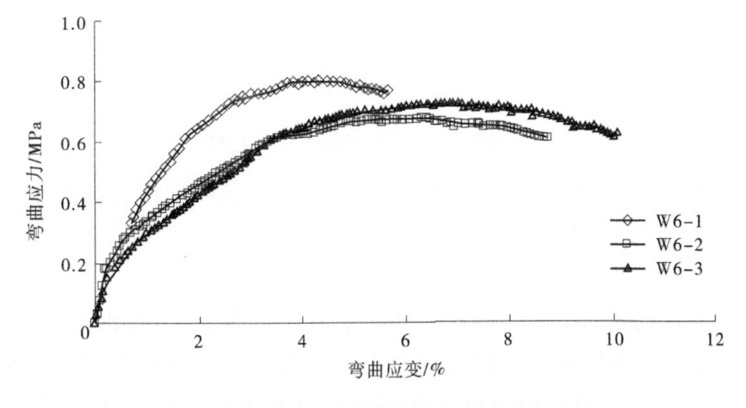

图 3-21　6 号配合比沥青混凝土小梁弯曲试验曲线

由表 3-18 和图 3-21 可知,6 号配合比沥青混凝土试件的孔隙率小于 2%,抗弯强度平均值为 0.74 MPa,大于 0.4 MPa;弯曲应变平均值为 5.83%,大于 1%,均满足规范的要求。

(二)拉伸性能试验

按照 6 号配合比制备板式试件,切割成尺寸为 40 mm×40 mm×220 mm 的沥青混凝土试件,在 17.8 ℃条件下进行拉伸试验,变形速度为 1.0 mm/min,通过传感器用计算机采集试验过程中试件的应力和变形,由试件面积和长度计算出试件的抗拉强度和拉应变。6 号配合比沥青混凝土试件拉伸试验结果见表 3-19 和图 3-22。

表 3-19　6 号配合比沥青混凝土试件拉伸试验结果

配合比编号	试件编号	密度/(g/cm^3)	孔隙率/%	抗拉强度/MPa	抗拉强度对应的拉应变/%
6	L6-1	2.416	1.58	0.27	2.00
	L6-2	2.400	2.22	0.28	1.88
	L6-3	2.401	2.21	0.27	1.85
	平均值	2.406	2.00	0.27	1.91

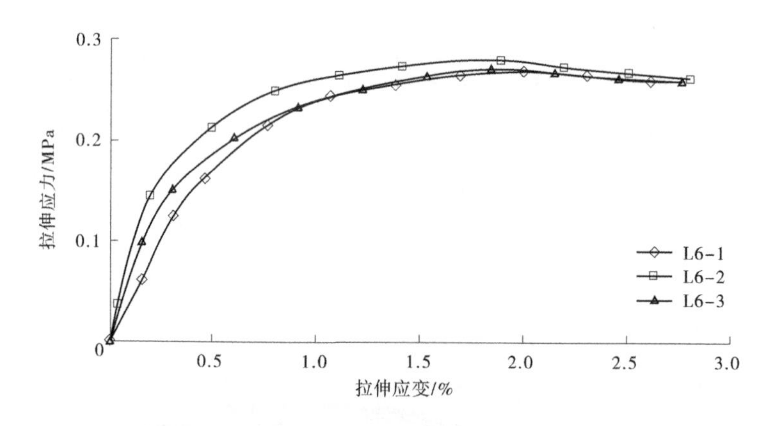

图 3-22　6 号配合比沥青混凝土试件拉伸试验曲线

由表 3-19 和图 3-22 可知,6 号配合比沥青混凝土试件的抗拉强度平均值达到 0.27 MPa,拉应变平均值为 1.91%。

(三)抗压性能试验

按照 6 号配合比制备成 ϕ 100×100 mm 尺寸试件,在 17.8 ℃、变形速度为 1.0 mm/min(应变速率为 1%/min)条件下进行抗压性能试验。通过传感器用计算机采集试验过程中试件的应力和变形,由试件面积和高度计算出试件的抗压强度和压应变。6 号配合比沥青混凝土试件抗压试验结果见表 3-20 和图 3-23。

表 3-20　6 号配合比沥青混凝土试件抗压试验结果

配合比编号	试件编号	密度/(g/cm³)	孔隙率/%	抗压强度/MPa	抗压强度对应的压应变/%	抗压变形模量/MPa
6	6-1	2.438	0.68	1.99	5.90	68.3
	6-2	2.431	0.97	1.87	6.61	38.5
	6-3	2.425	1.20	1.74	6.28	38.8
	平均值	2.428	1.09	1.81	6.45	38.7

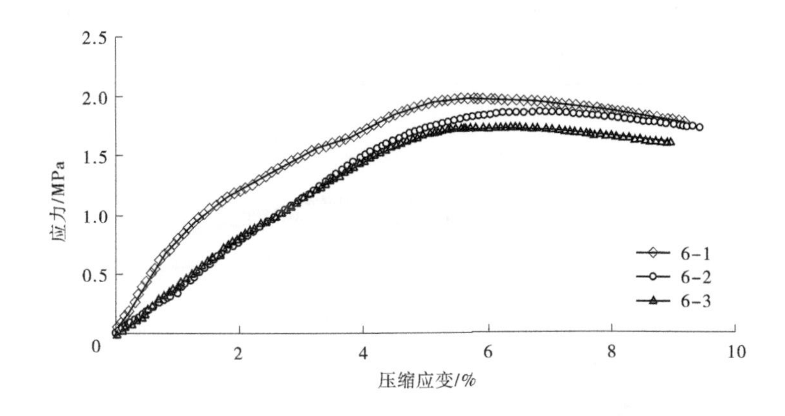

图 3-23　6 号配合比沥青混凝土试件抗压试验曲线

由图 3-23 可知,6 号配合比沥青混凝土试件既具有较大的抗压强度,又具有较大的压应变。

(四)水稳定性能试验

水稳定性能试验是将同一批尺寸为 φ 100×100 mm 的试件分 2 组,1 组试件在 60 ℃±1 ℃的水中浸泡 48 h 后,再在 20 ℃±1 ℃的水中恒温 2 h,然后进行抗压试验;另 1 组试件在 20 ℃±1 ℃空气中恒温不少于 48 h 进行抗压试验,2 组抗压强度之比为水稳定系数。试验中变形速度为 1.0 mm/min,6 号配合比沥青混凝土试件水稳定试验结果分别见表 3-21 和图 3-24、图 3-25。

由以上试验结果可知,6 号配合比沥青混凝土试件水稳定系数为 1.11,水稳定系数大于 0.9,满足《土石坝沥青混凝土面板和心墙设计规范》(SL 501—2010)的要求。

(五)渗透试验

本试验为变水头渗透试验,采用标准马歇尔击实仪成型试件,在 φ 100×100 mm 的模具中成型试件,击实 35 次,待击实后,将试模翻过来,再击实 35 次。

表 3-21　6 号配合比沥青混凝土试件水稳定试验结果

养护条件	试件编号	密度/(g/cm³)	孔隙率/%	抗压强度/MPa	抗压强度对应的压应变/%	水稳定系数
60 ℃±1 ℃泡水 48 h 后再在 20 ℃±1 ℃泡水 2 h	6-1	2.401	2.20	1.74	7.63	1.11
	6-2	2.428	1.09	2.08	6.34	
	6-3	2.405	2.04	2.24	6.68	
	平均值	2.411	1.78	2.02	6.88	
20 ℃±1 ℃不泡水 48 h	6-4	2.416	1.60	1.90	5.29	
	6-5	2.410	1.84	1.64	7.03	
	6-6	2.423	1.30	1.91	7.00	
	平均值	2.416	1.58	1.82	6.44	

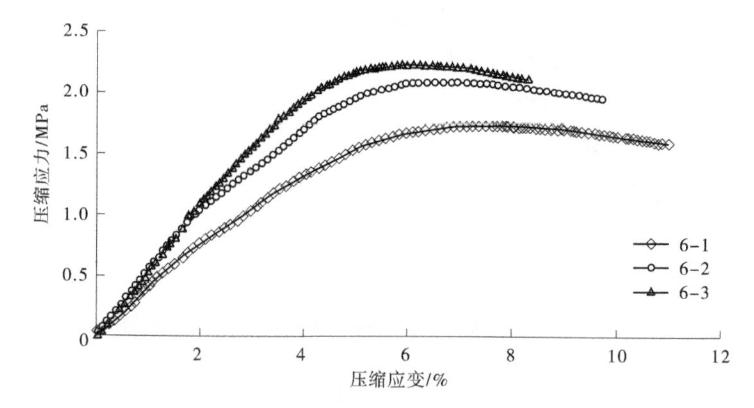

图 3-24　6 号配合比沥青混凝土试件水稳定试验曲线
(60 ℃±1 ℃泡水 48 h 后再在 20 ℃±1 ℃泡水 2 h)

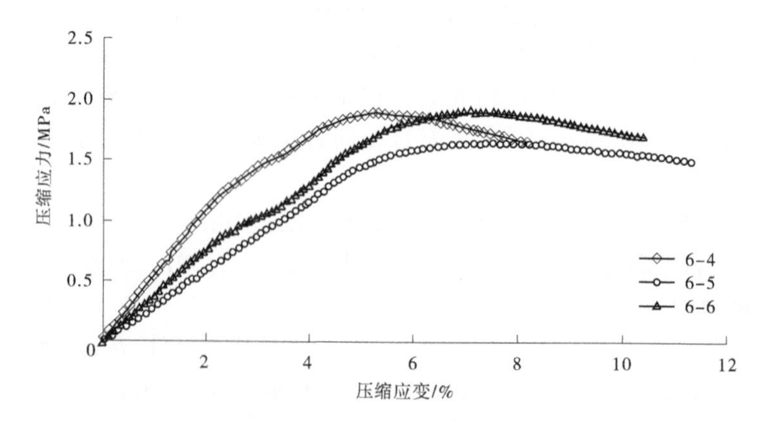

图 3-25　6 号配合比沥青混凝土试件水稳定试验曲线(20 ℃±1 ℃不泡水 48 h)

本试验温度为 20 ℃,方法为将制备好的沥青混凝土试件在渗透试模中装好,试件周边密封,保证不渗水。将装有试件的试模置于沥青混凝土渗透试验仪上进行试验。

变水头渗透试验渗透系数按式(3-4)计算

$$K_{\mathrm{T}} = \frac{aL}{At}\ln\frac{\Delta h_1}{\Delta h_2} \tag{3-4}$$

式中　a——测压管截面面积,cm^2;

t——渗水时间,s;

L——渗径,即试件厚度,cm;

A——试件面积,cm^2;

Δh_1——时段 t 开始时进水测压管和出水测压管的水位差,cm;

Δh_2——时段 t 结束时进水测压管和出水测压管的水位差,cm。

沥青混凝土渗透试验结果见表 3-22。

表 3-22　沥青混凝土渗透试验结果

配合比编号	试件编号	密度/(g/cm^3)	孔隙率/%	渗透系数/(cm/s)
6	S6-1	2.416	1.59	$<1\times10^{-8}$
	S6-2	2.418	1.51	$<1\times10^{-8}$
	S6-3	2.426	1.18	$<1\times10^{-8}$
	平均	2.420	1.43	$<1\times10^{-8}$

由以上试验结果可知,所有试件的渗透系数数量级均小于 1×10^{-8} cm/s,满足《土石坝沥青混凝土面板和心墙设计规范》(SL 501—2010)的要求。

四、静三轴试验

对选定的 6 号配合比沥青混凝土试件进行 17.8 ℃温度条件下的静三轴试验。

按模拟心墙施工法制备成尺寸为 220 mm×220 mm×120 mm 的长方体试块,再钻取 ϕ 100×200 mm 尺寸的试件,在 17.8 ℃条件下进行静三轴试验。根据设计坝高拟定试验的 4 个围压值分别为 0.2 MPa、0.4 MPa、0.6 MPa 和 0.8 MPa,每种围压做 3 个试件的试验。

根据相关规范规定,轴向变形速度为 0.2 mm/min,试件施加围压后稳定 30 min,通过传感器用计算机采集试验过程中试件的轴向应力、轴向位移和体变位移的电压值,再由试件面积、高度和体积计算出试件的轴向应力、轴向应变和体积应变值。6 号配合比沥青混凝土试件的静三轴试验结果见表 3-23 和图 3-26~图 3-29。

表 3-23　6 号配合比沥青混凝土试件静三轴试验结果

围压/MPa	试件编号	密度/(g/cm³)	孔隙率/%	最大偏应力/MPa	最大偏应力时的轴向应变/%	最大压缩体应变/%	最大压缩体应变时的偏应力/MPa
0.2	6-1	2.425	1.21	0.81	7.01	-0.20	0.20
	6-2	2.440	0.59	0.76	7.57	-0.21	0.24
	6-3	2.438	0.67	0.65	7.40	-0.19	0.18
	平均	2.434	0.82	0.74	7.33	-0.20	0.20
0.4	6-4	2.430	1.03	1.68	11.47	-0.17	0.99
	6-5	2.438	0.68	1.70	9.97	-0.13	0.79
	6-6	2.440	0.60	2.00	10.36	-0.31	1.01
	平均	2.436	0.77	1.79	10.60	-0.20	0.93
0.6	6-7	2.440	0.59	2.62	14.55	-0.28	1.64
	6-8	2.441	0.57	2.47	13.20	-0.17	1.54
	6-9	2.436	0.78	2.73	13.58	-0.13	1.82
	平均	2.439	0.65	2.61	13.78	-0.19	1.67
0.8	6-10	2.428	1.11	3.25	20.55	-0.25	1.86
	6-11	2.426	1.17	3.43	19.87	-0.34	2.33
	6-12	2.431	0.96	3.58	19.59	-0.46	2.91
	平均	2.428	1.08	3.42	20.00	-0.35	2.37

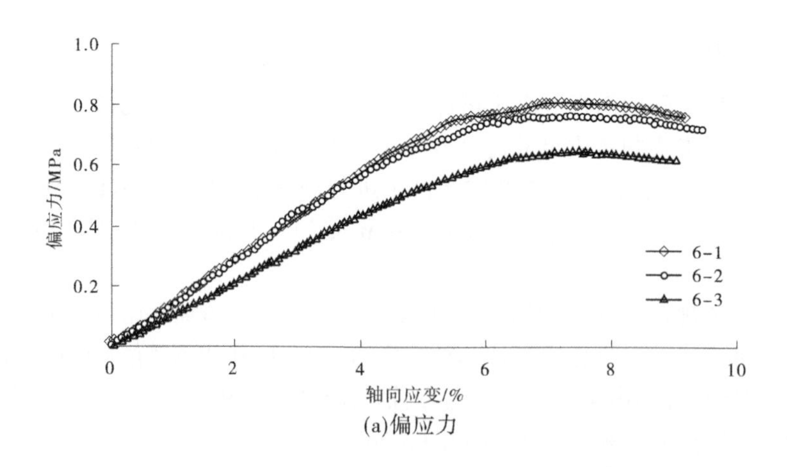

(a)偏应力

图 3-26　6 号配合比沥青混凝土偏应力和体积应变与轴向应变关系曲线(围压 0.2 MPa)

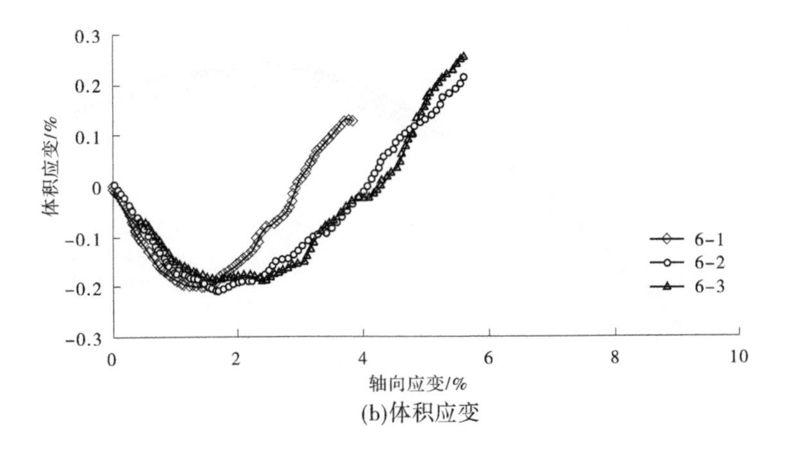

(b)体积应变

续图 3-26

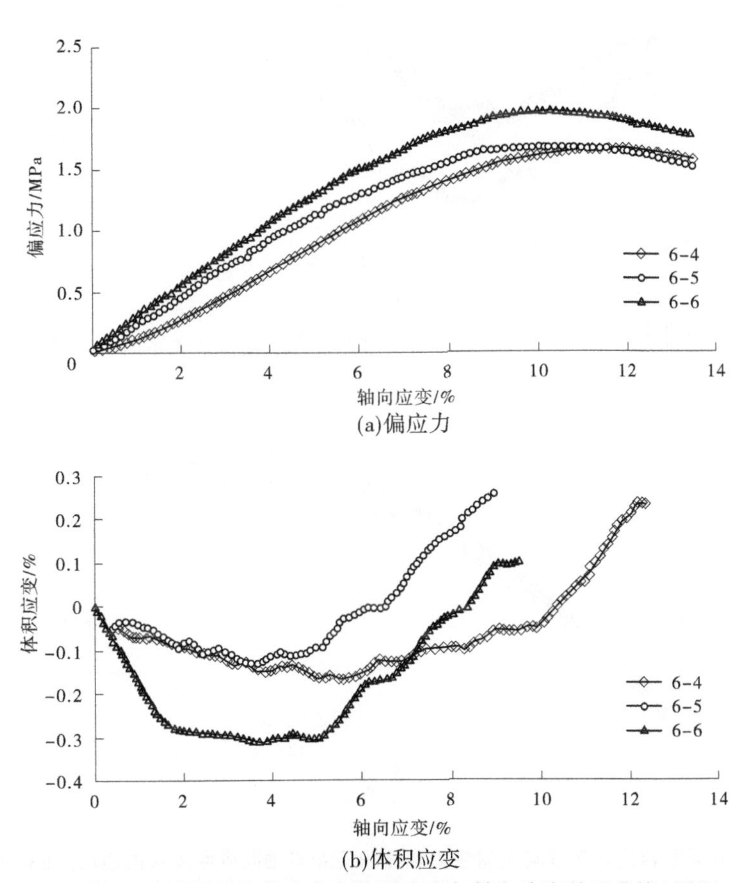

(b)体积应变

图 3-27 6 号配合比沥青混凝土偏应力和体积应变与轴向应变关系曲线(围压 0.4 MPa)

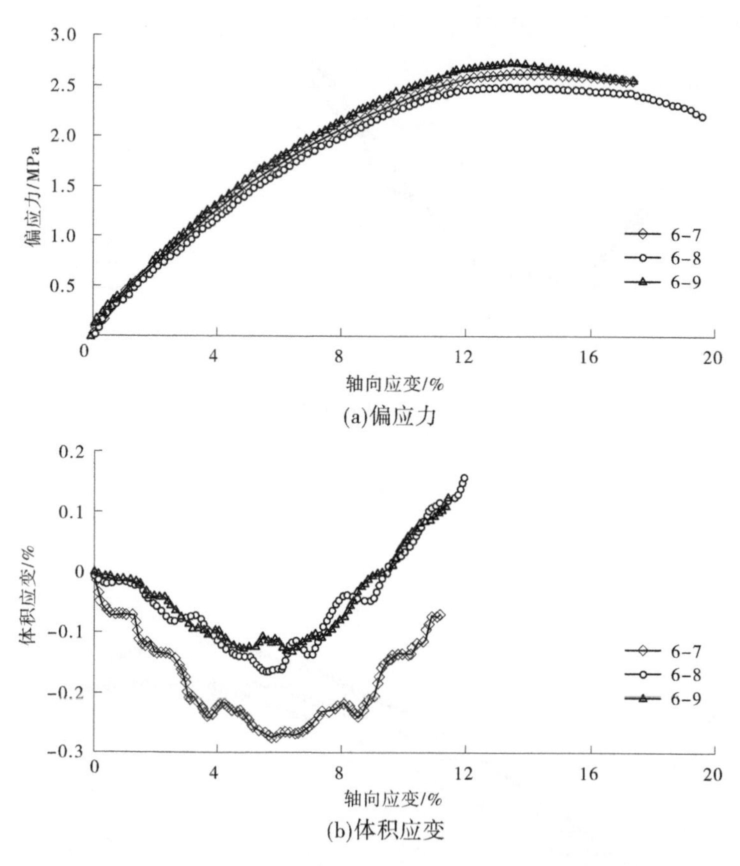

(a)偏应力

(b)体积应变

图3-28　6号配合比沥青混凝土偏应力和体积应变与轴向应变关系曲线(围压0.6 MPa)

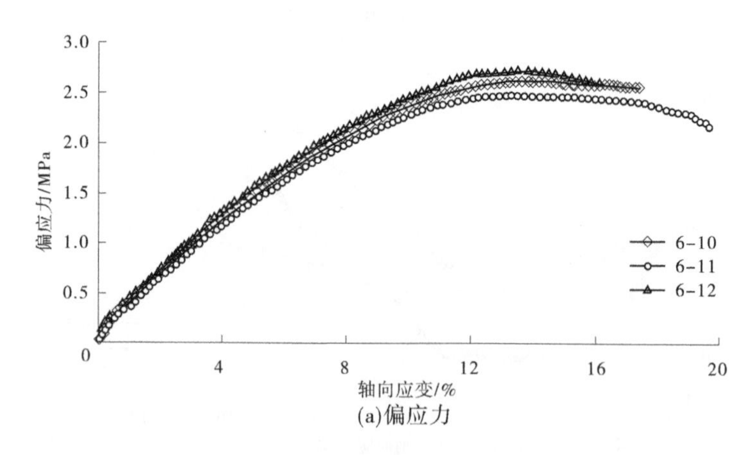

(a)偏应力

图3-29　6号配合比沥青混凝土偏应力和体积应变与轴向应变关系曲线(围压0.8 MPa)

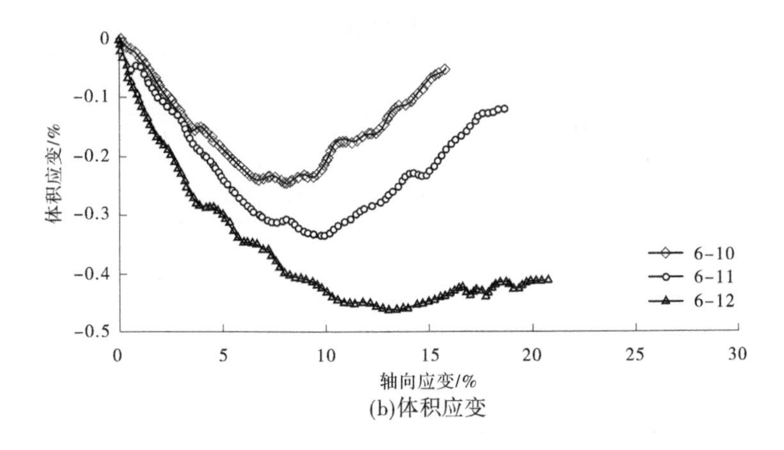

(b)体积应变

续图 3-29

由沥青混凝土静三轴试验曲线(见图 3-26~图 3-29)可看出,其应力应变曲线基本呈双曲线。双曲线变坐标后可得直线的截距,从而计算初始模量 E_i,按式(3-5)回归得模量数 K 和模量指数 n:

$$E_i = KP_a\left(\frac{\sigma_1}{P_a}\right)^n \tag{3-5}$$

式中　K、n——无因次量;

　　P_a——大气压力,Pa。

6 号配合比沥青混凝土在室温条件下回归所求参数见表 3-24。

根据表 3-23 可求出 6 号配合比沥青混凝土在室温条件下的剪切强度参数 c 和 φ 值。

根据 6 号配合比沥青混凝土在 4 个围压条件下的平均体积应变与轴向应变的关系,按式(3-6)可求出侧向应变:

$$\varepsilon_3 = (\varepsilon_V - \varepsilon_1)/2 \tag{3-6}$$

式中　ε_3、ε_V 和 ε_1——侧向应变、体积应变和轴向应变。

由计算可知,侧向应变与轴向应变关系不呈双曲线而近乎直线关系,泊松比为一常数。6 号配合比沥青混凝土在各不同围压下,取最大压缩体积应变及其相应的平均应力,计算得各不同围压下的体积应变模量 E_V,按式 $E_V = K_b P_a\left(\frac{\sigma_3}{P_a}\right)^m$ 可回归得体积应变模量参数(见表 3-24)。

综上所述,按邓肯-张双曲线模型整理求出的静三轴非线性参数见表 3-24(E-B 模型)、表 3-25(E-μ 模型)和图 3-30。

表 3-24　沥青混凝土非线性 E-B 模型参数

配合比编号	密度/(g/cm³)	孔隙率/%	黏聚力 c/MPa	内摩擦角 φ/(°)	模量数 K	模量指数 n	破坏比 R_f	泊松比 μ	体积应变模量参数	
									模量数 K_b	模量指数 m
6	2.434	0.83	0.08	41	180.6	0.44	0.67	0.49	2 564.7	0.29

表 3-25　沥青混凝土非线性 E-μ 模型参数

配合比编号	密度/(g/cm³)	孔隙率/%	黏聚力 c/MPa	内摩擦角 φ/(°)	模量数 K	模量指数 n	破坏比 R_f	试验常数		
								G	F	D
6	2.434	0.83	0.08	41	180.6	0.44	0.67	0.46	0	0

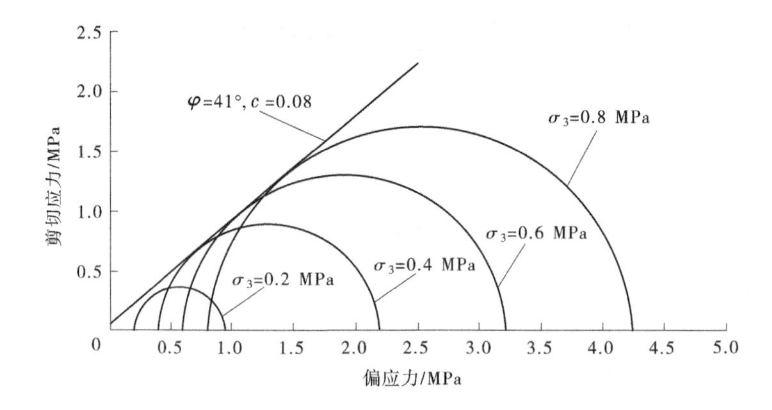

图 3-30　6 号配合比沥青混凝土摩尔圆和剪切破坏强度线

五、结论与建议

(一)沥青混凝土原材料质量鉴定

(1)石灰岩经破碎后的人工粗骨料质地坚硬,在加热过程中未出现开裂、分解等现象,与沥青黏附力强,坚固性好,满足《土石坝沥青混凝土面板和心墙设计规范》(SL 501—2010)规定的沥青混凝土粗骨料的技术要求,可作为中叶水库沥青混凝土心墙的粗骨料。

(2)经破碎后的石灰岩人工砂细骨料质地坚硬,在加热过程中未出现开裂、分解等现象,满足《土石坝沥青混凝土面板和心墙设计规范》(SL 501—2010)规定的沥青混凝土细骨料的技术要求,可作为中叶水库沥青混凝土心墙的细骨料。

(3)石灰岩矿粉填料指标满足《土石坝沥青混凝土面板和心墙设计规范》(SL 501—2010)规定的沥青混凝土填料的技术要求,可用作中叶水库沥青混凝土心墙的填料。

(4)克拉玛依 70 号 A 级沥青各项指标均满足《土石坝沥青混凝土面板和心墙设计规范》(SL 501—2010)规定的水工沥青混凝土所用石油沥青的技术指标要求,可作为中叶水库沥青混凝土心墙的沥青。

(二)沥青混凝土配合比选择

根据 8 种配合比沥青混凝土的试验结果,从防渗、变形、强度、施工、耐久性和经济性等方面考虑,结合工程实际情况,推荐编号为 6 号的配合比沥青混凝土做进一步各项性能试验。6 号配合比沥青混凝土材料和级配参数见表 3-26,矿料级配见表 3-27。

表 3-26　推荐的沥青混凝土配合比的材料和级配参数

配合比编号	级配参数				材料			
	矿料最大粒径/mm	级配指数	填料含量/%	油石比/%	粗骨料	细骨料	填料	沥青
6	19	0.42	12	6.9	破碎石灰岩料	石灰岩人工砂	石灰岩矿粉	克拉玛依70号A级

表 3-27　推荐配合比的矿料级配

配合比编号	筛孔尺寸/mm	粗骨料(19~2.36 mm)					细骨料(2.36~0.075 mm)					小于0.075 mm
		19	16	13.2	9.5	4.75	2.36	1.18	0.6	0.3	0.15	
6	通过率/%	100	97.4	91.2	73.8	59.6	43.1	32.1	22.7	17.4	14.8	12.0

(三)沥青混凝土性能

6号配合比沥青混凝土通过小梁弯曲试验、拉伸性能试验、抗压性能试验、水稳定试验及渗透试验等,各项性能均可满足沥青混凝土心墙的要求,其物理力学性能试验结果见表3-24、表3-25、表3-28。试验结果表明,两种配合比沥青混凝土的各项物理力学参数满足心墙对沥青混凝土的要求,也满足《土石坝沥青混凝土面板和心墙设计规范》(SL 501—2010)要求,可作为中叶水库沥青混凝土心墙设计的依据。推荐6号配合比沥青混凝土,需进行现场摊铺试验验证,沥青混凝土性能满足规范和设计要求后,方可用于心墙施工。

表 3-28　推荐的沥青混凝土配合比的力学性能

配合比编号	密度/(g/cm^3)	孔隙率/%	拉伸		抗压		水稳定系数	弯曲		渗透系数/(cm/s)
			强度/MPa	应变/%	强度/MPa	应变/%		强度/MPa	应变/%	
6	2.416	1.57	0.27	1.91	1.81	6.45	1.11	0.74	5.83	$<1\times10^{-8}$

第四节　心墙结构设计

沥青混凝土心墙结构形式一般有斜心墙、直立斜心墙和直心墙。斜心墙的形式考虑到减小心墙的剪切应力,而直立斜心墙考虑到坝体上部心墙应力状态可得到一定程度的改善。经坝体观测和有限元分析,这两种形式的心墙变形和应力状态与直心墙相比并没有多大差别,且直心墙结构形式简单、节约沥青混凝土材料、施工方便。因此,目前设计和正在施工的沥青混凝土心墙都采用直心墙形式。

目前,沥青混凝土心墙的厚度没有统一的理论计算方法,通常根据沥青混凝土心墙运用中获得的成功经验总结出的经验公式或数据,或者拟定一个厚度,通过应力应变分析进行选择。

沥青混凝土心墙在土石坝中的首要作用是防渗,同时要有一定的厚度以保证其自身的稳定,心墙厚度选择也需考虑施工期及运行期不会因为坝壳填料的挤压而造成沥青混凝土心墙的损坏,在坝壳填料的支撑作用下沥青混凝土心墙不致产生大的应力集中和应变破坏。因此,心墙厚度的选择不可过厚也不可过薄。

《土石坝沥青混凝土面板和心墙设计规范》(SL 501—2010)中统计出 30 m 以上沥青混凝土心墙厚度基本为坝高的 1/110~1/60,低坝比值较大,高坝比值较小。根据国内近几十年的经验总结,《土石坝沥青混凝土面板和心墙设计规范》(SL 501—2010)推荐碾压式沥青混凝土心墙底部最大厚度(不含扩大段)宜为坝高的 1/110~1/70,心墙顶部最小厚度不宜小于 40 cm;浇筑式沥青混凝土心墙厚度宜为坝高的 1/100,顶部最小厚度不宜小于 20 cm。

从已建的工程实例来看,心墙厚度一般为 0.5~1.2 m,沥青混凝土心墙厚度变化,通常有以下 3 种形式:

(1)等厚形。即除基础扩大段外,心墙从底部到顶部保持同一厚度。这种形式施工较简单,但会造成一定的浪费,心墙应力应变状态也不好。

(2)渐变形。即除基础扩大段外,心墙从底部到顶部保持同一坡比由厚到薄均匀变化。这种形式心墙厚度是渐变的,结构较为合理,沥青混凝土心墙受力状态最好,不会变成应力集中,但施工中需调整每层的摊铺尺寸,对施工工艺要求较高。

(3)阶梯形。即除基础扩大段外,心墙从底部到顶部由厚到薄分段变化,且每段内保持同一厚度。这种形式处于前两种形式的中间,在一定程度上避免了施工控制复杂的问题。如果厚度级差控制合理,在一定程度上可同时解决施工工艺和心墙受力问题,是一种较好的尺寸形式。

目前,一般低坝推荐采用等厚形,中、高坝推荐采用渐变形或阶梯形。

沥青混凝土心墙不存在水力梯度和水力劈裂,因而对于高坝,不必按高度加厚沥青混凝土心墙,1~1.2 m 厚足够了,即使 200 m 级或 300 m 级的高土石坝,沥青混凝土心墙厚度可设计在 1.5 m 以内。

第五节 过渡料层和排水体的设计

一、过渡料层

根据《土石坝沥青混凝土面板和心墙设计规范》(SL 501—2010)的规定,沥青混凝土心墙两侧与坝壳料之间应设置过渡料层。过渡料层材料宜采用碎石或砂砾石,要求质地坚硬,具有较好的抗水性和抗风化能力,颗粒级配连续,最大粒径不宜超过 80 mm,粒径小于 5 mm 的含量为 25%~40%,粒径小于 0.075 mm 的含量不宜超过 5%。过渡料层应满足心墙和坝壳料之间变形的过渡要求,具有满足施工要求的承载力。上、下游过渡料宜采用同一种级配,过渡料层厚度宜在 1.5~3.0 m,具体厚度可根据坝壳料、坝高和所处部位适当调整,堆石坝和高坝取大值。地震区和岸坡坡度有明显变化部位的过渡料层应适当加厚。

沥青混凝土的变形模量较小,坝壳料的变形模量较大,设置过渡料层,可使心墙和坝壳料之间的变形平缓过渡。一般土质心墙存在水力劈裂问题,而沥青混凝土心墙不同。沥青混凝土孔隙率小,空隙封闭不连通,不存在孔隙水作用;沥青混凝土的渗透系数很小,渗水困难,沥青混凝土心墙中渗流和渗水压力很难形成,故沥青混凝土心墙虽有"拱效应"存在,垂直应力比自重应力有所减小,但心墙与过渡料层之间有错位存在,一般不会出现拉应变,因此沥青混凝土心墙可不考虑水力劈裂问题。

心墙两侧过渡料层材料的质量要求与一般土质心墙过渡料不同,材料的级配应满足沥青混凝土对过渡料层功能的要求。工程实践和试验成果表明,当过渡料层材料最大粒径小于 80 mm 时,易于保证过渡料层非线性模量与心墙非线性模量的匹配,能够减小粒径约束效应对过渡料层的均一性产生影响。控制粒径大于 5 mm 及小于 0.075 mm 颗粒含量的目的在于提高过渡料层的压实性和排水性。

过渡料层厚度一般在 1.5~3.0 m,在施工期间,心墙和过渡料同步上升,一般情况下,坝壳料总是滞后 2~3 层填筑,因此过渡料层厚度应考虑心墙施工时的稳定和心墙摊铺碾压时的安全要求。

二、排水体

当坝壳料为砂砾石、石渣料或软岩时,心墙下游的填筑料经碾压施工后,其渗透系数可能较低,理论上讲,沥青混凝土心墙的渗透系数是极低的,在满足施工要求的情况下,上游渗水通过沥青混凝土心墙渗透到下游的可能性很小,即在过渡料层后再设置竖向排水体的必要性不是很充分,可以仅设置水平排水体,但有时为了安全考虑,还是在竖向和水平向均考虑排水体。例如尼尔基坝,筑坝料以砂砾石为主,在过渡料层后设置了 L 形排水层,排水层垂直向水平宽度为 3 m,与下游的贴坡式排水体相连,形成水平向和竖向的排水通道。

第六节 心墙与基础、岸坡及其他建筑物的连接

沥青混凝土心墙与基岩或基础防渗墙、岸坡及刚性建筑物的连接应形成一个完整的防渗体系。通常心墙与基岩、岸坡的连接处设置有混凝土基座,心墙与基座之间的连接处是防渗的关键部位,应做好止水设计。

沥青混凝土心墙和基座及岸坡的连接一般设计成扩大接头形式,水泥混凝土基座和岸坡垫座可设计成弧形或平面形式,中间设齿槽加止水或不设齿槽都有工程实例。基座和岸坡垫座与沥青混凝土之间用砂质沥青玛琋脂黏接。具体布置及设计要求可参见《土石坝沥青混凝土面板和心墙设计规范》(SL 501—2010)。下面以云南省中叶水库心墙与岸坡连接情况详述设计要求。

由于沥青混凝土的塑性性质,在长期水压力作用下,心墙比岩基和混凝土构件更容易变形,而且水库蓄水后水压力会使沥青混凝土心墙产生一定的水平位移,与基础有一定的相对

位移,因此沥青混凝土心墙与周边建筑物的连接是防渗系统结构的关键部位,对其处理的好坏,将直接影响大坝的安全运行。沥青混凝土与周边建筑物的连接主要有以下 3 种形式。

一、沥青混凝土心墙与混凝土基座的连接

在基座表面与心墙连接处设扩大段,加大沥青混凝土心墙与基座连接面的宽度。混凝土基座顶宽 10 m ,将基座中心部位顶面浇筑成半径 $R=2.39$ m 的圆弧凹槽,增大沥青混凝土心墙和刚性混凝土间的接触面,同时适应墙体位移变形。凹槽宽 2 m、深 0.22 m,接头结构形式见图 3-31。沥青混凝土心墙施工前,将表面洗刷干净,干燥后在表面上喷涂 0.2 kg/m² 阳离子乳化沥青,待充分干燥后,再涂一层厚度为 2 cm 的砂质沥青玛琋脂。沥青混凝土心墙与混凝土基座之间设置铜片止水,沿心墙轴线布置。

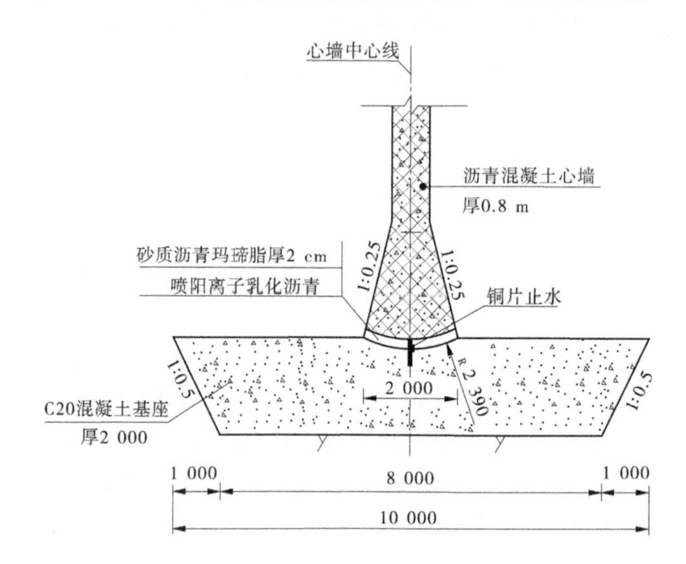

图 3-31　沥青混凝土心墙与混凝土基座的连接详图　(单位:mm)

二、沥青混凝土心墙与溢洪道控制段左边墩的连接

为更好连接沥青混凝土心墙与溢洪道控制段左边墩墙背,溢洪道左边墙墙背坡度为 1∶0.4。沥青混凝土心墙与溢洪道墙背之间的接触面上设置 1 道铜片止水(见图 3-32)。

三、沥青混凝土心墙与坝顶防浪墙的连接

土石坝坝顶一般设有防浪墙,中叶水库坝顶设钢筋混凝土防浪墙,并兼作挡水建筑物的一部分,为了确保防浪墙和沥青混凝土心墙紧密结合,防浪墙底板伸长至沥青混凝土心墙,在底板顶部表面涂刷一层阳离子乳化沥青,然后在表面填一层厚 2 cm 的沥青玛琋脂,再浇筑沥青混凝土(见图 3-33)。

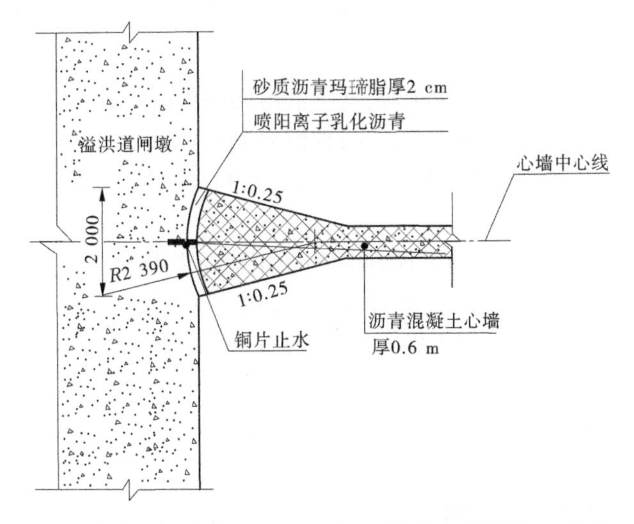

图 3-32　沥青混凝土心墙与岸边刚性结构的连接详图　（单位：mm）

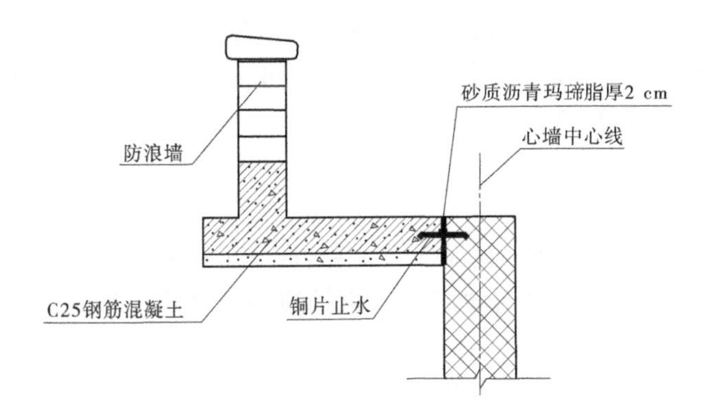

图 3-33　沥青混凝土心墙与坝顶防浪墙的连接详图

第七节　止水构造及接缝处理

沥青混凝土心墙基座沿坝轴线方向不设横缝，连续浇筑。但连续浇筑两仓混凝土施工时间较长时，施工缝需做特殊处理，下一仓混凝土浇筑前，基座中心应凿出一个宽 30 cm、深 20 cm 的键槽，其他部位按常规施工缝处理，浇筑前将表面洗刷干净。

第八节　沥青混凝土心墙及过渡料施工

沥青混合料的制备系统是控制沥青混凝土施工质量的关键之一。在沥青混合料原材料满足规范要求和工程具体要求的条件下，矿料的耐热性和与沥青的黏附性是要特别关注的，特别是沥青在加热过程中的温度控制。目前，无论是大型工程还是中小型工程，沥青的熔化、加热和输送采用蒸气或热油间接加热和保温，大大地降低了沥青的老化程度。现代化的沥青混凝土拌和楼由计算机控制沥青混合料的计量和在规定温度范围的搅拌过程,保证了沥青混合料的均匀性。沥青混合料运输方式视工程条件可采用保温料罐或自卸汽车运输。

对于沥青混凝土心墙施工,可采用起重设备吊起沥青混合料料罐,将沥青混合料卸入摊铺机料斗内,也可采用改装的装载机将沥青混合料卸入摊铺机料斗内。摊铺机同时摊铺沥青混合料和心墙两侧的过渡材料。两台振动碾同时碾压心墙两侧的过渡料,一台振动碾压实沥青混凝土心墙。

几个代表性的沥青混凝土心墙工程有中国的白河水库、洞塘、坎尔其、牙塘、三峡茅坪溪沥青混凝土心墙,奥地利的 Finstertal 沥青混凝土心墙,以及挪威的 Storvatn 和 Storglomvatn 沥青混凝土心墙。25 m 高的白河水库完建于 1973 年,是中国第一座沥青混凝土心墙坝,心墙厚仅 15 cm,采用浇筑式的方法施工。洞塘、坎尔其沥青混凝土心墙坝坝高分别为 48 m 和 54 m,完建于 2000 年,心墙是采用中国研制的牵引式摊铺机铺筑的。坝高 57 m 的牙塘沥青混凝土心墙坝,心墙采用半机械化设备施工,心墙铺筑厚度为 30 cm。三峡茅坪溪沥青混凝土心墙防护坝,坝高 104 m,心墙是采用挪威进口大型联合摊铺机铺筑的。奥地利的 Finstertal 沥青混凝土心墙坝坐落在山脊上,坝高 150 m,心墙高 98 m,完建于 1980 年。挪威 1987 年建成的 100 m 高的 Storvatn 沥青混凝土心墙坝,坝顶长 1 460 m,部分坝轴线向下游凸弯,半径为 400 m。挪威还于 1997 年建成当时最高的沥青混凝土心墙坝 Storglomvatn 心墙坝,坝高 128 m。

一、沥青混凝土心墙施工流程

沥青混凝土心墙机械化铺筑施工工艺流程:准备工作→清理仓面→测量放线、固定金属丝(中心线)→沥青混合料和过渡料卸入摊铺机→摊铺机摊铺并自振压实→过渡料碾压→沥青混合料碾压→过渡料补碾压。

沥青混凝土运输设备可采用自卸车,自卸车四周及厢底都设置有保温材料,并增设防雨盖,防雨盖利用自卸车的油压系统可以自动关闭和开启。

中叶水库施工时,沥青混合料通过装载机由自卸车转运至沥青混凝土摊铺机中,装载机料斗的四周添加保温材料,并增设了卸料口和进料口。进料口和卸料口可自动控制进料和卸料。沥青混凝土摊铺层厚 20~25 cm,两侧过渡料紧接着进行摊铺,采用一台功率为 14.5 kW、质量为 1.5 t 的 BW90AD-3 振动碾碾压机振压沥青混合料,用 2 台功率为 44 kW、质量为 2.5 t 的 BW120AD-3 碾子碾压两侧的过渡料。沥青混合料入仓温度范围为 160~170 ℃,初碾温度在 150~160 ℃,沥青混凝土内的温度下降到 135~145 ℃时终碾,之后再无振碾压 1 遍,并进行表面收光。

碾压顺序为:过渡料静碾 1 遍、动碾 2 遍,沥青混合料静碾 1~2 遍,停 10~20 min 再动碾 8 遍,过渡料离开心墙 1 m 外补碾动碾 2 遍,沥青混合料收仓静碾 1~2 遍。

二、过渡料施工

垫层料、过渡料层料及反滤料采用 2 m^3 装载机配 15 t 自卸汽车运输上坝。填筑面上采用进占法卸料、88 kW 推土机平料,铺层厚度为 0.8 m,采用 18 t 振动碾压机碾压,边脚分层铺料厚 300 mm,采用 0.8 t 振动碾压机压实。

第四章　坝体设计

第一节　概　述

沥青混凝土心墙坝属分区坝，防渗体位于坝体中间，上、下游坝壳采用透水材料填筑，主要采用风化料、堆石料或沙砾料等。该坝型适用于缺乏防渗土料、透水材料丰富的地区。防渗体与坝壳料之间设过渡料区。沥青混凝土心墙坝典型剖面见图 4-1。

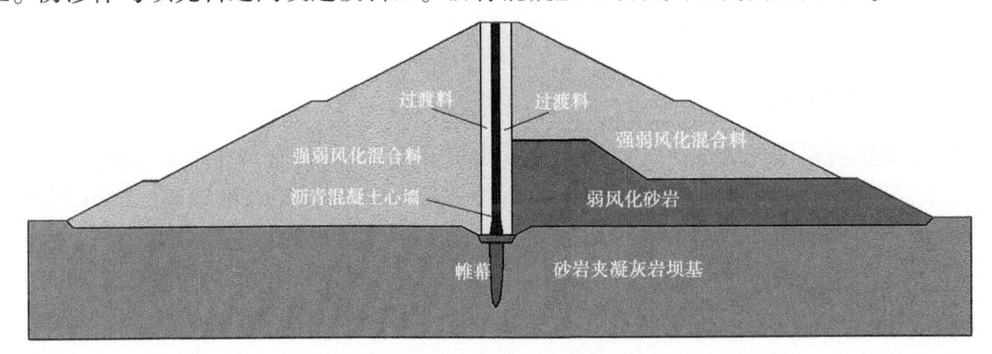

图 4-1　沥青混凝土心墙坝典型剖面

沥青混凝土心墙坝具有以下其他坝型无可替代的优点：

(1)沥青混凝土具有较好的延展性，能够适应坝体的变形，心墙微小裂缝具有自愈能力。

(2)心墙位于坝体中部，不同于面板堆石坝依靠在堆石体上，防渗体自重直达基础，受坝壳沉降影响相对较小。心墙自重及两侧填土自重使心墙基础与坝基面产生较大的接触应力，有利于防渗体与坝基的结合，提高了接触面的渗透稳定性。因此，规范对沥青混凝土基础的要求相对较高。

(3)整个心墙的施工均在高温下完成，层间加热融合后，层间漏水概率大大降低。

(4)由于坝壳均为强透水土层，当库水位骤降时，上游坝体内水位能够迅速排泄，有利于坝体的边坡稳定，因此心墙坝坝坡比均质坝坝坡要陡。高水头大坝渗漏水排至下游能及时排走，下游坝体内水位非常低，因此坝坡也可设计得比较陡。

沥青混凝土心墙坝的缺点也非常突出，主要如下：

(1)沥青混凝土心墙位于坝体中间，一旦出现问题，检修非常不便。

(2)填筑时心墙与坝壳同步上升，雨季不利于防渗体填筑，不像斜墙坝那样先抢坝壳争取工期。

第二节　坝体分区

坝体分区设计应根据坝体各区功能和就地取材、挖填平衡的原则,经技术经济比较确定。坝体各种不同材料应有明确的分区,对各分区材料的性质和施工压实要求等应有具体的可供考核、检验和进行质量评定的技术指标。坝体分区设计宜研究围堰与坝体相结合的可能性,对于高土石坝而言,上游围堰高度和填方量很大,若与坝体结合经济效益非常显著。近代高土石坝较多地采用了这种形式,如美国的奥洛维尔坝、新美浓坝,加拿大的买加坝、波太基山坝,墨西哥的奇科森坝,我国援建阿尔巴尼亚的菲尔泽坝,我国的小浪底坝、糯扎渡坝等。

沥青混凝土心墙坝坝体分区主要由 5 部分组成,分别为上游坝壳、上游过渡层、沥青混凝土心墙、下游过渡层、下游坝壳。

一、上、下游坝壳

坝壳填筑料根据天然建筑材料情况及溢洪道开挖情况,可选择堆石料,强、弱风化混合料,全强风化料,或者河床沙砾料作为填筑料,设计时根据所用料的不同,结合稳定计算确定合理坝坡。采用堆石料筑坝时坝坡可设置为 1∶1.8~1∶1.7,每 15 m 或 20 m 设置一级马道。采用强、弱风化料作为填坝材料时,应结合母岩强度、风化破碎程度及室内大三轴试验成果综合确定坝坡。坝高不大时,可采用全强风化料作为填筑料,坝坡应放缓,同时应考虑坝体内排水不畅的不利影响。当坝址区河床砂砾料储量丰富时,优先采用砂砾料作为填筑料,坝坡根据坝高不同可采用 1∶1.8~1∶1.2。采用风化料筑坝时,下游侧基底应设置排水层,保证下游排水通畅,降低坝体内浸润线。

云南省墨江县中叶水库工程是采用强、弱风化混合料作为筑坝材料的案例。该工程 2#石料场、溢洪道和隧洞开挖料主要为强、弱风化砂岩及粉砂岩料,其中砂岩饱和抗压强度相对较高,在混合料中起着骨架作用,凝灰岩料致密,在混合料中起着填充作用。该分区石料最大粒径为 600 mm,碾压后孔隙率不大于 23%,渗透系数大于 1×10^{-3} cm/s。

为了减小沥青混凝土心墙的顺水流向位移,增强下游坝体排水,下游增加了弱风化砂岩堆石料分区,在 1 512 m 高程处,在下游反滤层外侧开始设置顶宽 12 m、1∶2斜坡的梯形弱风化堆石料保护分区,下游弱风化堆石料兼作竖向排水带,降低沥青混凝土心墙下游的浸润线。坝体下游的坝基填筑 15 m 厚的弱风化砂岩堆石料水平排水带,即填筑到高程 1 493.00 m,高于下游校核洪水位高程 1 481.47 m。竖直排水带和水平排水带形成一个完整的排水通道,以增强坝体下游边坡稳定性。

弱风化砂岩堆石料(排水区)主要采用 2#石料场砂岩开挖料,抗压强度大于 40 MPa,最大粒径为 800 mm,碾压后孔隙率不大于 20%,渗透系数大于 0.1 cm/s。

二、过渡层

过渡层起着防渗过渡的作用,过渡层采用级配良好的砂砾石料或人工骨料,最大粒径一般不超过沥青混凝土骨料最大粒径的 6~8 倍,为墙体提供均匀支撑,并可减少沥青混凝土嵌入过渡层的工程量，上游侧过渡层应有利于沥青混凝土自愈，避免裂缝部位的渗漏。过渡料布置合理，可大大减小心墙的水平位移及竖向位移。

云南省墨江县中叶水库工程过渡层填筑量约为 6.4 万 m^3，填筑料主要采用 2# 石料场砂岩开挖料，经砂石破碎加工系统生产的骨料掺配，要求石料饱和抗压强度不低于 40 MPa，加工后应具有连续级配，最大粒径不大于 80 mm，粒径小于 5 mm 的含量为 25%～40%，含泥量低于 5%，碾压后孔隙率不大于 20%，渗透系数为 1×10^{-3}～5×10^{-3} cm/s。

三、沥青混凝土心墙

大坝采用沥青混凝土心墙风化料坝，沥青混凝土心墙与过渡层、坝壳填筑应尽量平起平压，均衡施工，以保证压实质量。碾压式沥青混凝土心墙的沥青混凝土孔隙率应不大于3%；渗透系数应不大于 1×10^{-8} cm/s；水稳定系数应不小于 0.9；沥青含量可为 6.0%～7.5%；粗骨料最大粒径为 19 mm。

心墙可采用倾斜式和垂直式。如果采用倾斜心墙，下游坡可以适当变陡，以节省坝体填筑方量；垂直心墙在坝基与坝壳沉陷较大的情况下，具有较好的适应性，并且需要的沥青混凝土方量较少，施工方便，而且便于与两岸的防渗系统相连接，使防渗系统安全可靠。沥青混凝土心墙的厚度，底部为坝高的 1/100～1/60，高坝坝顶最小厚度不小于 50 cm。

考虑心墙不均匀沉陷及施工中可能出现的情况，中叶水库设计时采用垂直心墙，心墙顶宽 0.6 m，高程 1 520 m 以下心墙厚度加厚至 1.0 m。

四、坝后堆石排水棱体区

坝后堆石排水棱体与坝内排水带连接，降低浸润线，增加下游坡脚的稳定性。排水棱体顶部高程按校核洪水位加超高控制。当下游坝壳填筑料以堆石为主、排水效果较好时，也可不设排水棱体。

堆石排水棱体起着坝体下游排水作用，中叶水库排水棱体顶高程为 1 484 m，顶宽 2.0 m，迎水侧边坡的坡比为 1∶1，背水侧边坡坡比为 1∶1.8，填筑量约为 1 730 m^3。堆石排水棱体选用比较新鲜坚硬、组织均匀的块石，不均匀系数小于 30，孔隙率不大于 22%；级配较好，最大粒径为 1 000 mm，粒径小于 10 mm 的含量为 10%～20%，粒径小于 5 mm 的含量小于 10%；饱和抗压强度要求不小于 40 MPa。堆石排水棱体主要来源于 2# 石料场。

第三节　筑坝材料

查明筑坝材料的性质、储量和分布是沥青混凝土心墙坝设计的首要工作，主要在于经济合理地选择筑坝材料，确定合适的坝型和坝体断面结构，确保大坝安全，并保证顺利施工。若前期设计时天然建筑材料勘察和试验工作不充分，往往会在开工后因补充勘察料场或临时更换料场及时间仓促导致问题处理不当，给大坝的安全运行带来巨大隐患，尤其对性质特殊或需要处理的土石料，前期勘察时需要进行有针对性的勘察试验，以便根据其性质合理利用,或进行处理后使用。另外,前期勘察设计时,应将枢纽建筑物开挖料提到与天然筑坝材料同等重要的地位,旨在引起设计工程师对开挖料应用的重视。

就地就近取材是设计当地材料坝的基本原则。当坝址附近有多种筑坝材料可选用时,在满足技术要求的前提下,尽量采用运距近的材料,以降低工程造价,不必追求所谓的高质量材料。

近些年,由于前期设计时料场规划不周,在开工后更换料场导致停工的现象屡见不鲜,因此设计时更加要强调料场规划。尽管提倡利用枢纽建筑物开挖料多年,实际设计中仍存在将大量建筑物开挖料丢弃的现象。因此,应将建筑物开挖料利用纳入料场统一规划,前期勘察时更多地掌握开挖料的材料性质,没有充分的理由不能将开挖料弃掉,各个环节做好开挖料利用的工作,确保开挖料的利用落到实处。

随着施工设备的革新及造坝技术的提高,筑坝材料的应用范围也越来越广。风化料、软岩、砾石土等越来越多地用于筑坝,有利于充分发挥土石坝就地取材、就近取材的优势,同时也减少了弃渣对环境的影响。由于坝料处理技术的发展,对不完全满足要求的土石料,做简单处理后即可上坝,更加拓宽了筑坝材料的应用范围。

目前,沥青混凝土心墙坝筑坝材料主要有堆石料、天然沙砾料、强弱风化料及全强风化料 4 种。坝壳材料决定着坝体分区及坝坡的设计。

我国沥青混凝土心墙堆石坝主要有四川冶勒水电站大坝、四川黄金坪水电站大坝、四川官帽舟水电站大坝及重庆秀山隘口水库大坝等;沥青混凝土心墙风化料坝主要有云南中叶水库大坝、贵州者岳水库大坝;沥青混凝土心墙砂砾石坝主要有尼尔基水库大坝、新疆下坂地水利枢纽、新疆库什塔依水电站大坝。

一、堆石坝

(一)堆石强度要求

根据《水利水电工程天然建筑材料勘察规程》(SL 251—2015),堆石料的饱和单轴抗压强度应大于 30 MPa,绝大多数工程母岩饱和抗压强度在 30~100 MPa。饱和抗压强度在 30~40 MPa 的岩石经碾压后压缩性较小,与高强度岩石的压缩性相差不大,其他方面的要求均能满足,钻孔、爆破及轮胎磨损等相关施工费用较低,属极佳的堆石材料。强度高于 100 MPa 的岩石因开采费用大幅升高,岩石坚硬的棱角对碾压设备的磨损较大,施工费用也较大。部分软岩,具有高吸水率、低干抗压强度等特点,饱和抗压强度占干抗压强度的 30%~40%,这种岩石经振动碾压后,其大块石破碎率较高,若坝体设计时合理分区,该材料依然可用于堆石坝中。总之,对于堆石料来说,岩石饱和抗压强度达到 30 MPa 即可,更高强度的岩石在技术上并无优势。当料场大量存在饱和抗压强度为 15~25 MPa 的石料时,设计应充分考虑利用,不得作为弃料。堆石料具有高强度、低压缩性及耐久性强等特点,该坝型具备高坝的特性。

(二)堆石级配要求

堆石料最主要的特性为低压缩性和高抗剪强度,同时也具备高透水性的特点。透水性较小的石料在增加排水体的情况下依然可以作为堆石料。常规硬岩堆石料平均级配小于 4.75 mm 粒径的颗粒含量小于 20%、含泥量低于 10%的材料均具备较低压缩性和高抗剪强度。细料含量越高,堆石骨架的作用越不明显,坝体透水性越差。因此,设计时应对细料含量提出限制要求。

1991年,库克提出级配良好的堆石很容易得到较高的密度和模量参数,但级配不良的堆石依然满足运用要求,因此不必规定堆石级配良好。

综上所述,硬岩堆石不需要规定级配良好,但应规定粒径小于0.075 mm的堆石含量不大于10%,粒径小于4.75 mm的堆石含量不大于20%。现场控制可对施工机械作用下的坝面稳定情况进行观察,如果坝面是稳定的,可判定重车荷载由块石骨架承担,细料含量是合理的;若出现轮沟、弹簧土或行车难度大,可判定是细料含量过多导致。

(三)施工加水

为改善堆石的压缩性,可适当加水。若填筑料为低吸水率的硬岩,效果不明显,可不加水。可按照以下原则确定是否加水:

(1)最大坝高小于45 m时,作用不大,可不加水。

(2)堆石中细料含量较高时,应加水,使细料能够软化,大块石碾压过程能穿过细料,块石间直接接触形成骨架。

(3)高坝及饱和抗压强度较低的上游堆石料,加水后作用较为明显,是非常有必要的。

(四)填筑标准

堆石料的填筑标准可参考《混凝土面板堆石坝设计规范》(SL 228—2013),填筑标准按孔隙率控制,孔隙率在20%~25%,常规可取低值,层厚为80 cm,采用20 t以上振动碾碾压8遍均能达到设计要求。

二、风化料坝

(一)风化料技术要求

常见的风化料坝包括强、弱风化料坝和全、强风化料坝两种。当采用风化料或软岩筑坝时,大坝表面应设置保护层,保护层垂直厚度应大于1.5 m。

强、弱风化料坝是指料场剥离残坡积层和全风化层后,通过爆破开挖取用强、弱风化料作为坝壳填筑料的一种坝型,该坝型的特点是可以根据料场强、弱风化料比例灵活调整上坝料,设计应提出开采建议。该坝型对强风化坝料的强度可不做要求,弱风化料强度大于30 MPa较佳,混合料级配不做要求。根据不同掺配比例进行大三轴试验确定材料的抗剪强度,通过大坝抗滑稳定计算确定坝坡。弱风化料达到50%即可达到较好的骨架效果,从而达到较高的抗剪强度指标和较低的压缩变形量。风化料广泛应用于中坝及100 m以内的高坝。风化料便于开采、运输和压实,对于缩短工期、保证工程质量、降低工程造价等均有重要的意义。

全、强风化料坝在国内使用较早,该坝型可不进行爆破开挖,开采单价大大降低,但抗剪强度指标随着全风化料的比例增加也相应降低,因此需要较缓的坝坡维持大坝的整体稳定,全、强风化料坝坝高不宜太高,一般不高于50 m。坝体透水性较差,应做好排水区,降低下游坝体内浸润线。

(二)填筑标准

风化岩石、软岩等土石料填筑标准的设计控制指标确定应采用下列方法:

(1)根据试验和同类母岩的工程类别确定。

(2)当其物理力学特征与堆石相似时,采用孔隙率作为设计控制指标。

(3)当其物理力学特征与砾石土相似时,采用压实度作为设计控制指标。

(4)当物理力学特征介于堆石和砾石土之间时,可同时采用孔隙率和压实度作为设计控制指标。

强、弱风化料坝的填筑标准依然可参考《混凝土面板堆石坝设计规范》(SL 228—2013),填筑标准按孔隙率控制,孔隙率为20%~25%,层厚为80 cm,采用20 t以上振动碾碾压8遍基本能达到设计要求。

全、强风化料坝的填筑标准可参考《碾压式土石坝设计规范》(SL 274—2020),填筑标准按压实度控制,压实度根据建筑物级别及坝高确定,层厚为50 cm,采用20 t以上振动碾碾压8遍基本能达到设计要求。

三、砂砾石料坝

(一)砂砾石料特性

区域天然砂砾料石较丰富时可采用沥青混凝土心墙砂砾石料坝,该坝型的特点是坝料质地均匀、压缩性小,具有良好的抗剪强度指标,坝体透水性较好,材料性能具备建设中、高坝的条件。

(二)填筑标准

砂砾石料的填筑标准采用《碾压式土石坝设计规范》(SL 274—2020)相关要求,填筑标准按相对密度控制,砂砾石相对密度不应低于0.75,属强制性条文。一般层厚为50 cm,采用20 t以上振动碾碾压8遍基本能达到设计要求。

第四节　坝坡设计

一、坝坡坡比设计

沥青混凝土坝的坝坡应根据坝体和坝基材料、坝高、坝的等级、坝所承受的荷载及施工和运用条件等因素,经技术经济比较后确定。沥青混凝土心墙坝坝坡,可参照已建坝的经验或近似方法初步拟定,经稳定计算后确定。上、下游坡不宜陡于1:1.7。当坝基条件较好时,心墙堆石坝坝坡一般初拟为1:2.0~1:1.8;风化料坝坝坡视填筑料强度及弱风化料比例可设置为1:2.5~1:1.8,宜设计成上陡下缓;砂砾石坝壳的坝坡初拟为1:2.2~1:2。以上坝坡均应通过坝坡稳定计算进行验证。当坝基抗剪强度较低,坝体不满足深层抗滑稳定要求时,宜采用在坝坡脚压戗的方法提高其稳定性。图4-2~图4-6为部分已建工程采用不同坝壳材料的典型断面。

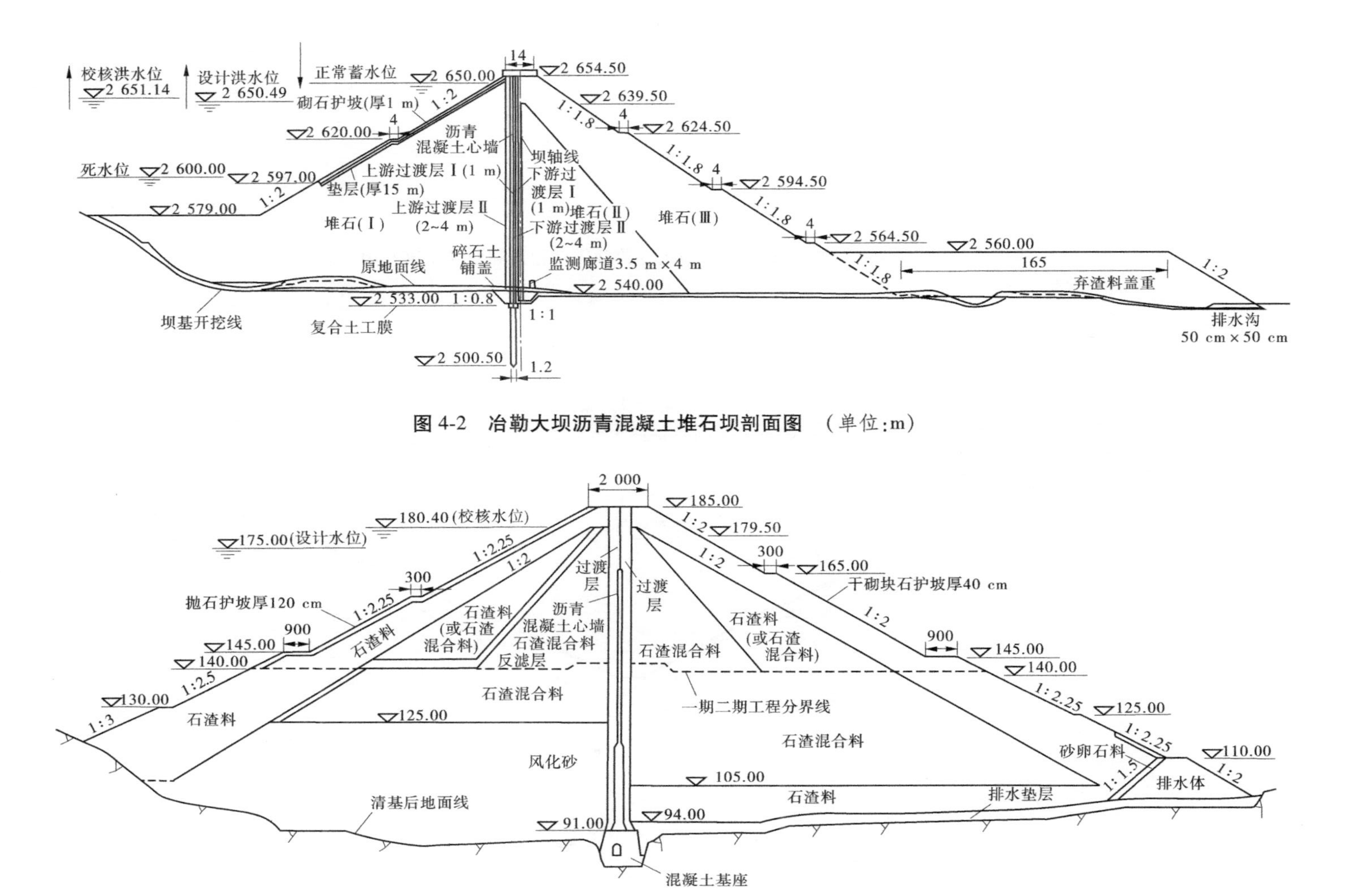

图 4-2　冶勒大坝沥青混凝土堆石坝剖面图　（单位:m）

图 4-3　茅坪溪防护坝沥青混凝土石渣混合料坝剖面图　（单位:高程,m;尺寸,cm）

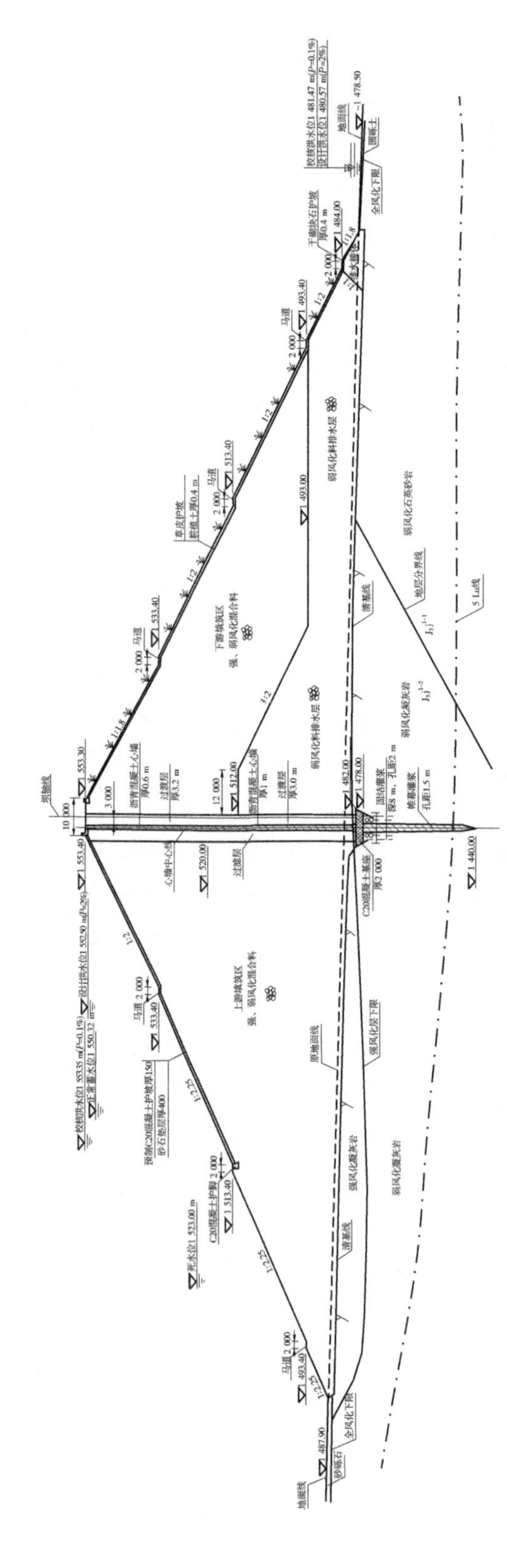

图 4-4　中叶水库大坝沥青混凝土心墙风化料坝剖面图　（单位：高程，m；尺寸，mm）

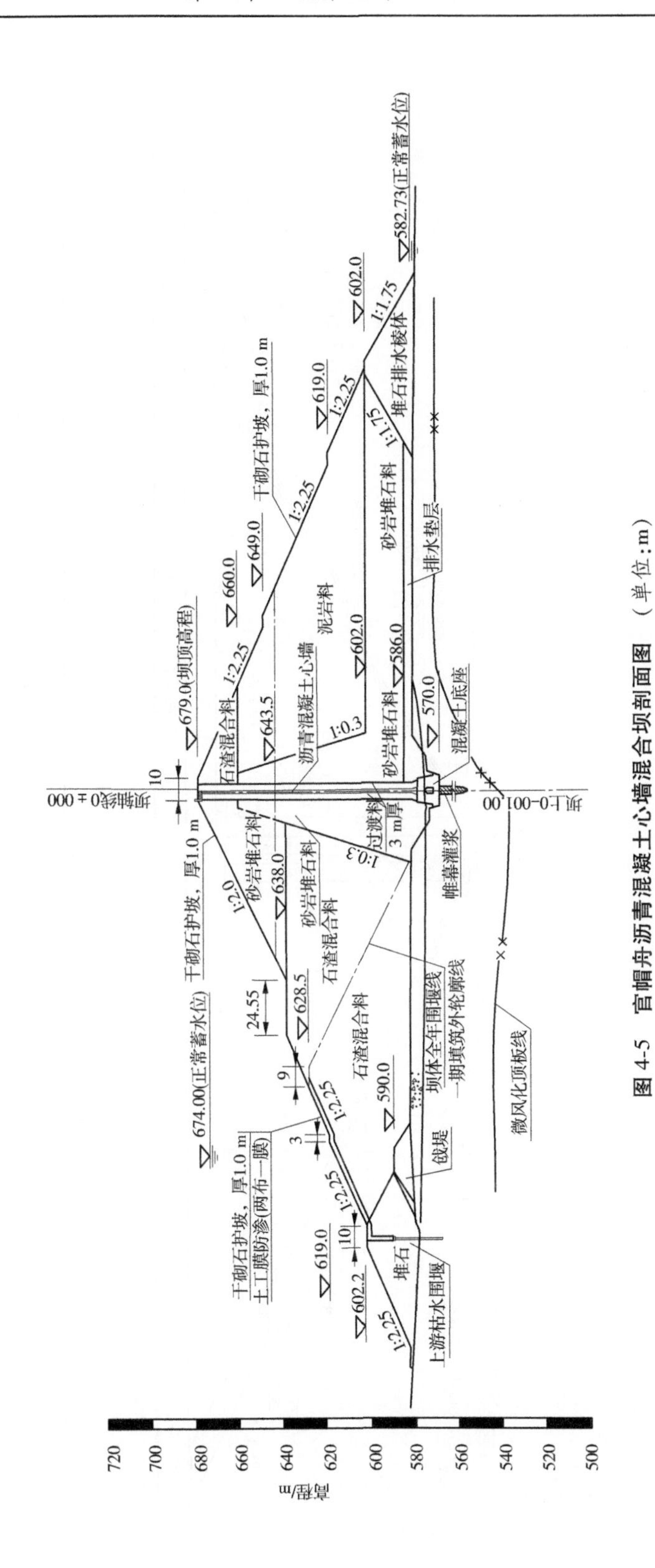

图 4-5　官帽舟沥青混凝土心墙混合坝剖面图　（单位：m）

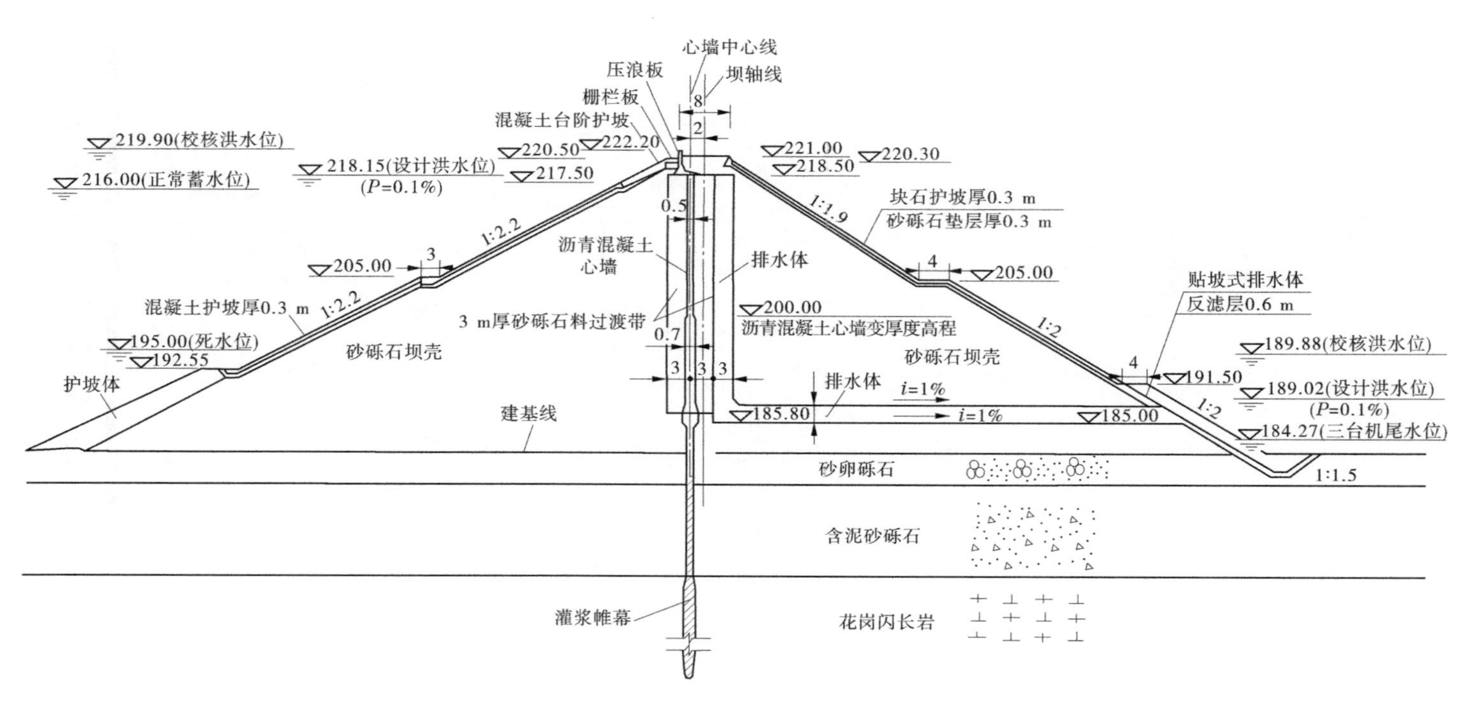

图 4-6　尼尔基沥青混凝土砂砾石坝剖面图　(单位:m)

二、护坡设计

(一)护坡形式

坝体表面为风化土、砂砾石等材料时应设专门护坡,堆石坝可采用堆石材料中的粗颗粒料或超径石做护坡。护坡的形式、厚度及材料粒径应根据坝的等级、运用条件和当地材料等情况,考虑下列因素经技术经济比较后确定:

(1)防止波浪、顺坝水流、雨水冲刷。

(2)抵抗漂浮物和冰层的撞击、挤压。

(3)防止冻胀、干裂,蚁、鼠等动物破坏。

上游护坡的形式主要有混凝土预制块、绿化混凝土、浆(干)砌石、抛石护坡等;下游护坡形式主要有浆(干)砌石、钢筋混凝土框格填石、框格草皮护坡等。下游护坡的水上、水下可采用不同的护坡厚度和形式,选择的护坡形式应能保证坝体渗水自由排出。

(二)护坡范围

上游护坡的覆盖范围上部应自坝顶起,当设防浪墙时,应与防浪墙连接,下部护至坝脚,部分项目可护至死水位附近。下游护坡应由坝顶护至排水棱体或贴坡排水,无排水棱体或贴坡排水时应护至坝脚。

(三)护坡设计注意事项

(1)当干砌石护坡、干砌混凝土块和堆石等与被保护料之间不满足反滤要求时,护坡下应按反滤要求设置垫层。

(2)现浇或预制混凝土板和浆砌石等透水性小于被护坡材料透水性的护坡应设排水孔,排水孔应做好反滤措施。

(3)除堆石坝和抛石护坡外,应在马道、坝脚和护坡末端设置护脚。

(4)在寒冷地区的风化料坝坡,当可能存在因冻胀引起护坡变形时,应设防冻垫层,其厚度大于当地冻结深度。

三、坝面排水设计

除干砌石、堆石或抛石护坡外,均应设坝面排水。坝面排水应包括坝顶、坝坡、坝肩及坝下游岸坡等部位的集水、截水和排水措施。

坝顶排水沟可布置在上游侧,也可布置在下游侧,尽量与电缆沟结合,坝顶排水沟和横向排水沟相连。由于边沟受车辆荷载积压,常采用钢筋混凝土结构的排水沟。

除堆石坝与基岩交坡处外,坝坡与岸坡连接处均应设排水沟,其集水面积应包括岸坡集水面积。岸坡开挖面顶部应设置截洪沟,岸坡开挖顶面以外的地面径流不得排入坝面。工程实践中,曾有发生因为坝肩开挖以外的大面积地面径流流入坝面后,造成坝体严重损坏的情况,所以坝轴线选线时应避开较大的冲沟。坝面排水与坝体坝基排水在渗流量监测设施之后汇合,才能够真实地反映渗流量。因此,在大坝渗流量监测设施前,坝面排水体系不宜与坝体排水体系汇合,坝面排水应与坝体排水形成相对独立的排水体系。坝面排水系统的布置、排水沟的尺寸和底坡应由计算确定。设有马道时,纵向排水沟设置高程宜与马道一致,并设于马道内侧。横向排水沟可每 50 m 设置一条,排水沟常采用混凝土现场浇筑或浆砌石砌筑。

四、坝面交通

坝坡马道设置应根据坝坡坡度变化、坝面排水、检修维护、监测巡查、增加坝坡稳定等需求确定。沥青混凝土心墙坝宜少设马道,马道宽度应根据用途确定,最小宽度不宜小于1.50 m。当马道设排水沟,常规设计时,马道宽度为2.0~3.0 m,排水沟以外的宽度不宜小于1.50 m。根据施工和运行管理交通要求,下游坝坡可设置斜马道,斜马道之间的实际坝坡可局部变陡,但平均坝坡应不陡于设计坝坡。根据目前土石坝的发展趋势,上游坝坡除观测需要外,已趋向于不设马道,下游坝坡也趋向于不设和少设马道。近些年,狭窄高陡河谷中的高土石坝,在下游坝坡设Z形上坝公路较为常用。下游坝坡宜至少设置1道坝顶至坝脚的步梯,步梯净宽度宜不小于2.0 m,步梯两侧应设栏杆,栏杆高度宜为1.10 m。

五、坝体抗震措施

由于地震加速度分布系数在坝顶处较大,坝顶附近震害较严重,因此采用坝顶附近适当放缓局部坝坡,可以增加其稳定性。坝顶处局部边坡加固也是有效的措施。地震设计烈度为8度、9度的地区,坝顶附近处上、下游局部边坡可放缓,可采用加筋堆石、表面钢筋网或大块石堆筑等加固措施。

四川官帽舟水电站大坝位于8度地震区,坝顶以下20 m范围内采用了加筋堆石的加固措施,每隔2 m设置一层土工格栅。官帽舟沥青混凝土心墙坝坝顶抗震措施示意图见图4-7。

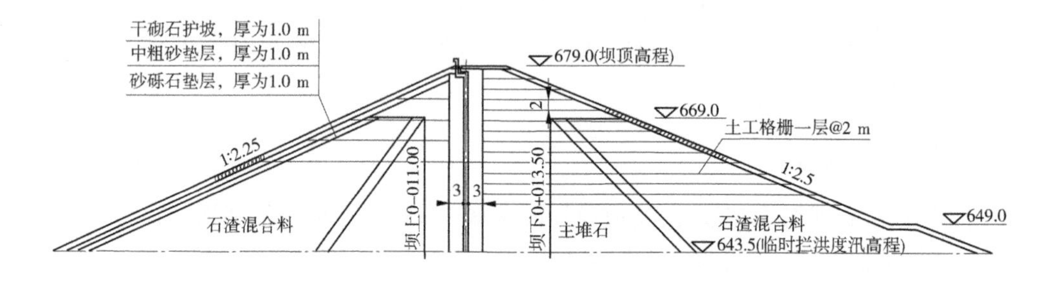

图4-7　官帽舟沥青混凝土心墙坝坝顶抗震措施示意图　(单位:m)

第五节　坝基处理

一、坝基开挖

(一)心墙基础开挖要求

心墙与坝基及岸坡的连接是沥青混凝土心墙坝的关键部位,处理措施是否合适,是大坝破坏与否的根源,所以必须妥善设计和处理。

根据《碾压式土石坝设计规范》(SL 274—2020),防渗体和过渡层与坝基面的连接面开挖应遵循以下要求:

(1)沥青混凝土心墙防渗体宜与坚硬、不冲蚀和可灌浆的岩石连接。

(2)高坝宜开挖到弱风化层上部,中、低坝可开挖到强风化层下部,同时应在开挖的基础上对基岩再进行灌浆等处理。

(3)对于强风化层很深的情况,当开挖至强风化层中、上部时,应进行渗流安全专门论证。

基础开挖完成后,应采用高压风枪冲洗干净,对断层、张开的节理裂隙逐条开挖清理干净,根据裂隙大小进行针对性处理,断层及大裂隙可用混凝土封堵,小裂隙宜用水泥砂浆进行封堵。

岩石与防渗体的结合面,过去惯用混凝土齿墙、齿槽以延长渗径,防止接触冲刷,如20世纪70年代的碧口土石坝。实践表明,混凝土齿墙不利于机械化施工,并影响接触面的坝料压实质量而倾向于取消,目前多采用在防渗体和上、下游反滤层底宽范围内或防渗体下一定宽度范围内设置混凝土盖板替代以上措施。坝基岩面上应设混凝土基座,心墙基座厚度一般为2~3 m,根据需要,基座内可设置灌浆廊道。坝基岩面上铺设混凝土盖板、喷混凝土或喷水泥砂浆,可防止防渗体土料的接触冲刷,特别是有顺河向节理时,更宜采用混凝土盖板。混凝土盖板还可提供平整的工作面,有利于提高结合面填筑的压实质量。

由于近代高土石坝常修建在深山峡谷之中,沥青混凝土心墙坝对两岸岸坡坡度有一定要求,与土质防渗体坝对岸坡坡度的要求基本相同,两岸山高坡陡时,要求削成一定的缓坡是很不经济的,也是不现实的,因此规定不宜陡于1:0.5。表4-1为国内外25座坝防渗体与岩石岸坡连接坡度情况。

表4-1　土石坝防渗体与岩石岸坡连接坡度

序号	坝名	坝高/m	国家	完工年份	岸坡坡度	
					最陡	平均
1	奇科森	263	墨西哥	1978	1:0.1	—
2	特里坝	260	印度	—	1:0.36	—
3	瓜维奥坝	247	哥伦比亚	1989	1:0.2	—
4	买加	245	加拿大	1973	最陡70°,变坡角小于20°	35°
5	契伏坝	237	哥伦比亚	1975	1:0.65	—
6	奥洛维尔	235	美国	1968	1:0.25~1:0.5(76°~63°)	1:0.4
7	波太基山	183	加拿大	1968	坝高140 m以下1:0.5	—
8	达特摩斯	180	澳大利亚	1979	1:0.75	—
9	新顿彼得勒	177	美国	1979	1:0.3	—

续表 4-1

序号	坝名	坝高/m	国家	完工年份	岸坡坡度	
					最陡	平均
10	高濑	176	日本	1978	70°,变坡角小于 22°; 陡坎高度小于 1~2 m	—
11	塔尔宾古	162	澳大利亚	1971	1∶0.75	—
12	卡那尔斯	156	西班牙	—	1∶0.33	—
13	小浪底	160	中国	2000	1∶0.75	—
14	德本迪汗	135	伊拉克	1961	—	1∶1.35
15	客拉尔坝	134	墨西哥	—	1∶0.3	—
16	安布克劳	131	菲律宾	1955	—	1∶1
17	瑞沃斯托克	125	加拿大	1983	70°,变坡角小于 20°	—
18	乌塔特 4 号	122	加拿大	1968	左岸 1∶0.176(80°)	—
19	布鲁梅隆	119	美国	1966	1∶0.6(59°);局部 1∶0.3(73°)	45°~60°
20	金字塔	114	美国	1974	1∶0.4(68°)	1∶1~1∶1.2
21	石头河	114	中国	1982	1∶0.75~1∶1	—
22	碧口	101	中国	1973	1∶0.75~1.0.5	—
23	拉格朗德 3	约 100	加拿大	—	1∶0.2	—
24	密云白河主坝	66.4	中国	1960	右岸 1∶0.75,左岸 1∶0.50	—
25	拉格朗德 2	51	加拿大	1980	<70°(1∶0.36)	—

表 4-1 所列 25 座坝中,岸坡在 84°(1∶0.1)、80°(1∶0.2)以上的坝分别为 1 座、2 座,占 12%;岸坡在 68°~78°(1∶0.4~1∶0.2)的坝有 10 座,占 40%;岸坡在 63°~68°(1∶0.5~1∶0.4)的坝有 2 座,占 8%;岸坡在 63°(1∶0.5)以下的坝有 9 座,占 36%。我国碧口水电站削坡要求一般为 1∶0.75(局部为 1∶0.5),密云水库白河主坝左岸坡度为 1∶0.5。

(二)坝壳基础开挖要求

1. 堆石坝坝壳基础

沥青混凝土心墙堆石坝坝壳对基础的要求同面板堆石坝坝体对基础的要求,坝基应开挖至强风化层,以消除坝基沉降对大坝的不利影响。坝基范围内的岩基,应清除表面松动石块、凹处积土和突出的岩石。

页岩、泥岩等软岩石在失水或浸水条件下易于风化崩解,而在保持天然含水量时则不易风化崩解,所以要预留保护层,或开挖后立即喷混凝土或喷浆保护。

2. 风化料坝坝壳基础

沥青混凝土心墙风化料坝坝壳对基础的要求相对较低，坝基范围内土基和砂砾石地基，应清除草皮、树根、腐殖土、垃圾、碎石及其他废料，清理后的坝基表面应平整和压实，土质坝基开挖之后，坝体填筑前应采用振动碾进行压实，碾压遍数不低于8遍。

防渗体与砂砾石坝基连接面，应坐落在经防渗处理的地基上，防渗体与砂砾石接触面，应在坝基防渗处理下游侧部分设反滤层。坝基覆盖层与下游坝壳接触处，应符合反滤要求，如果不符合反滤要求，必须设置反滤层。

二、坝基处理

坝基处理的目的是满足渗流、稳定及变形三方面的要求，以保证坝的安全运行及经济效益。因此，坝基处理应满足渗透稳定和渗流量的渗流控制、静力和动力稳定、允许沉降量和不均匀沉降量等要求。处理措施的标准与要求应根据具体情况确定。

根据国内外的实测资料，坝基竣工后沉降量小于1%时都没有发生裂缝；沉降量大于3%时有的存在裂缝，有的则没有裂缝。这些实测资料，有的坝基无覆盖层，有的坝基覆盖层厚度比坝的高度还大，如红山水库，坝高31 m，坝基细砂层厚60 m，13 a观测资料表明沉降量占坝高的1.7%，基本无裂缝。所有观测资料，不论有无覆盖层，均按坝高的百分比统计。因此，竣工后的坝顶沉降量不宜大于坝高的1%。坝体如果按规范要求的填筑标准填筑，坝体沉降量一般不会大于1%；此时如果坝顶总沉降量超过1%，很可能是坝基沉降量过大引起的。对于深厚砂砾石层、喀斯特及有断层、破碎带或有软弱夹层的基岩等特殊土坝基，总沉降量应视具体情况确定。

坝基防渗和排水处理措施应分别与坝体防渗和排水形成完整的体系。当两坝肩其他建筑物设置地基防渗和排水设施时，应研究坝基防渗和排水与其形成完整体系的必要性和可行性。

（一）砂砾石坝基防渗处理

新疆地区多座沥青混凝土心墙坝建在深厚砂砾石基础之上，在砂砾石上建坝，应摸清砂砾石的分布、层次和物理力学指标，因砂砾石地层层次比较复杂，不同地层的情况可能采取不同的处理方法。砂砾石坝基的渗流控制，主要为上铺、中截、下排，以及各项措施的综合应用。根据国内的经验，上铺、中截、下排的各种处理措施中，中截是比较彻底的处理措施，用该种形式一般可从根本上解决问题。而上铺和下排则需有机地结合在一起，方可取得一定效果，且由于渗流未截断，在运用中往往会存在渗流量和渗透坡降超过允许范围的情况，需进行重新处理。因此，垂直防渗措施是最可靠的方法。随着深厚地下防渗墙施工技术、施工设备的发展，垂直防渗措施在水利工程上已经广泛采用。

砂砾石层采用混凝土防渗墙处理以后，防渗墙下面的基岩一般不需要再进行灌浆，即便有些漏水，渗透压力也会很快扩散，不会引起太大的渗透压力，但对强透水带或岩溶地区仍需灌浆处理。如碧口土石坝高101 m，坝基砂砾石厚34 m，用混凝土防渗墙处理，其下基岩局部强透水带做灌浆处理外，大部分均未做处理，目前工程运行情况良好。小浪底土石坝高160 m，砂砾石层厚约80 m，用防渗墙处理，防渗墙下面基岩内未进行灌浆处理，只在靠近两岸在砂砾石较浅处的防渗墙下的基岩内进行了灌浆处理。泸定水电站于

2011 年 8 月 20 日开始下闸蓄水,大坝为建在最大厚度达 148.6 m 覆盖层上的黏土直心墙堆石坝,最大坝高 85.5 m。其基础防渗处理:左岸心墙坐落于岩坡上,左岸岩体防渗采用水泥灌浆帷幕;右岸心墙基础为岸坡覆盖层,坝基防渗采用封闭式防渗墙,防渗墙下部基岩采用帷幕灌浆处理;河床中部覆盖层深厚,一般为 120~130 m,最大厚度为 148.6 m;采用悬挂式防渗墙,最大墙深 110 m,墙厚 1.0 m,墙下接覆盖层帷幕灌浆,最大单孔深度达 154.8 m。

针对不同的坝基砂砾石覆盖层深度,一般采取不同的防渗措施。当砂砾石厚度小于 15 m 时可用截水槽方案;砂砾石深度大于 15 m 且小于 100 m 时,宜采用混凝土防渗墙。四川冶勒沥青混凝土心墙坝坝基墙深达 140 m,四川泸定坝坝基墙深为 110 m,西藏旁多坝墙深为 150 m(其试验槽深为 201 m),检测结果显示质量较好。因此,根据目前国内采用的造孔机械和浇筑混凝土方法,做 100 m 深的防渗墙是可行的,质量是有保证的。在地基覆盖层深度超过 100 m 时,可考虑采用悬挂防渗墙和灌浆帷幕组合的处理措施。

关于混凝土防渗墙,随着成墙施工技术、施工设备的发展,防渗墙垂直防渗措施在水利工程上广泛采用。从施工方面考虑,关于墙的厚度,国内已有的经验为 0.3~1.3 m。利用冲击钻造孔,直径为 1.3 m 钻具的重量已近极限。另外,造墙的工期和造价,由钻孔和浇筑混凝土两道主要工序决定,薄墙钻孔数量增大而混凝土量减少,厚墙则反之,两者有一个最佳的经济组合,根据已有工程经验,墙厚小于 0.6 m 时,减少的混凝土量已不能抵偿钻孔量增大的代价,经济上不合理。但如果采用液压抓斗开挖槽孔,墙的厚度可减小至 0.3 m。当墙的厚度为 0.4 m 或小于 0.4 m 时,墙深一般小于 40 m。

按混凝土防渗墙允许渗透比降确定墙体寿命。国内已建工程中防渗墙承受水力比降较大的是小浪底防渗墙渗透比降,为 92;南谷洞水库的防渗墙渗透比降为 91;密云水库的防渗墙渗透比降为 80;毛家村水库的防渗墙渗透比降为 85。国外也有防渗墙渗透比降超过 100 的实例,所以一般允许渗透比降 80~100 作为控制上限值。由于墙体材料是混凝土,不像松散材料那样有发生渗透破坏的问题。用允许渗透比降控制,在理论上是不合适的,但渗透比降与混凝土的溶蚀速度有关,因此限制其上限值对延长墙的寿命有利。从溶蚀速度方面考虑,混凝土在渗水作用下带走游离氧化钙而使强度降低,渗透性增加。一般按混凝土强度降低 50%的年限作为选择墙厚的准则,这一年限 T(a)用式(4-1)计算:

$$T = \frac{auL}{kiB} \tag{4-1}$$

式中　a——使混凝土降低 50%所需溶蚀水量,m^3/kg;

u——每立方米混凝土水泥量,kg/m^3;

L——墙厚,m;

k——渗透系数;

i——水力比降;

B——安全系数。

从式(4-1)可看到,延长年限,就必须降低渗透系数、水力比降和增大墙的厚度,这种趋势对设计防渗墙具有指导意义。

高坝深混凝土防渗墙承受压力较大,沥青混凝土心墙坝所承受的压力主要为墙两边覆盖层沉降所引起的下拖力，不进行应力应变分析就无法确定防渗墙所承受的压力，因此也就无法确定混凝土的强度。随着高坝深覆盖层的防渗墙应用越来越多，进行质量检查很有必要。小浪底主坝防渗墙做了钻孔检查，并对钻孔做了渗透和 CT 试验，对岩芯做了抗压强度试验；黄壁庄水库也做了 CT 试验。另外，广西青狮潭水库土坝防渗墙也做了钻孔检查，并做了压水试验和进行取岩芯检查。

(二)岩石坝基处理

当岩石坝基有较大透水性、风化破碎、软弱夹层或有化学溶蚀等问题时，导致由于地层的渗漏影响坝体和坝基的稳定，从而影响水库效益时，应对坝基进行处理。由于土石坝对地基强度的要求不高，一般岩基都有足够的承载力，因此岩基处理主要是防渗。对于高土石坝，如地基内有连续的软弱夹层、强度指标较低、埋藏很浅、产状不利时，也有可能成为控制稳定的因素，这需要研究处理软弱夹层或采取其他措施等。

在喀斯特地区筑坝，应根据岩溶发育情况、充填物性质、地下水来源和走向等水文地质条件，以及水头大小、覆盖层厚度和防渗要求等，选择有针对性的处理措施，常见措施有铺盖防渗、帷幕灌浆或混凝土防渗墙等。

坝基范围内有断层、破碎带、软弱夹层等地质构造时，应根据产状、宽度、组成物性质、延伸长度及所在部位，研究其渗漏、管涌、溶蚀和滑动对坝基和坝体的影响。对断层和破碎带的处理主要是防止渗漏、管涌及溶蚀问题，主要目的是延长渗径，或将断层与坝的防渗体分隔开来，以防止接触冲刷。在断层下游出露处与坝壳接触处设反滤层，以防止管涌破坏。对有软弱夹层的岩基，虽然存在渗透稳定问题，但主要是解决滑动稳定问题，浅层一般挖除，深层或多层一般采用锚固或放缓坝坡等措施处理。

坝基处理应和大坝与地基连接面处理相结合，坝基防渗应与坝基面处理、坝体防渗体形成完整的防渗体系。坝体防渗体及反滤层范围内的断层及破碎带、裂隙密集带，可采用混凝土盖板、混凝土塞、混凝土防渗墙和灌浆等一种或多种处理措施。坝壳范围内的断层及破碎带、裂隙密集带，可在清理开挖后铺设反滤排水层。坝基软弱夹层可根据埋藏深度、性质和出露位置，采用挖除、阻滑混凝土塞、局部放缓坝坡、坝坡设置宽平台和坝面外压坡等一种或多种处理措施。

对于沥青混凝土心墙坝，当岩石坝基透水性较大时，应设置灌浆帷幕，坝高大于 50 m 时，防渗体和基岩接触部位除进行帷幕灌浆外，还应进行固结灌浆，以增强基础的抗渗性。鲁布革坝(高 103.8 m)、小浪底坝(高 160 m)，糯扎渡坝(高 261.5 m)、苗尾坝(高 139.8 m)等均在心墙下面基岩进行了固结灌浆和帷幕灌浆。

沥青混凝土心墙坝坝基灌浆，一般采用常规水泥灌浆。特殊要求时才采用超细水泥和化学灌浆。化学灌浆材料不得对地下水和环境造成污染。常用的水泥颗粒较粗，故一般用在大于 0.25 mm 的裂隙。近年来研制成功的超细水泥，其平均粒径为 0.004 mm，最大粒径约为 0.01 mm，比表面积在 8 000 cm^2/g 以上，经分散剂处理后能灌注渗透系数为 $10^{-4} \sim 10^{-3}$ cm/s 的细砂或微小岩石裂隙，其可灌性与化学灌浆材料相似，而强度则大得多，目前国内已开始生产，是一种极有价值的浆材。

化学灌浆一般用于水泥灌浆后的加密灌浆，如水泥灌浆在两边排，中间用化学灌浆，以获得高质量的帷幕。在地下水流速较大和有涌水的地层中，化学浆液常能得到良好的防渗效果。如碧口水库在左岸650 m高程排水灌浆平洞内,进行帷幕灌浆时,已有库水压力存在,初期用水泥灌浆处理,效果欠佳,起拔栓塞过早,涌水将浆液顶出孔口,如待凝一定时间后再起拔,则栓塞易于被铸在管中。最后用水泥与丙凝浆液结合的方法,获得了较好的效果。国内常采用的化学灌浆材料很多,有高强度的改性环氧系列、中等强度的聚氨酯、低强度的丙烯酸甲酯等,可以在很大程度上调节胶凝时间,以适应不同情况要求。

化学灌浆材料的污染性问题限制了它的作用,而且环氧、聚氨酯等中高强材料黏度大,我国对这些材料进行了改性处理,研制成高强、低黏度的无毒或低毒材料。丙凝浆液在水工上应用较多,研究表明其单体有毒,而聚合体却无毒。现在有性能与丙凝相同,而毒性仅为丙凝1%的AC-MS材料,被称为无毒丙凝。水玻璃系列中的中性或酸性浆材也已研制成功,不仅性能有所改进,还避免了碱性污染。

心墙坝灌浆帷幕的位置应位于心墙基座中心,在地质构造条件和施工设备、工艺许可的条件下,帷幕灌浆的钻孔方向宜与岩石主导裂隙的方向正交。当主导裂隙与水平面所成的夹角不大时,宜采用垂直帷幕,反之则宜采用倾斜式帷幕。不同坝段的帷幕灌浆孔的孔向确定,应考虑灌浆帷幕的连续性。

帷幕深度应根据建筑物的重要性、水头大小、地质条件、渗透特性以及对帷幕所提出的防渗要求等,按下列要求综合研究确定:

(1)当相对不透水层埋藏深度不大时,帷幕应深入相对不透水层不小于5 m。

(2)当坝基相对不透水层埋藏较深或分布无规律时,应根据渗流分析、防渗要求,并结合类似工程经验研究确定帷幕深度。

(3)喀斯特地区的帷幕深度,应根据岩溶及渗漏通道的分布情况和防渗要求确定。

帷幕的深度与水头大小和相对不透水层深度有关,只有帷幕深入相对不透水层,才能有效地截断渗流,因此应做成完全帷幕。但如相对不透水层埋藏较深或分布无规律时,则常根据渗流分析及经验确定。国内一些大坝帷幕深度资料统计表明,帷幕深度一般为坝高的30%~70%,平均约为坝高的45%,国外经验也是在坝高的1/3~2/3,一般按1/2坝高左右来控制。但对均匀透水地层,悬挂式帷幕作用不大,需根据渗流分析确定其有效深度及防渗效果。

灌浆帷幕的设计标准应按灌后基岩的透水率控制。1级、2级坝及高坝透水率宜为3~5 Lu,3级及其以下中、高坝的透水率宜为5~10 Lu。蓄水和抽水蓄能水库的上库可采用规定范围内的小值,滞洪水库等可采用规定范围内的大值。基岩相对不透水层透水率的标准同上述。

灌浆帷幕宜采用一排灌浆孔。基岩断层带、破碎带、裂隙密集带和喀斯特地区宜采用两排孔或多排孔。对于高坝,根据基岩透水情况可采用两排孔。多排帷幕灌浆孔宜按梅花形布置。排距、孔距宜为1.5~2.0 m。灌浆压力应根据地质条件、坝高及灌浆试验等确定。灌浆帷幕伸入两岸的长度可依据下列原则之一确定:

(1)至水库正常蓄水位与水库蓄水前两岸的地下水位相交处。

(2)至水库正常蓄水位与相对不透水层在两岸的相交处。

(3)根据防渗要求,按渗流计算成果确定。

如鲁布革土石坝按(1)、(2)两款要求,左、右岸帷幕长度分别需262 m、181 m,后根据渗流试验分别减至121 m、93 m，对渗流影响并不大。根据10多年的运用结果，帷幕减短后是安全的。因此，当帷幕伸入两岸的长度，按（1）、（2）两款规定确定较长时，可考虑按渗流计算结果确定。

帷幕灌浆完成后，应进行质量检查。检查孔应布置在不同地质条件有代表性部位和基岩破碎带、灌浆吸浆量大、钻孔偏斜度误差大等特殊部位。检查孔数量宜为灌浆总孔数的10%，检查标准应按设计标准规定的透水率执行。

固结灌浆可沿沥青混凝土心墙基座与基础接触面的整个范围布置。根据地质情况，孔距、排距可取3.0 m，深度宜取5~8 m。固结灌浆压力初步可选用0.1~0.3 MPa，最终采用压力应通过灌浆试验确定。固结灌浆的设计标准宜与帷幕灌浆相同。灌浆后应进行质量检查，检查孔数量不宜少于总孔数的5%。

当坝肩或坝基有承压水时，为减少渗压力，宜作排水设施，如小浪底土石坝右岸基岩承压水较高，左岸山体单薄又有泥化夹层，为减少坝下游坡的渗压力，增加下游坡稳定性，均设有灌浆帷幕和排水孔。

第五章　结构计算及分析

第一节　坝体渗流

渗流力学最初起源于流体力学与土力学，在土石坝设计中，渗流分析是有效降低土石坝渗漏破坏、采取防渗处理措施的重要依据。土石坝渗流为无压渗流，有浸润面，可将其视为稳定层流，满足达西定律。土石坝渗流研究需要了解水流特性、土体特性，进而研究水流在土颗粒间的运移规律。其理论研究难度超过单纯研究水流与土体的性质，但在实际解决问题的过程中对这两方面的理论均做了许多简化。最早用来研究水工建筑物渗流场的方法主要是流体力学解析解法、水力学法、图解法等近似计算方法及室内的模型或模拟试验分析方法。应用成熟的理论是用于坝体设计过程中的水力学方法。水力学方法的基本要点是达西定律和杜布依假定（假定任一铅直过水断面内各点的渗透坡降相等）。20 世纪 20 年代，苏联学者提出，以浸润线两端为分界线，将均质土坝分为 3 段，分别列出计算公式，再根据水流连续原理求解，称为“三段法”。随着电子计算机水平的提高及普及，数值方法（即有限差分法、有限单元法和边界元法）在渗流分析中得到广泛的应用。

一、达西定律

达西定律最早是从饱和土得来的，但后来的研究表明它可以应用于非饱和土渗流中，唯一的区别是非饱和条件下渗透系数不再是常数，而是随着含水量的变化而变化的，并且间接地随着水压力的变化而变化。达西定律表达式如下：

$$v = kJ \tag{5-1}$$

式中　v——断面上的平均流速，或称达西流速，cm/s；

k——渗透系数，cm/s；

J——水力坡降，即沿流程的水头损失率。

达西定律只能运用于线性阻力关系的层流运动，因而受一定水力条件的限制，当渗流速度 v 或水力坡降 J 增大时，由于惯性力的增加，支配层流的黏阻力逐渐失去其主控作用，使 J-v 的直线变化逐渐转化为曲线，图 5-1 所示为普林日与皮夫克（1886）的试验结果，并绘出了达西定律有效范围的上限。

为了更全面合理地表示达西定律的上限，可以用临界雷诺数来区分，雷诺数 Re 表达式为

$$Re = \frac{vd}{\nu} \tag{5-2}$$

式中　v——渗流速度，cm/s；

ν——水的运动黏滞系数，cm^2/s；

d——颗粒的直径，cm，常用平均直径 d_{50}，有时也用有效直径 d_{10}。

根据试验研究，可在对数纸上画出水流摩阻系数与雷诺数的关系，从而确定层流与紊流的临界雷诺数。摩阻系数 λ，一般采用管道水流公式形式写为

$$J=\lambda\frac{1}{d}\frac{v^2}{2g} \tag{5-3}$$

为了便于比较各学者试验结果，图 5-2 绘制了摩阻系数与雷诺数关系的几种试验结果。图 5-2 中曲线 1 是罗斯的试验资料和他整理别人的试验资料，结论认为达西定律的上限为 $Re=1$。图 5-2 中曲线 2 是纳吉与卡拉地(1961)的试验资料，采用人工和天然的六种混合土料，用有效粒径 d_{10} 计算的临界值 $Re=5$，超过此值就开始偏离线性阻力关系，进入过渡区流态；$Re>200$ 就形成完全的紊流。图 5-2 中曲线 3～6 是亚林与费兰克对等径球形颗粒的试验研究结果，从直径 $d=1$ mm 与 $d=2$ mm 的铅丸试验曲线 3，认为达西定律的上限可取 $Re=1$，并对球体最松排列(正方体，孔隙率 $n=0.476\,4$)的曲线 4 和曲线 5 与最密排列(菱形，$n=0.259\,5$)的曲线 6 两种极限情况进行了试验，曲线 4 的 $d=8$ mm，曲线 5 和曲线 6 均为 $d=30$ mm，说明渗流的摩阻系数 λ 除与雷诺数有关外，也是球粒排列紧密程度的函数，即 $\lambda=\varphi(Re,n)$。当完全紊流时，对等径球形颗粒所构成的介质，$n=0.476$ 时 $\lambda=4\sim8$，$n=0.260$ 时，$\lambda=100\sim120$，其他中等密实情况，都应在所示曲线 5 和曲线 6 之间。同时，表明粒径大时进入紊流的 Re 大。至于曲线 4 和曲线 5 的偏离度较大的原因，是由管壁和球形颗粒相对位置所造成的。

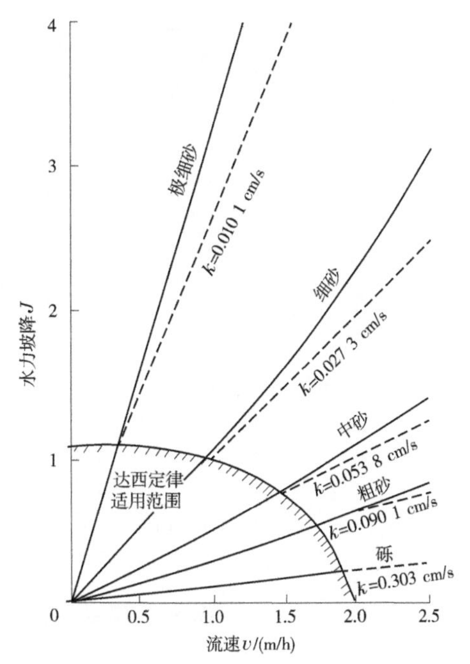

土质	孔隙率/%	孔隙率以砾为准的比较/%
砾	24.9	100
粗砂	31.4	126
中砂	32.3	129
细砂	33.6	134
极细砂	34.0	137

图 5-1　达西定律适用范围

总的来说，作为达西定律上限的临界雷诺数 Re 在 1～10，或确切一些说 $Re=5$。

达西定律有效范围的下限，终止于黏土中微小流速的渗流，它是由土颗粒周围结合水薄膜的流变学特性所决定的。一般黏土中的渗透，只有在较大的水力坡降作用下突破结合水的堵塞才开始发生渗流。

二、渗流基本方程

随着计算机水平的迅速发展和普及，数值分析方法在渗流分析中得到广泛的应用。目前，各类岩土计算软件中运用较多的均为二维渗流计算分析，本节仅简述二维渗流计算的基本原理。二维渗流的一般控制微分方程可用式(5-4)表达：

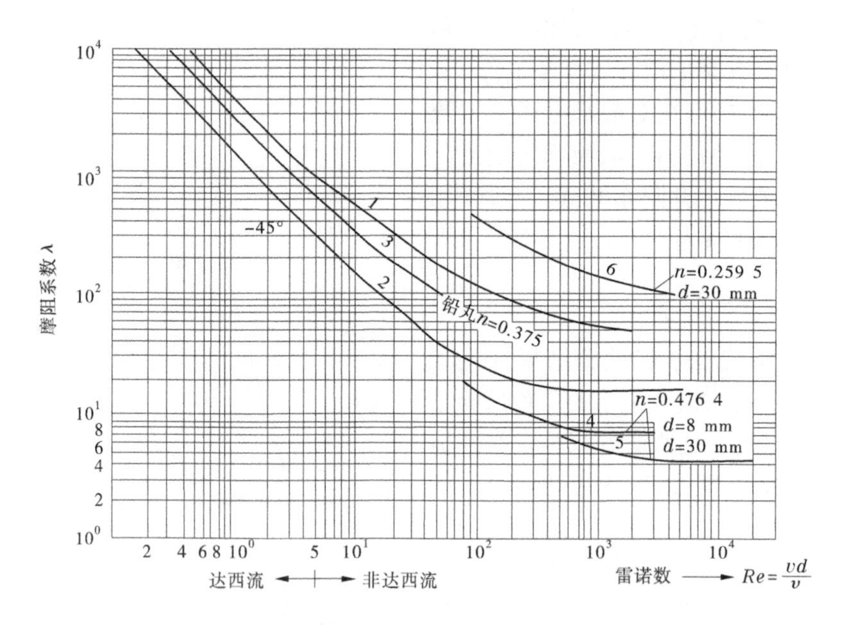

图 5-2　摩阻系数与雷诺数关系的试验结果曲线

$$\frac{\partial}{\partial x}\left(k_x \frac{\partial H}{\partial x}\right) + \frac{\partial}{\partial y}\left(k_y \frac{\partial H}{\partial y}\right) + Q = \frac{\partial \theta}{\partial t} \tag{5-4}$$

式中　H——总水头；

k_x——x 方向渗透系数；

k_y——y 方向渗透系数；

Q——施加的边界流量；

θ——单位体积含水量；

t——时间。

式(5-4)表示在某一点处一定时间内流体流入和流出单元体的差等于土体系统储水量变化。说明 x 方向、y 方向外部施加的通量之和的改变率等于单位体积含水量的改变率。

对于稳态情况，单元体内流入和流出的流量在任何时间都是相同的，式(5-4)中方程的右端为0，方程变为

$$\frac{\partial}{\partial x}\left(k_x \frac{\partial H}{\partial x}\right) + \frac{\partial}{\partial y}\left(k_y \frac{\partial H}{\partial y}\right) + Q = 0 \tag{5-5}$$

单位体积含水量的改变依赖于应力状态的改变和土的性质。饱和与非饱和情况下的应力状态都可以用两个状态变量来表达，应力状态应变量是 $\sigma - u_a$ 和 $u_a - u_w$，其中 σ 为总应力，u_a 为孔隙内的气压，u_w 为孔隙水压力。

在总应力不变的条件下，不考虑土的卸载和加载，假定在瞬态状态下，孔隙的气压保持为恒定的大气压，那么 $\sigma - u_a$ 保持不变，且对单位体积含水量的改变没有影响。因此，单位体积含水量的改变仅依赖于 $u_a - u_w$ 的改变。在 u_a 不变时，单位体积含水量的变化仅是孔隙水压力变化量的函数。单位体积含水量和孔隙水压力的变化通过式(5-6)表示：

$$\partial\theta = m_w \partial u_w \tag{5-6}$$

式中　m_w——储水曲率的斜率。

总水头 H 由式(5-7)定义：

$$H = \frac{u_w}{\gamma_w} + y \tag{5-7}$$

式中　u_w——孔隙水压力；

γ_w——水的容重；

y——高程。

式(5-7)可以重新整理为

$$u_w = \gamma_w(H - y) \tag{5-8}$$

把式(5-8)代入式(5-6)中得到：

$$\partial\theta = m_w \gamma_w \partial(H - y) \tag{5-9}$$

把式(5-9)代入式(5-4)中,得到式(5-10)：

$$\frac{\partial}{\partial x}\left(k_x \frac{\partial H}{\partial x}\right) + \frac{\partial}{\partial y}\left(k_y \frac{\partial H}{\partial y}\right) + Q = m_w \gamma_w \frac{\partial(H - y)}{\partial t} \tag{5-10}$$

由于高程是个常量,y 对时间的导数为 0,代入式(5-10)得到的渗流控制性方程如下：

$$\frac{\partial}{\partial x}\left(k_x \frac{\partial H}{\partial x}\right) + \frac{\partial}{\partial y}\left(k_y \frac{\partial H}{\partial y}\right) + Q = m_w \gamma_w \frac{\partial H}{\partial t} \tag{5-11}$$

三、案例分析

(一)计算参数

案例分析选用中叶水库、官帽舟水库、者岳水库和老鲁箐水库的渗流计算成果,各水库渗流计算土层渗透系数取值见表 5-1。

表 5-1　土层渗透系数

水库	土层	湿容重 $\gamma_{湿}$/(kN/m³)	饱和容重 $\gamma_{饱}$/(kN/m³)	渗透系数 k/(cm/s)
中叶	沥青混凝土心墙	24.00	24.20	1×10^{-8}
	强、弱风化料坝壳	21.40	22.40	2.62×10^{-3}
	弱风化料排水层	21.60	22.60	1.04×10^{-1}
	强风化坝壳料	21.00	22.00	1×10^{-2}
	过渡料层	21.60	23.60	1×10^{-3}
	排水棱体	22.00	23.00	4.8×10^{-1}
	坝基覆盖层	17.00	20.00	6×10^{-3}
	强风化凝灰岩	20.00	21.00	5.79×10^{-4}
	弱风化凝灰岩	26.30	26.50	2.31×10^{-4}
	弱风化英砂岩	25.50	25.80	3.47×10^{-4}

续表 5-1

水库	土层	湿容重 $\gamma_{湿}/(kN/m^3)$	饱和容重 $\gamma_{饱}/(kN/m^3)$	渗透系数 $k/(cm/s)$
官帽舟	沥青混凝土心墙	24.60	24.60	1×10^{-8}
	过渡料层	21.09	24.16	1×10^{-2}
	弱风化砂岩主堆石区	19.91	20.78	4.3×10^{-1}
	强风化砂岩主堆石区	19.91	20.78	2.2×10^{-1}
	上、下游泥岩和粉砂岩混合石渣开挖料	19.32	20.50	7×10^{-2}
	河床砂卵石料	19.32	20.08	1×10^{-2}
	坝基基岩	22.00	24.00	0
者岳	沥青混凝土心墙	24.30	24.60	1×10^{-8}
	石渣混合料	21.40	22.40	1.7×10^{-3}
	过渡料	20.00	22.00	1×10^{-3}
	排水棱体	20.00	22.00	5×10^{-1}
	坝基覆盖层	17.00	18.60	6×10^{-3}
	弱风化砂岩	26.80	27.30	2×10^{-4}
	围堰填筑料	21.50	22.00	1×10^{-3}
	块石排水层	21.50	22.00	5×10^{-2}
老鲁箐	沥青混凝土心墙	24.30	24.60	1×10^{-8}
	上游填筑区	22.00	23.10	1×10^{-2}
	下游填筑区Ⅰ	21.80	23.00	7×10^{-3}
	下游填筑区Ⅱ	22.10	23.20	1×10^{-3}
	过渡层料	21.60	22.60	3×10^{-3}
	排水层堆石区	22.10	23.20	2×10^{-1}
	砂卵砾石	21.00	22.00	3.5×10^{-3}
	强风化泥岩、砂岩	23.00	23.80	2×10^{-4}
	弱风化泥岩、砂岩	24.00	26.00	1×10^{-4}

(二)计算工况

根据《碾压式土石坝设计规范》(SL 274—2020),渗流计算工况选用稳定渗流时的正常蓄水位工况、设计洪水位工况和校核洪水位工况,非稳定渗流选用水库库内水位由正常蓄水位降至死水位的工况。

(三)计算成果及分析

各水库渗流计算成果见表 5-2。浸润线计算简图以中叶水库计算成果图为例(见图 5-3)。

表 5-2　渗流计算成果

水库	工况	渗流量 Q/[m³/(d·m)]	最大比降 J	允许值
中叶	工况一	5.13	68(心墙)	100
	工况二	5.15	70(心墙)	100
	工况三	5.15	71(心墙)	100
	工况四	—	0.05(上游坝坡)	0.4(上游坝壳)
官帽舟	工况一	5.43		
	工况二	5.03		
	工况三	5.01	76(心墙)	86.7
	工况四	1.08		
者岳	工况一	3.40	59.6(心墙)	100
	工况二	3.39	58.5(心墙)	100
	工况三	3.41	58.9(心墙)	100
	工况四	—	0.11(上游坝坡)	0.4(上游坝壳)
老鲁箐	工况一	2.82	0.01(下游坝坡)	0.45
	工况二	2.95	0.02(下游坝坡)	0.45
	工况三	2.98	0.02(下游坝坡)	0.45
	工况四	—	0.01(下游坝坡)	0.45

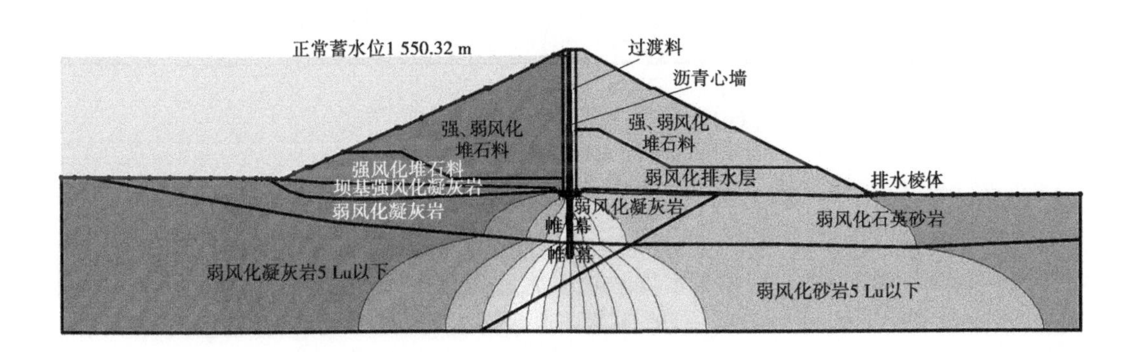

(a)工况一:正常蓄水位

图 5-3　渗流计算结果(中叶水库)

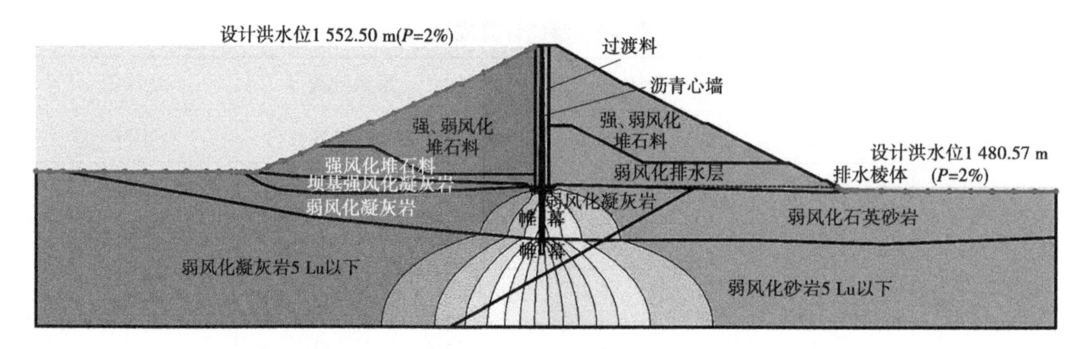

(b)工况二:设计洪水位

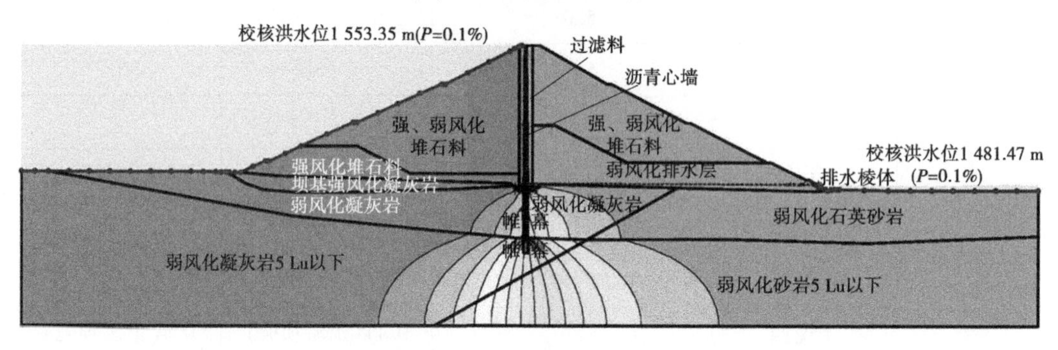

(c)工况三:校核洪水位

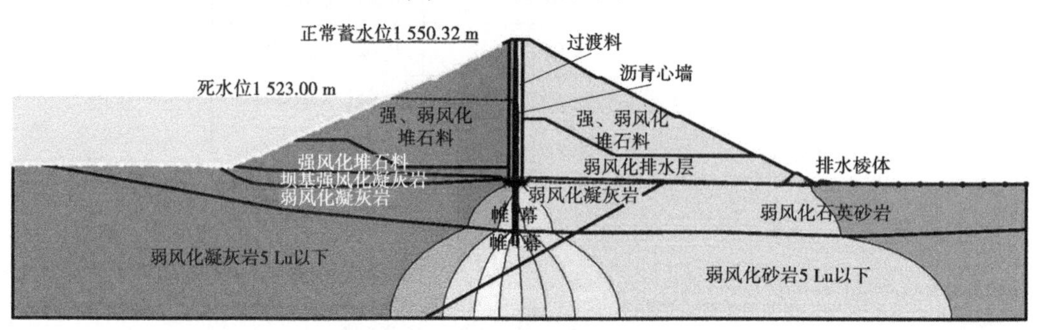

(d)工况四:正常蓄水位降至死水位

续图 5-3

渗流计算结果表明,在各种计算工况下,最大坡降均小于允许渗透坡降。其中,中叶水库大坝年渗漏总量为 27.5 万 m^3,水库多年平均年径流量为 1 544 万 m^3,渗漏量约占多年平均年径流量的 1.8%。官帽舟水库大坝渗流量为 900 m^3/d,加上两侧山体的渗漏损失,总渗流量不大于 2 000 m^3/d。就水库枯期流量为 33.9 m^3/s 而言,渗漏量对官帽舟电站水库是很小的。者岳水库大坝年渗漏总量为 6.4 万 m^3,水库多年平均年径流量为 597 万 m^3,渗漏量约占多年平均年径流量的 1.1%。老鲁箐水库大坝年渗漏总量为 24.6 万 m^3,水库多年平均年径流量为 408.0 万 m^3,渗漏量约占多年平均径流量的 6.0%。各水库大坝的渗漏量均在合理范围内,说明沥青混凝土心墙防渗效果是有效的。

第二节　坝体稳定分析

一、稳定分析方法

堆石坝的坝体稳定分析是工程设计的主要内容。目前,研究坝坡稳定分析方法主要有极限平衡法、极限分析法、有限元法等。

(一)极限平衡法

极限平衡法是建立在摩尔-库伦强度准则基础上的,这种方法只考虑静力平衡条件和土的摩尔-库伦破坏准则。对于坝坡稳定性分析中存在的大多数静不定问题,极限平衡条分法通过引入一些简化假设来使问题变得静定可解,其计算过程一般先假设坝坡破坏是沿某一确定的滑裂面滑动的,再根据滑裂土体的静力平衡条件和摩尔-库伦破坏准则计算沿该滑裂面滑动的可能性,即安全系数的大小,或者破坏概率的高低,然后系统地选取多个可能的滑动面,用同样的办法计算稳定安全系数或者破坏概率。安全系数最小或破坏概率最高的滑动面就是最可能的滑动面。刚体极限平衡法是坝坡稳定分析领域中发展得比较成熟的方法,目前大多数规范均规定采用该法进行坝坡稳定性分析。

极限平衡法采用条分法进行。条分法由于能够适应复杂的坡体几何形状、各种土质及孔隙水压力等条件,因而最为常用。从条分的形状来看,条分法可以分为垂直条分法和水平条分法。垂直条分法是发展最早的条分法,现在的坝坡稳定分析中采用的条分法基本是该条分法。在过去的几十年里,研究者提出过许多种极限平衡条分法,从不考虑或部分考虑条块间的作用力,不能满足力的平衡条件的 Fellenius 法及简化 Bishop 法等简单的条分法,发展到考虑条块间作用力并能满足全部平衡条件的 Janbu 法、Spencer 法和 Morgenstern-Price 法等严格条分法。这些方法具有相同的基本思路,均假定土体沿着一定的滑动面做刚性滑动,然后把滑动土体竖向分成有限宽度的若干土条,把土条当作刚性体,根据静力平衡条件和极限平衡条件求得滑动面上的力的分布,从而计算出稳定安全系数。传统的坝坡稳定分析方法应用较多的有瑞典圆弧法和简化 Bishop 法。瑞典圆弧法于 1916 年首先由瑞典人彼得森提出,该方法假定坝坡失稳破坏可简化为一平面应变问题,破坏滑动面为一圆弧形柱面,将面上的作用力相对于圆心形成的阻滑力矩与滑动力矩的比值定义为坝坡的稳定安全系数。它既可以进行有效应力分析,也可以进行总应力分析,最小安全系数的滑动面位置需要通过试算确定。土体材料的凝聚性愈强,相应的滑动面愈深,无黏性土的滑动面则较浅。简化 Bishop 法则是 Bishop 于 1955 年提出的,在瑞典圆弧法中不考虑条块间的作用力,而后者则认为条块间只有水平力而不存在切向力。这两种方法概念清晰,简单方便,并且经过长期运用已经积累了丰富的经验。水平条分法是随着对水平加筋土的稳定性分析而出现的。水平条分法的计算原理与垂直条分法基本一致,只是土条从垂直变成了水平。

极限平衡法的难点在于潜在最危险滑裂面的搜索及坝坡稳定安全系数的确定。采用极限平衡法计算坝坡安全系数时,需事先假定滑动面的位置和形状,然后通过试算找到最小安全系数和最危险滑动面,给计算精度和效率带来了一定影响,尽管不少专家和学者致力于这方面的研究,并取得了很多有益的成果,但并不能从根本上克服以上不足。此外,极限平衡法将滑坡体视为刚体,不能考虑坝坡岩土体的变形以及开挖、填筑等施工活动对坝坡的影响,因而其适用范围受到一定限制。但由于刚体极限平衡法历史悠久,在工程应用中积累了丰富的经验,已被证明是分析坝坡稳定相对比较可靠的方法,因此目前它仍是坝坡稳定分析中最常用的方法之一。极限平衡法是完全建立在静力平衡(力平衡、力矩平衡或它们同时平衡)基础上的,对于多块体滑动机构,需引入内力假设使之变为静定结构。极限平衡法对滑动面形状几乎不作限制,但滑动面上必须满足 Mohr-Coulomb 准则,而对滑体内介质是否满足 Mohr-Coulomb 准则是无法一一进行检验的,因此极限平衡解既不是上限解,也不是下限解。

(二)极限分析法

塑性力学中的极限分析法很早就用于结构稳定性分析以及运用塑性力学中的上、下限定理求解坝坡稳定问题。华裔学者陈惠发教授系统地将其应用于土体稳定性研究,丰富了岩土塑性力学的内容,使极限分析法成为独立的土体稳定性分析方法。土力学极限分析法是建立在材料为理想刚塑性体、微小变形及材料遵守相关联流动法则 3 个基本假定上的。利用连续介质中的虚功原理可证明两个极限分析定理,即下限定理与上限定理。上限法也称能量法,通常需要假设一个滑裂面,并将土体构成若干块,土体视作刚塑性体,然后构筑一个协调位移场。为此需要假设滑裂面为对数螺线或直线,然后根据虚功原理求解滑体处于极限状态时的极限荷载或稳定安全系数。极限分析下限法的理论基础是下限定理,它在计算过程中需要构造一个合适的静力许可的应力分布,在通常情况下可用应力柱法或者应力不连续法等来求得问题的下限解,其解偏于安全,可以实用。下限定理的应用是有限的,因为很难找到合适的静力许可的应力分布,只有极少数情况下可用应力柱方法构造这种平衡静力场,获取下限解。极限分析法中最常用的是上限定理,因此极限分析法在多数情况下实际上是上限法。

用塑性力学上、下限定理分析土体稳定问题,就是从下限和上限两个方向逼近真实解。在近代计算机技术飞速发展的今天,它已经成为现实。这一求解方法最大好处是回避了在工程中最不易弄清的本构关系,而同样获得了理论上十分严格的计算结果。

(三)有限元法

有限元法于 20 世纪 60 年代开始应用于边坡稳定分析中,可以通过建立计算范围内单元的本构方程、几何方程和平衡方程来求解边坡问题,计算出各个单元的应力、位移、应变及破坏情况。有限元法不但满足力的平衡条件,而且考虑了材料的应力应变关系,使得计算结果更加精确合理。

目前,随着计算机软硬件及非线性弹塑性有限元计算技术的发展,有限元边坡稳定分析方法逐渐发展成为两类:第一类是将极限平衡原理与有限元计算结构相结合,称为基于滑面应力分析的有限元法,该方法以有限元应力分析为基础,按潜在滑动面上土体整体或局部的应力条件,应用不同的优化方法确定最危险滑动面,该方法直接从极限平衡法演变而来,物理意义明确,滑动面上的应力更加符合实际,可以得到确定的最危险滑动面,易于推广和工程应用。另一类方法是将强度折减技术与弹塑性有限元方法结合,称为强度折减弹塑性有限元分析方法。早在 1975 年,Zienkiewice 就用此方法分析边坡稳定,只是由于需要花费大量的机时而在具体应用中受到限制。现在随着微型计算机的发展和有限元计算技术的提高,强度折减弹塑性有限元分析方法正成为边坡稳定分析研究的新趋势。

二、堆石的非线性强度指标

坝坡稳定计算是土石坝设计的主要内容,随着坝坡稳定计算方法的逐渐成熟,计算参数的选取显得更为重要。土的抗剪强度指标是影响土坡稳定的重要参数,其参数变化对坝体稳定计算结果有很大的影响。大量三轴试验结果表明,堆石料的抗剪强度具有明显的非线性,随着围压的增加,堆石料发生颗粒破碎,并引起颗粒间应力重新分布、连接力变弱及颗粒移动,使内摩擦角降低,摩尔强度包线呈下弯趋势,即在较大应力范围内堆石的抗剪强度与法向应力呈非线性(见图5-4)。

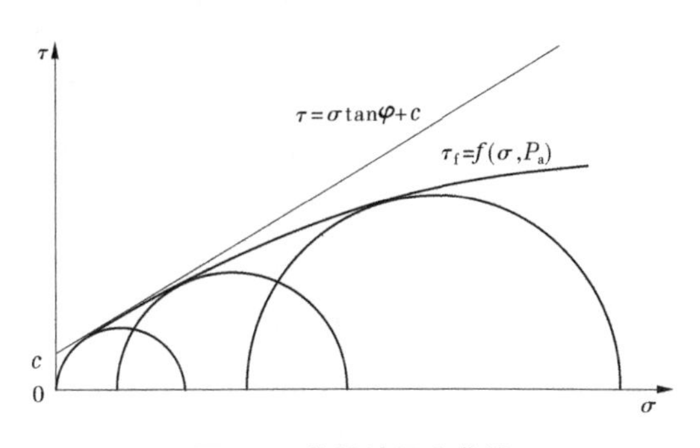

图5-4　非线性强度曲线

陈立宏、陈祖煜等指出无黏性土在边坡稳定分析中不能发现安全系数的极值和有物理意义的临界滑裂面,使用非线性强度指标能得到合理的结果。Duncan等在建立双曲线应力-应变模型时,用对数关系描述强度参数的非线性,即由图5-4得出各σ_3所对应的内摩擦角φ,再绘出$\varphi-\lg(\sigma_3/p_a)$关系,得到式(5-12):

$$\varphi=\varphi_0-\Delta\varphi\lg(\sigma_3/p_a) \tag{5-12}$$

式中　φ——土体滑动面的摩擦角;

φ_0——一个大气压下的摩擦角;

$\Delta\varphi$——σ_3增加一个对数周期下φ的减小值;

p_a——大气压强,Pa。

土石坝稳定计算中,堆石料非线性抗剪强度的对数关系被广泛采用。《碾压式土石坝设计规范》(SL 274—2020)也规定粗粒料抗剪强度采用上述强度参数与应力的对数关系。

三、土体的强度指标

土质防渗体坝、沥青混凝土面板坝或心墙坝及土工膜斜墙坝或心墙坝,其抗剪强度均可采用有效应力法按式(5-13)计算:

$$\tau=c'+(\sigma-u)\tan\varphi'=c'+\sigma'\tan\varphi' \tag{5-13}$$

式中　τ——土体的抗剪强度;

c'、φ'——有效应力抗剪强度指标;

σ——法向总应力;

σ'——法向有效应力；

u——孔隙压力。

四、坝体稳定案例分析

(一)基本资料

稳定计算案例分析选用中叶水库、官帽舟水库、者岳水库和老鲁箐水库的坝坡稳定计算成果，各水库坝坡稳定计算参数取值见表5-3。

表5-3 土层物理力学性质指标

水库	土层	湿容重 $\gamma_{湿}$/(kN/m³)	饱和容重 $\gamma_{饱}$/(kN/m³)	黏聚力 c/kPa	内摩擦角 φ/(°)
中叶	沥青混凝土心墙	24.00	24.20	80	41
	强弱风化料坝壳	21.40	23.40	20	30
	弱风化料排水层	21.60	23.60	20	34
	强风化坝壳料	21.00	22.00	20	27
	过渡层料	21.60	23.60	20	35
	排水棱体	22.00	23.00	0	34
	坝基覆盖层	17.00	20.00	6	23
	强风化凝灰岩	20.00	21.00	30	30
	弱风化凝灰岩	26.30	26.50	40	40
	弱风化石英砂岩	25.50	25.80	40	40
官帽舟	沥青混凝土心墙	24.60	24.60	—	—
	过渡层料	21.09	24.16	0	40.4
	弱风化砂岩主堆石区	19.91	20.78	0	40.7
	强风化砂岩主堆石区	19.91	20.78	0	30~40.7
	上、下游泥岩和粉砂岩混合石渣开挖料	19.32	20.50	0	28.3~30
	河床砂卵石料	19.32	20.08	0	28.3
	坝基基岩	22.00	24.00	200	40
者岳	沥青混凝土心墙	24.30	24.60	80	41
	石渣混合料	21.40	22.40	5	25
	过渡层料	20.00	22.00	0	30
	排水棱体	20.00	22.00	0	34
	坝基覆盖层	17.00	18.60	6	23
	弱风化砂岩	26.80	27.30	40	40
	围堰填筑料	21.50	22.00	10	25
	块石排水层	21.50	22.00	0	30

续表 5-3

水库	土层	湿容重	饱和容重	黏聚力	内摩擦角
		$\gamma_{湿}$/(kN/m³)	$\gamma_{饱}$/(kN/m³)	c/kPa	φ/(°)
老鲁箐	沥青混凝土心墙	24.30	24.60	80	41
	上游填筑区	22.00	23.10	10	29
	下游填筑区Ⅰ	21.80	23.00	9	27
	下游填筑区Ⅱ	22.10	23.20	11	31
	过渡层	21.60	22.60	10	35
	排水层堆石区	22.10	23.20	10	38
	砂卵砾石	21.00	22.00	0	30
	强风化泥岩、砂岩	23.00	23.80	40	38
	弱风化泥岩、砂岩	24.00	26.00	42	40

(二)稳定计算工况

根据《碾压式土石坝设计规范》(SL 274—2020)及《水工建筑物抗震设计规范》(SL 203—1997),对于工程区域设计烈度为7度及以上地震的区域需要进行抗震计算。上述4个水库中中叶水库位于7度地震区、官帽舟水库位于8度地震区、者岳水库位于6度地震区、老鲁箐水库位于8度地震区。大坝边坡稳定分析的计算工况如下。

1.正常运用条件

工况一:设计洪水位或正常蓄水位时计算下游坡。

工况二:水库低水位或死水位时计算上游坡。

工况三:库水位由正常蓄水位降至低水位时计算上游坡。

2.非常运用条件Ⅰ

工况四:校核洪水位时计算下游坡。

工况五:施工期库内外均无水计算上游坡。

工况六:施工期库内外均无水计算下游坡。

3.非常运用条件Ⅱ

工况七:正常蓄水位遇地震,计算下游坡。

工况八:低水位或死水位遇地震,计算上游坡。

(三)稳定计算成果

按照《碾压式土石坝设计规范》(SL 274—2020)的规定,采用简化 Bishop 法进行稳定计算,各工况安全系数及允许安全系数见表5-4,临界滑弧见图5-5~图5-8。沥青混凝土心墙具有较好的防渗作用,坝体断面分区设计时可结合计算充分考虑筑坝材料的渗透性和抗剪性能,达到合理利用开挖料的目的。下游坝体分区可考虑设置水平排水层或L形排水层,增强下游坝体的排水性能,降低沥青混凝土心墙下游的浸润线。对于有地震影响的区域,坝体稳定主要受地震工况决定,坝高越高,地震对坝体稳定影响越明显。

表 5-4 大坝边坡稳定成果

水库	大坝级别	计算条件	工况	上游水位/下游水位/m	计算位置	安全系数 *K*	[*K*]	说明
中叶	2 级（坝高 74.5 m）	正常运用条件	设计洪水位	1 552.50/1 480.57	下游坡	1.48	1.35	稳定渗流期
			死水位	1 523.00/1 479.31	上游坡	1.50		
			正常蓄水位降至死水位	1 550.32↘1 523.00/1 479.31	上游坡	1.50		水位降落期
		非常运用条件Ⅰ	校核洪水位	1 553.35/1 481.47	下游坡	1.48	1.25	校核工况
			竣工期	无水	上游坡	1.58		施工期
			竣工期	无水	下游坡	1.49		施工期
		非常运用条件Ⅱ	正常蓄水位+地震	1 550.32/1 479.31	下游坡	1.40	1.15	常水位地震
			死水位+地震	1 523.00/1 479.31	上游坡	1.38		死水位地震
官帽舟	2 级（坝高 108.6 m）	正常运用条件	正常蓄水位	674/582.73	下游坡	1.808	1.35	稳定渗流期
			低水位	620/582.73	上游坡	1.946		稳定渗流期
			正常蓄水位降至堰顶	674/662↘594.537/587.574	上游坡	1.497		水位降落期
			堰顶降至死水位	662/640↘587.574/582.73	上游坡	1.944		水位降落期
		非常运用条件Ⅰ	校核洪水位	677.44/596.92	下游坡	1.891	1.25	校核工况
			竣工期	无水	上游坡	2.36		施工期
			竣工期	无水	下游坡	2.621		施工期
		非常运用条件Ⅱ	正常蓄水位+地震	674/582.73	下游坡	1.388	1.15	常水位地震
			正常蓄水降至低水位+地震	674/662↘582.73/587.574	上游坡	1.242		水位降落遇地震

续表 5-4

水库	大坝级别	计算条件	工况	上游水位/下游水位/m	计算位置	安全系数 K	[K]	说明
者岳	4 级（坝高 43.3 m）	正常运用条件	正常蓄水位	892/855.57	上游坡	1.45	1.25	稳定渗流期
					下游坡	1.341		稳定渗流期
			设计洪水位	893.8/857.64	上游坡	1.535		稳定渗流期
					下游坡	1.301		稳定渗流期
			正常蓄水降至死水位	892.0↘872.5/855.57	上游坡	1.344		水位降落期
		非常运用条件Ⅰ	校核洪水位	894.62/858.24	上游坡	1.522	1.15	校核工况
					下游坡	1.274		校核工况
			竣工期	无水	上游坡	1.354		施工期
			竣工期	无水	下游坡	1.319		施工期
老鲁箐	4 级（坝高 60.4 m）	正常运用条件	设计洪水位	1 447.57/1 390.76	下游坡	1.319	1.25	设计洪水位
			低水位	1 418.00/地面高程	上游坡	1.365		低水位
			正常蓄水位降至低水位	1 444.98↘1 418.00/地面高程	上游坡	1.366		上游水位骤降
		非常运用条件Ⅰ	校核洪水位	1 448.36/1 391.09	下游坡	1.317	1.15	校核工况
			竣工期	无水	上游坡	1.450		施工期
			竣工期	无水	下游坡	1.318		施工期
		非常运用条件Ⅱ	正常蓄水位+地震	1 444.98/地面高程	下游坡	1.138	1.1	常水位地震
			低水位+地震	1 418.00/地面高程	上游坡	1.365		低水位地震

注：↘表示水位从箭头前面的数值下降到箭头后面的数值。

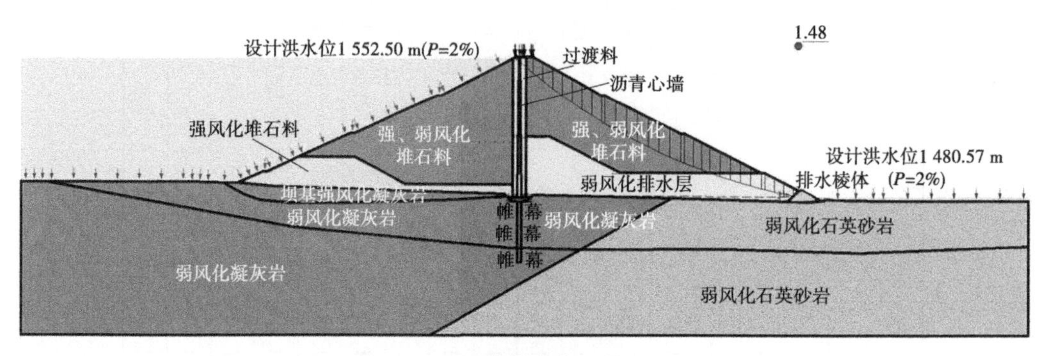

(a)正常蓄水位工况

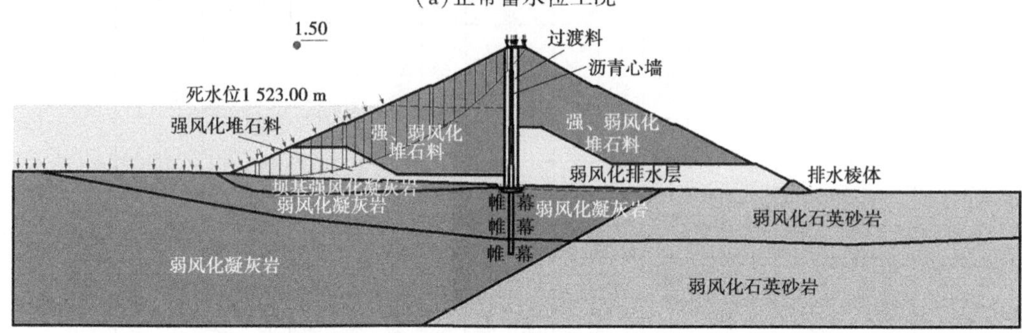

(b)死水位工况

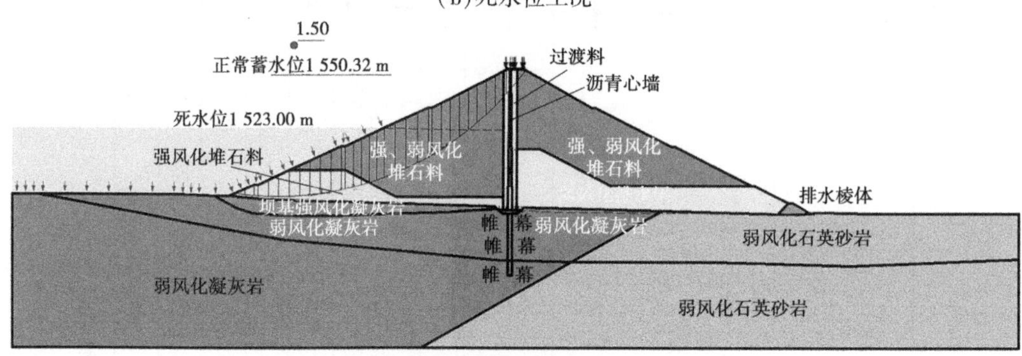

(c)正常蓄水位降至死水位工况

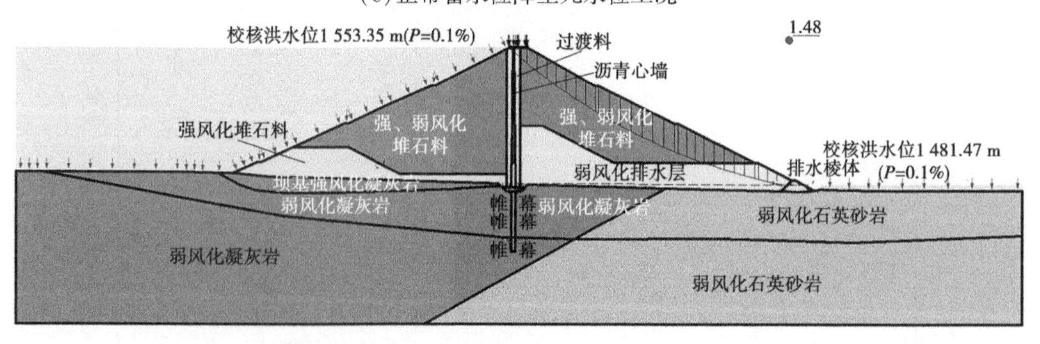

(d)校核洪水位工况

图 5-5　中叶水库大坝稳定计算简图

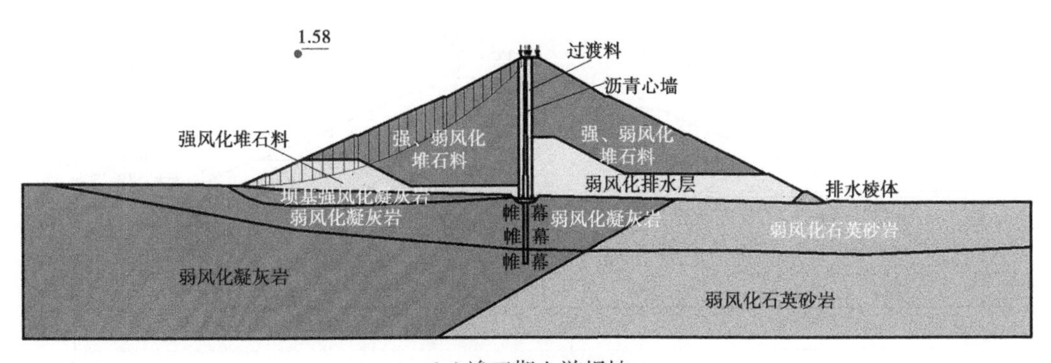

(e)竣工期上游坝坡

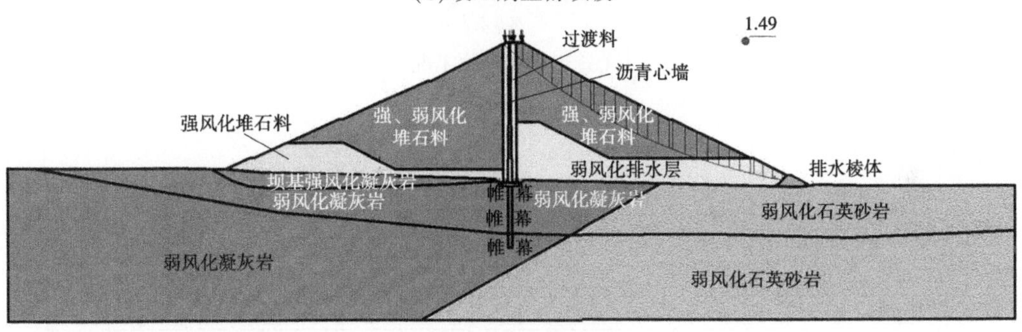

(f)竣工期下游坝坡

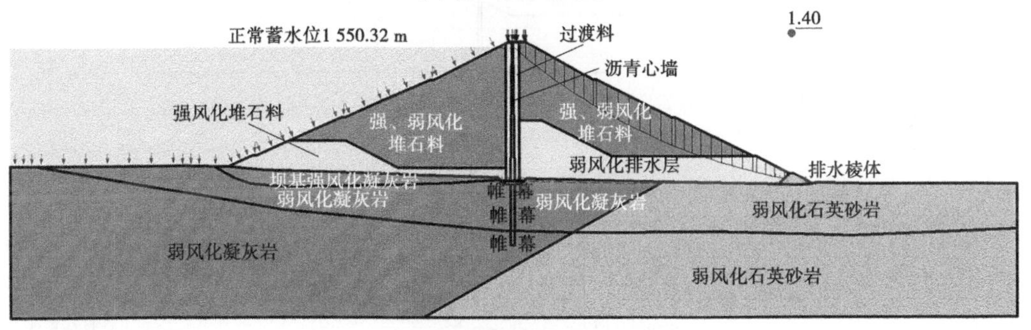

(g)正常蓄水位+地震工况

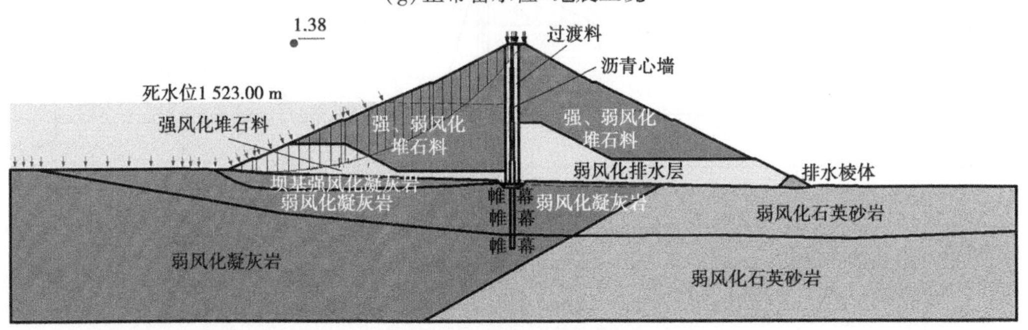

(h)死水位+地震工况

续图 5-5

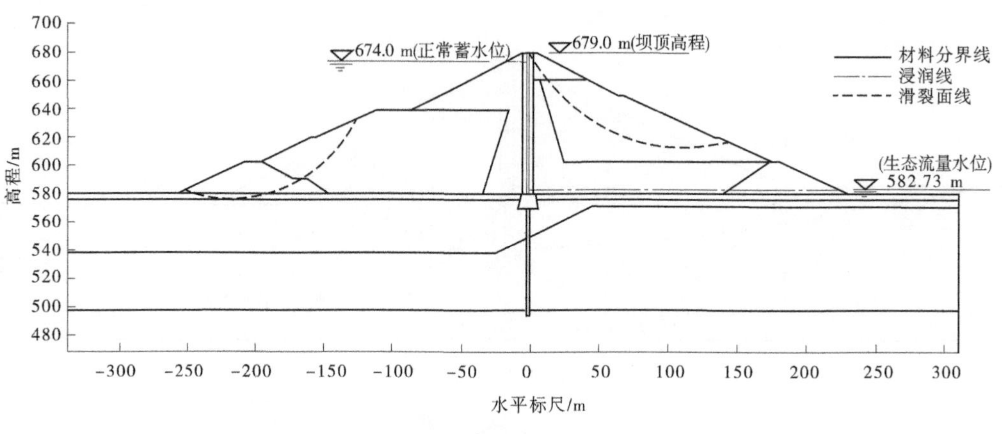

(a)正常蓄水位工况

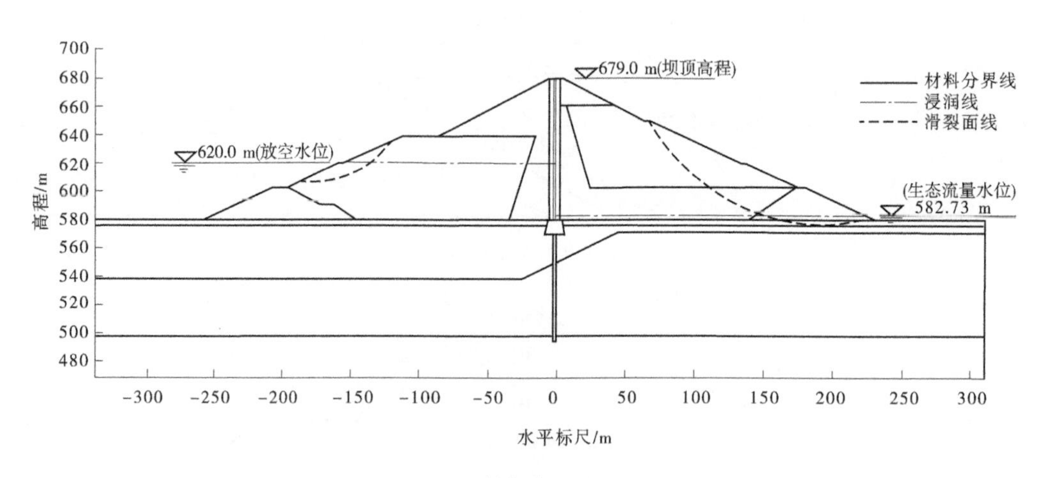

(b)低水位工况

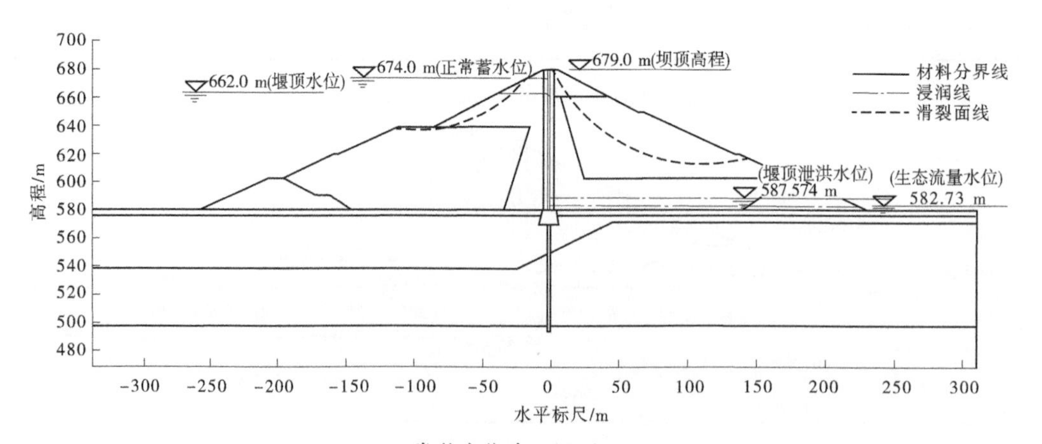

(c)正常蓄水位降至堰顶 662.0 m

图 5-6　官帽舟水库大坝稳定计算简图

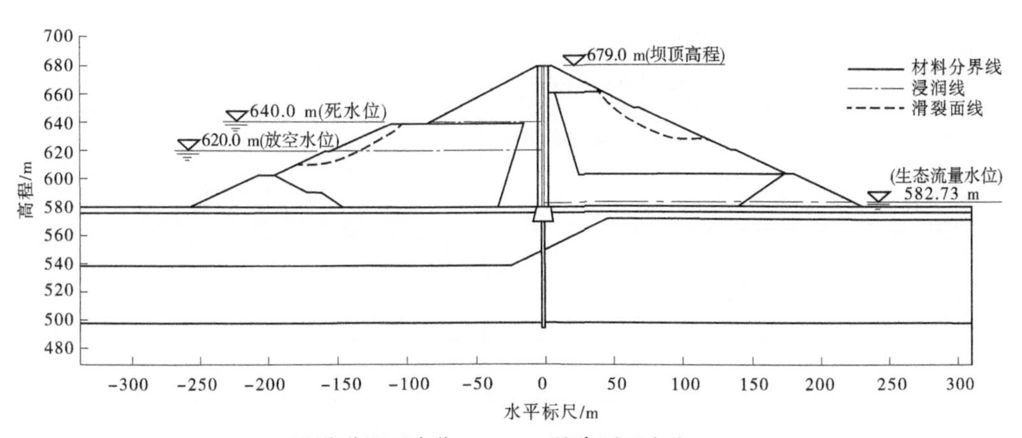

(d)溢洪道堰顶水位 662.0 m 骤降到死水位 640.0 m

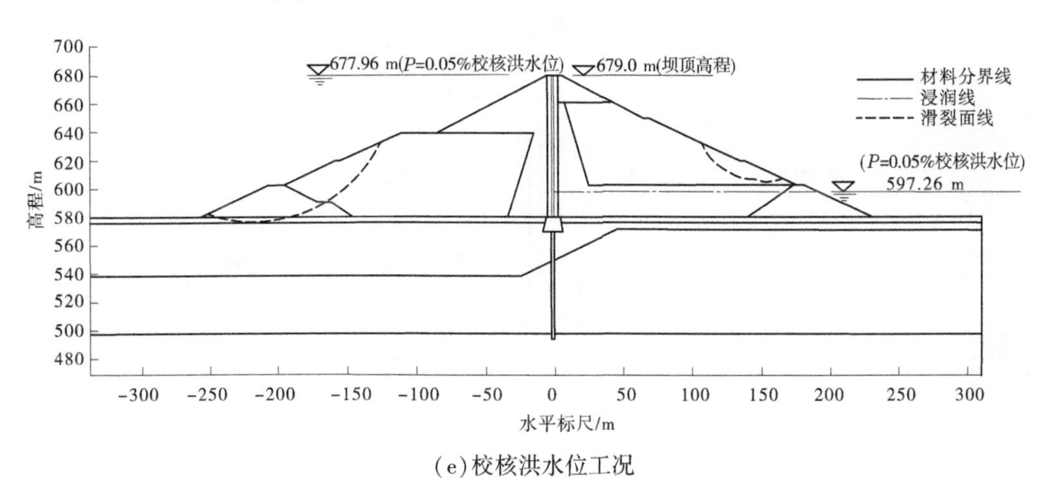

(e)校核洪水位工况

(f)正常蓄水位+地震工况

续图 5-6

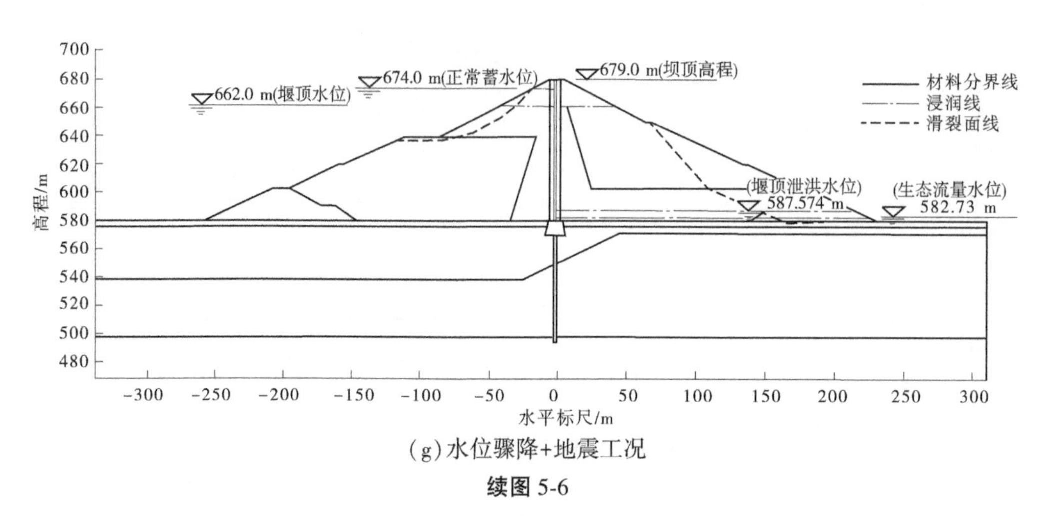

(g)水位骤降+地震工况

续图 5-6

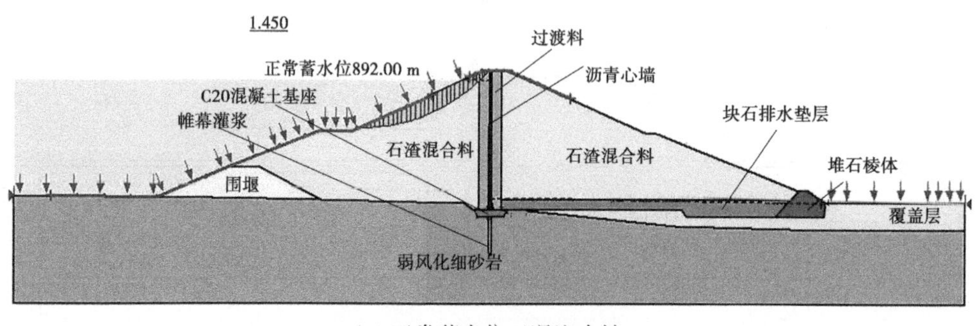

(a)正常蓄水位工况迎水坡

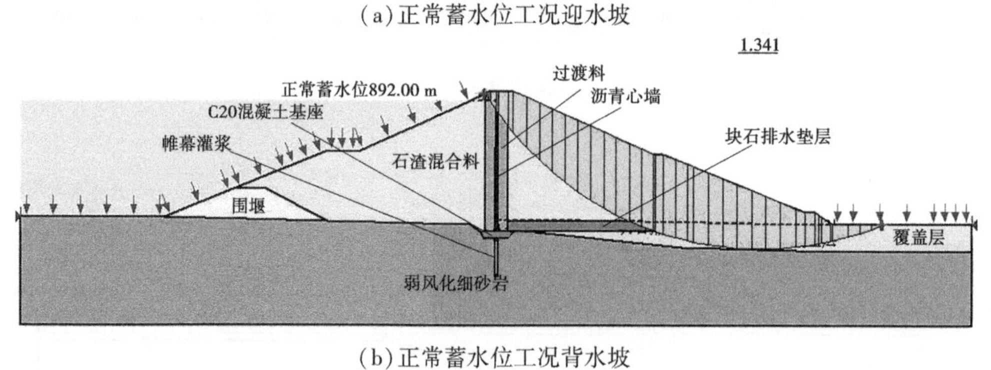

(b)正常蓄水位工况背水坡

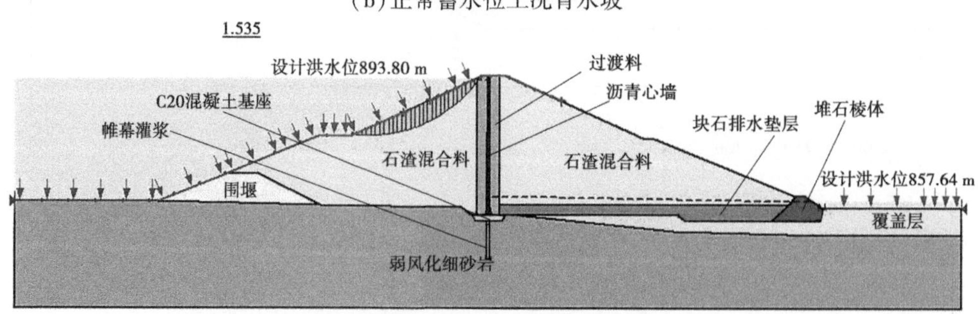

(c)设计洪水位工况迎水坡

图 5-7　者岳水库大坝稳定计算简图

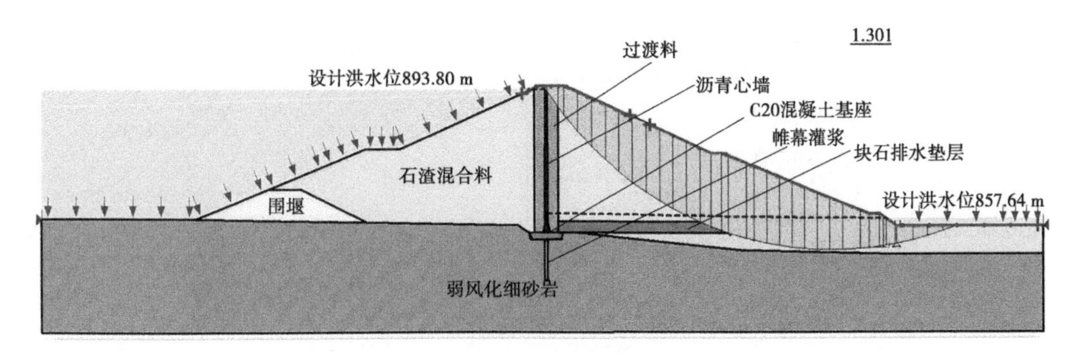

(d)设计洪水位工况背水坡

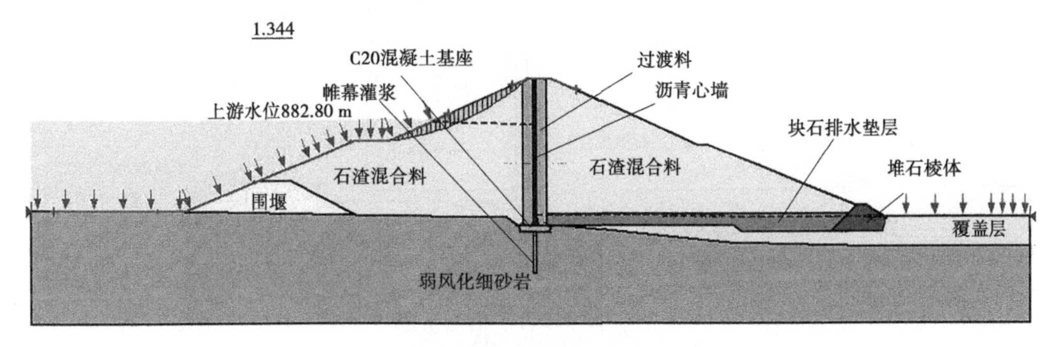

(e)水位骤降工况迎水坡

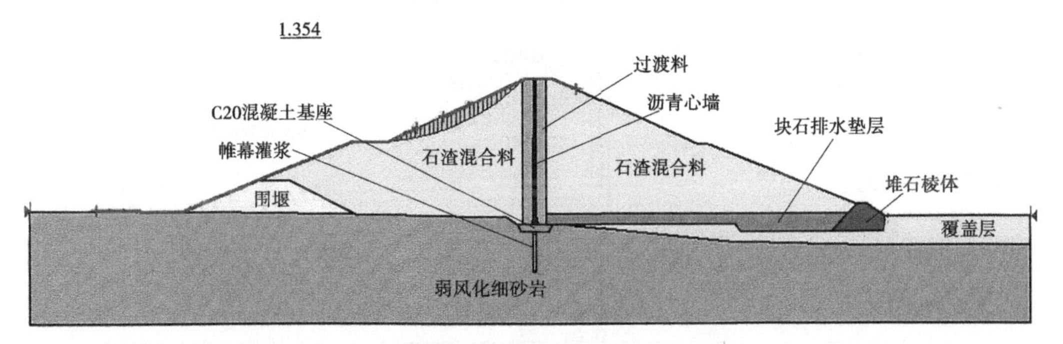

(f)竣工期工况迎水坡

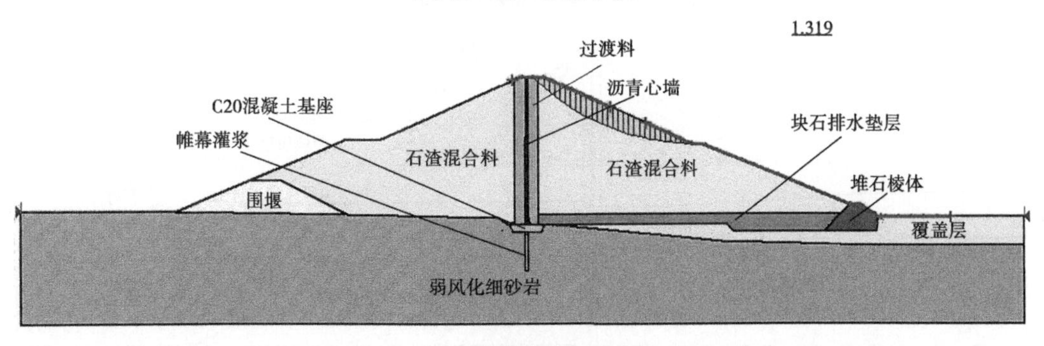

(g)竣工期工况背水坡

续图 5-7

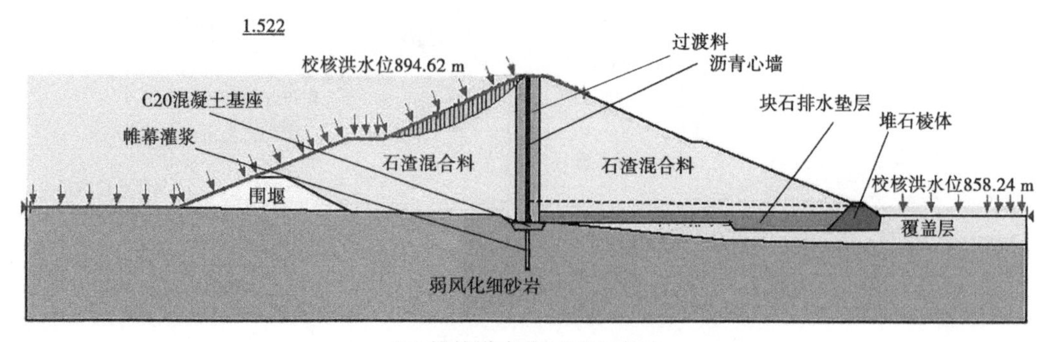

(h)校核洪水位工况迎水坡

(i)校核洪水位工况背水坡

续图 5-7

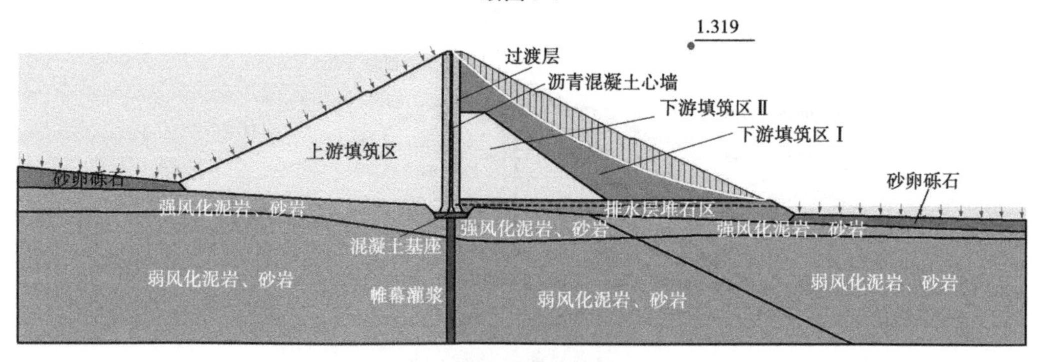

(a)设计洪水位工况

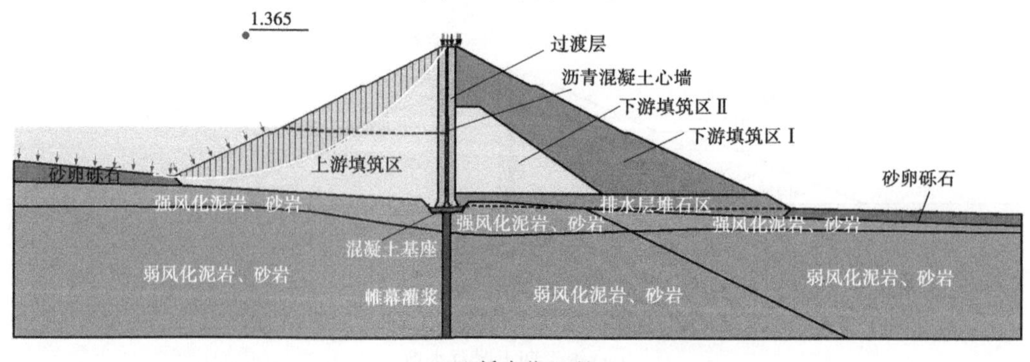

(b)低水位工况

图 5-8　老鲁箐水库大坝稳定计算简图

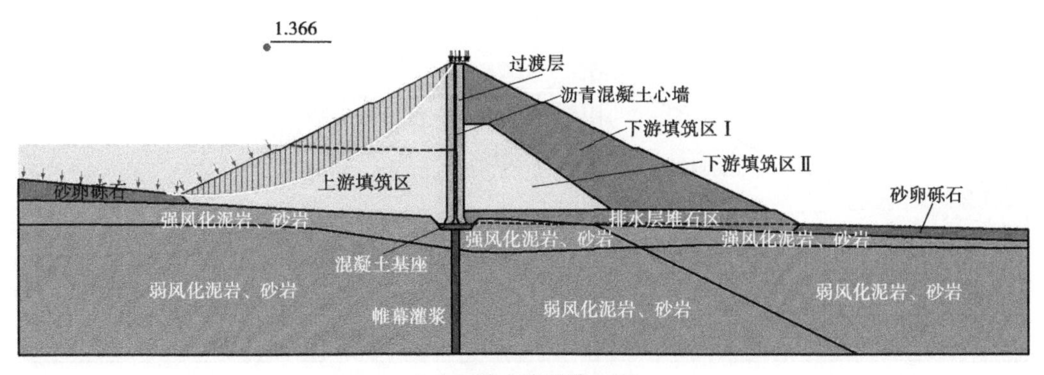

(c)上游水位骤降工况

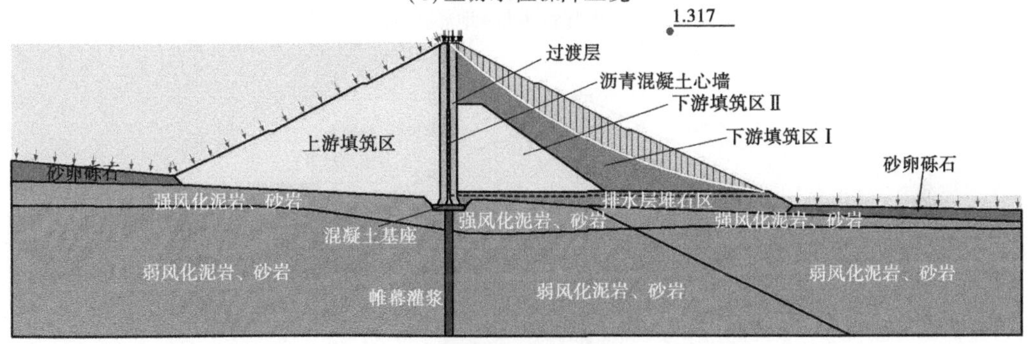

(d)校核洪水位工况

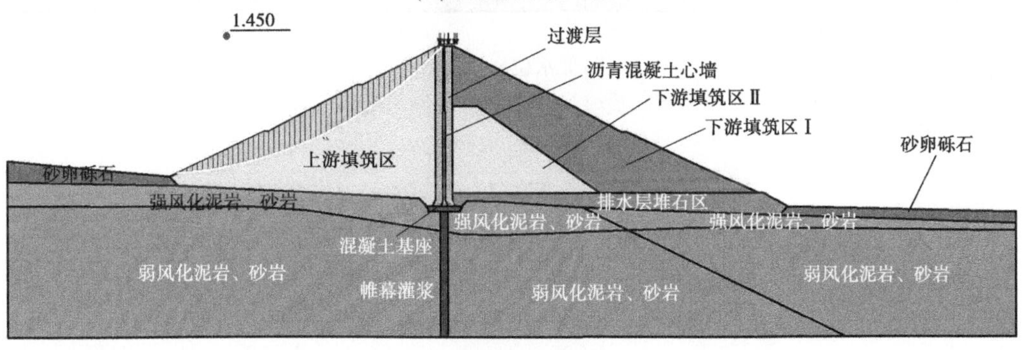

(e)施工期上游坡

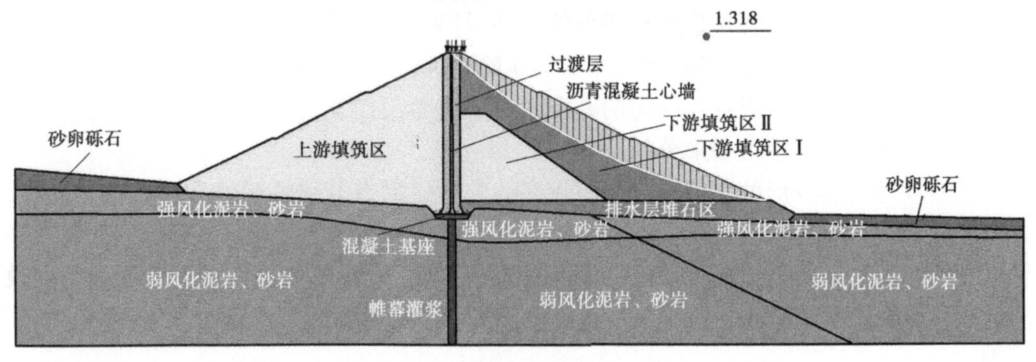

(f)施工期下游坡

续图 5-8

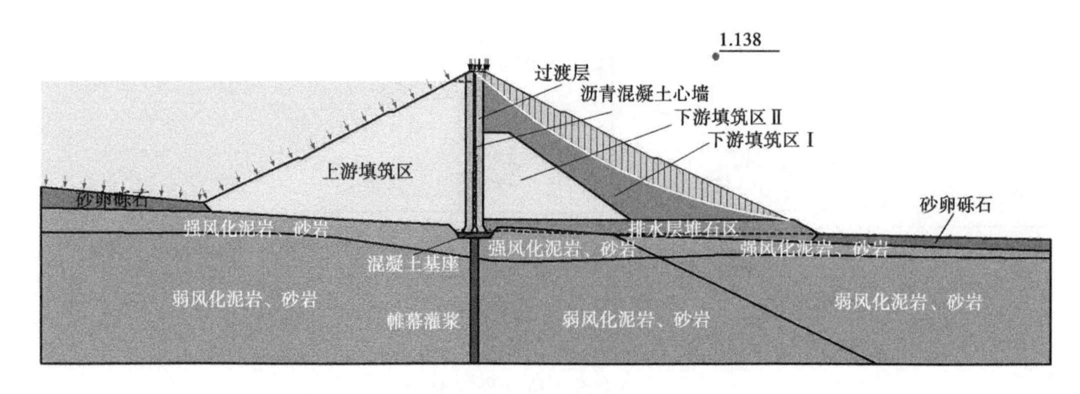

(g)正常蓄水位+地震工况

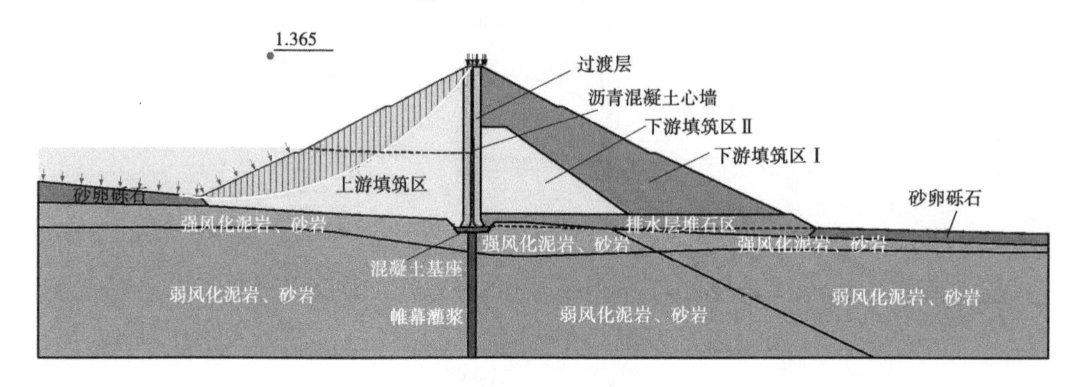

(h)低水位+地震工况

续图 5-8

第三节　应力应变分析

我国在土石坝应力和变形的数值计算方面做了大量工作,积累了较丰富的资料和经验,土石坝应力变形数值计算技术也日益普及。尽管数值计算结果仍不能达到定量控制设计的程度,但由于其适于分析复杂边界问题,其成果已经成为土石坝设计的重要依据。

土石坝的变形与河谷地形及地质条件、不同材料间的连接、施土填筑方式、蓄水过程等因素均有关,目前数值仿真技术已能如实地反映这些因素。但在复杂边界条件下,二维和三维数值计算模型成果存在一定的差异。对于边界条件复杂的土石坝,宜构建三维数值计算模型进行坝体应力变形分析。

土石坝应力和变形的数值计算采用较多的数学模型有非线性弹性和弹塑性两大类,黏弹塑性模型也有采用。我国土石材料静力本构模型最常用的是邓肯等提出的非线性弹性模型(包括 E-ν 和 E-B 模型)和沈珠江提出的南京水利科学研究院双屈服面弹塑性模型(又称南水模型),其次是清华大学提出的非线性解耦 K-G 模型(又称清华 K-G 模型)。

邓肯模型和清华 K-G 模型均为双参数非线性弹性模型,均能反映岩土材料的非线性、压硬性等基本特性。邓肯模型不能反映岩土材料的剪胀(缩)性及应力引起的各向异性,对复杂应力路径的加、卸载性状不能做出合乎实际的判断。清华 K-G 模型由于考虑体积应力、剪应力及剪应力增长方向等因素对应变的耦合作用,可反映岩土材料的剪缩性、应力引起的各向异性等特殊变形性质。清华 K-G 模型在建立加载条件时分别考虑体应变和广义剪应变的加载性状,因此可以对复杂应力路径的加、卸载性状作出合乎实际的判断。邓肯模型和清华 K-G 模型均不能反映岩土材料的剪胀性及应变软化性,但由于岩土材料应变软化性和剪胀性只有在材料变形较大时才发生,而实际工程中大变形是不允许或不会发生的,采用这两种模型分析土石坝工程,所得成果基本上符合工程实际。由于邓肯模型能与工程技术人员较熟悉的物理力学概念相联系,相对于清华 K-G 模型等参数模型少并采用常规三轴压缩试验即可获得,且有相当多的可供分析参考的经验,是目前国内工程设计中应用最多的模型。

南水模型引入体积屈服面和剪切屈服面,用两个塑性系数定义模量的大小。它结合了剑桥模型和邓肯模型的优点,物理概念清楚,该模型能反映岩土材料的非线性、剪胀(缩)性、压硬性及应力引起的各向异性等,所以能较全面、真实地反映坝体的应力变形性状。该模型直接采用屈服面判别加、卸载的情况,理论上较为合理和严密。该模型参数及获取方法与邓肯模型相近,模型参数获取较为简单,模型应用较为简便。

一、非线性弹性模型

邓肯模型为非线性弹性模型,空间直角坐标系中,其增量应力-应变关系表示为式(5-14):

$$\{\Delta\boldsymbol{\sigma}\}=[\boldsymbol{D}]_e\{\Delta\boldsymbol{\varepsilon}\} \tag{5-14}$$

式中 $\{\Delta\boldsymbol{\sigma}\}$——增量应力矩阵,$\{\Delta\boldsymbol{\sigma}\}=\{\Delta\sigma_x,\Delta\sigma_y,\Delta\sigma_z,\Delta\tau_{xy},\Delta\tau_{yz},\Delta\tau_{zx}\}^{\mathrm{T}}$,$\Delta\sigma_x$、$\Delta\sigma_y$、$\Delta\sigma_z$、$\Delta\tau_{xy}$、$\Delta\tau_{yz}$、$\Delta\tau_{zx}$ 为应力增量分量;

$\{\Delta\boldsymbol{\varepsilon}\}$——增量应变矩阵,$\{\Delta\boldsymbol{\varepsilon}\}=\{\Delta\varepsilon_x,\Delta\varepsilon_y,\Delta\varepsilon_z,\Delta\gamma_{xy},\Delta\gamma_{yz},\Delta\gamma_{zx}\}^{\mathrm{T}}$,$\Delta\varepsilon_x$、$\Delta\varepsilon_y$、$\Delta\varepsilon_z$、$\Delta\gamma_{xy}$、$\Delta\gamma_{yz}$、$\Delta\gamma_{zx}$ 为应变增量分量;

$[\boldsymbol{D}]_e$——弹性矩阵。

弹性矩阵表示为式(5-15):

$$[\boldsymbol{D}]_e=\begin{bmatrix} K_t+\frac{4}{3}G_t & K_t-\frac{2}{3}G_t & K_t-\frac{2}{3}G_t & 0 & 0 & 0 \\ & K_t+\frac{4}{3}G_t & K_t-\frac{2}{3}G_t & 0 & 0 & 0 \\ & & K_t+\frac{4}{3}G_t & 0 & 0 & 0 \\ & & & G_t & 0 & 0 \\ & & & & G_t & 0 \\ & & & & & G_t \end{bmatrix} \tag{5-15}$$

$$K_t = \frac{E_t}{3(1-2\nu_t)} \tag{5-16}$$

$$G_t = \frac{E_t}{2(1+\nu_t)} \text{ 或 } G_t = \frac{3K_tE_t}{9K_t - E_t} \tag{5-17}$$

式中　K_t——切线体积模量；

G_t——剪切模量；

E_t——切线变形模量；

ν_t——切线泊松比。

切线变形模量按式(5-18)计算：

$$E_t = E_i(1 - R_f S_l)^2 \tag{5-18}$$

$$E_i = KP_a\left(\frac{\sigma_3}{P_a}\right)^n \tag{5-19}$$

$$S_l = \frac{(1-\sin\varphi)(\sigma_1 - \sigma_3)}{(2c\cos\varphi + 2\sigma_3\sin\varphi)} \tag{5-20}$$

式中　E_i——初始变形模量；

S_l——应力水平；

P_a——大气压力；

σ_1、σ_3——大主应力和小主应力；

φ——岩土材料内摩擦角；

c——岩土材料黏聚力；

R_f——破坏比，试验常数，数值小于1；

K、n——试验常数。

在邓肯 E-ν 模型中，切线泊松比可按式(5-21)计算：

$$\nu_t = \frac{G - F\lg(\sigma_3/P_a)}{(1-A)^2} \tag{5-21}$$

$$A = \frac{D(\sigma_1 - \sigma_3)}{KP_a\left(\frac{\sigma_3}{P_a}\right)^n\left[1 - R_f\frac{(1-\sin\varphi)(\sigma_1-\sigma_3)}{(2c\cos\varphi + 2\sigma_3\sin\varphi)}\right]} \tag{5-22}$$

式中　G、F、D——试验常数。

在邓肯 E-B 模型中，切线体积模量可按式(5-23)计算：

$$K_t = K_b P_a\left(\frac{\sigma_3}{P_a}\right)^m \tag{5-23}$$

式中　K_b、m——试验常数。

完全卸载的变形模量按式(5-24)计算：

$$E_{ur} = K_{ur} P_a\left(\frac{\sigma_3}{P_a}\right)^{n_{ur}} \tag{5-24}$$

式中　E_{ur}——卸载变形模量；

K_{ur}、n_{ur}——试验常数。

二、弹塑性模型

南水模型基于弹性理论构建，模型采用体积屈服面和剪切屈服面描述岩土材料的屈服特性，其屈服面方程表示为式(5-25)：

$$\left.\begin{aligned} f_1 &= p^2 + r^2 q^2 \\ f_2 &= q^s / p \end{aligned}\right\} \tag{5-25}$$

式中　p、q——八面体正应力和剪应力；

r、s——屈服函数参数，对于土体，可取 $r=2$、$s=3$，对于堆石体，可取 $r=2$、$s=2$。

空间直角坐标系中，其增量应力-应变关系表示为式(5-26)：

$$\{\Delta\boldsymbol{\sigma}\} = [\boldsymbol{D}]_{ep}\{\Delta\boldsymbol{\varepsilon}\} \tag{5-26}$$

式中　$[\boldsymbol{D}]_{ep}$——弹塑性矩阵。

弹塑性矩阵表示为式(5-27)：

$$[\boldsymbol{D}]_{ep} = \begin{bmatrix} M_1 - P\frac{s_x+s_x}{q} - Q\frac{s_x^2}{q^2} & M_2 - P\frac{s_x+s_y}{q} - Q\frac{s_xs_y}{q^2} & M_2 - P\frac{s_x+s_z}{q} - Q\frac{s_xs_z}{q^2} & -P\frac{\tau_{xy}}{q} - Q\frac{s_x\tau_{xy}}{q^2} & -P\frac{s_{yz}}{q} - Q\frac{s_x\tau_{yz}}{q^2} & -P\frac{\tau_{zx}}{q} - Q\frac{s_x\tau_{zx}}{q^2} \\ M_2 - P\frac{s_x+s_y}{q} - Q\frac{s_xs_y}{q^2} & M_1 - P\frac{s_y+s_y}{q} - Q\frac{s_y^2}{q^2} & M_2 - P\frac{s_x+s_z}{q} - Q\frac{s_ys_z}{q^2} & -P\frac{\tau_{xy}}{q} - Q\frac{s_y\tau_{xy}}{q^2} & -P\frac{s_{yz}}{q} - Q\frac{s_y\tau_{yz}}{q^2} & -P\frac{\tau_{zx}}{q} - Q\frac{s_y\tau_{zx}}{q^2} \\ M_2 - P\frac{s_x+s_z}{q} - Q\frac{s_xs_z}{q^2} & M_2 - P\frac{s_x+s_z}{q} - Q\frac{s_ys_z}{q^2} & M_1 - P\frac{s_z+s_z}{q} - Q\frac{s_z^2}{q^2} & -P\frac{\tau_{xy}}{q} - Q\frac{s_z\tau_{xy}}{q^2} & -P\frac{\tau_{yz}}{q} - Q\frac{s_z\tau_{yz}}{q^2} & -P\frac{\tau_{zx}}{q} - Q\frac{s_z\tau_{zx}}{q^2} \\ -P\frac{\tau_{xy}}{q} - Q\frac{s_x\tau_{xy}}{q^2} & -P\frac{s_{xy}}{q} - Q\frac{s_y\tau_{xy}}{q^2} & -P\frac{\tau_{xy}}{q} - Q\frac{s_z\tau_{xy}}{q^2} & G_e - Q\frac{\tau_{xy}^2}{q^2} & -P\frac{\tau_{yz}}{q} - Q\frac{\tau_{xy}\tau_{yz}}{q^2} & -P\frac{\tau_{zx}}{q} - Q\frac{\tau_{xy}\tau_{zx}}{q^2} \\ -P\frac{\tau_{yz}}{q} - Q\frac{s_x\tau_{yz}}{q^2} & -P\frac{s_{yz}}{q} - Q\frac{s_y\tau_{yz}}{q^2} & -P\frac{\tau_{yz}}{q} - Q\frac{s_z\tau_{yz}}{q^2} & -P\frac{\tau_{yz}}{q} - Q\frac{\tau_{xy}\tau_{yz}}{q^2} & G_e - Q\frac{\tau_{yz}^2}{q^2} & -P\frac{\tau_{zx}}{q} - Q\frac{\tau_{yz}\tau_{zx}}{q^2} \\ -P\frac{\tau_{zx}}{q} - Q\frac{s_x\tau_{zx}}{q^2} & -P\frac{s_{zx}}{q} - Q\frac{s_ys_{zx}}{q^2} & -P\frac{\tau_{zx}}{q} - Q\frac{s_z\tau_{zx}}{q^2} & -P\frac{\tau_{zx}}{q} - Q\frac{\tau_{xy}\tau_{zx}}{q^2} & -P\frac{\tau_{zx}}{q} - Q\frac{\tau_{yz}\tau_{zx}}{q^2} & G_e - Q\frac{\tau_{zx}^2}{q^2} \end{bmatrix} \tag{5-27}$$

$$M_1 = \frac{K_e}{1+K_eA}\left(1 + \frac{2}{3} \times \frac{K_eG_eC^2}{1+K_eA+G_eD}\right) + \frac{4}{3}G_e \tag{5-28}$$

$$M_2 = \frac{K_e}{1+K_eA}\left(1 + \frac{2}{3} \times \frac{K_eG_eC^2}{1+K_eA+G_eD}\right) - \frac{2}{3}G_e \tag{5-29}$$

$$P = \frac{2K_eG_eC}{3(1+K_eA+G_eD)} \tag{5-30}$$

$$Q = \frac{2G_e^2D}{3(1+K_eA+G_eD)} \tag{5-31}$$

$$D = \frac{2}{3}(B + K_eAB - K_eC^2) \tag{5-32}$$

$$A = 4p^2A_1 + \frac{q^{2s}}{p^4}A_2 \tag{5-33}$$

$$B = 4r^2q^2A_1 + \frac{s^2q^{2s}}{p^sq^2}A_2 \tag{5-34}$$

$$C = 4r^2pqA_1 - \frac{sq^{2s}}{p^3q}A_2 \tag{5-35}$$

$$\left.\begin{aligned} s_x &= \sigma_x - p \\ s_y &= \sigma_y - p \\ s_z &= \sigma_z - p \end{aligned}\right\} \tag{5-36}$$

式中　K_e、G_e——弹性体积模量和剪切模量；

A_1、A_2——塑性系数。

假定塑性系数只是应力状态的函数，且与应力路径无关，塑性系数 A_1 和 A_2 分别按式(5-37)和式(5-38)计算：

$$A_1 = \frac{p^5q^2\left(\frac{9}{E_t} - \frac{3\mu_t}{E_t} - \frac{3}{G}\right) - \sqrt{2}r^2q\left(\frac{3\mu_t}{E_t} - \frac{1}{K}\right)}{\sqrt{2}q^{2s}(\sqrt{2}sp - \tau)(sp^2 + r^2q^2)} \tag{5-37}$$

$$A_2 = \frac{q\left(\frac{9}{E_t} - \frac{3\mu_t}{E_t} - \frac{3}{G}\right) + \sqrt{2}sp\left(\frac{3\mu_t}{E_t} - \frac{1}{K}\right)}{4\sqrt{2}(p + \sqrt{2}r^2q)(sp^2 + r^2q^2)} \tag{5-38}$$

式中　μ_t——切线体积比。

切线体积比可按式(5-39)计算：

$$\mu_t = 2C_d\left(\frac{\sigma_3}{P_a}\right)^{n_d}\frac{E_iR_fS_1}{\sigma_1 - \sigma_3}\frac{1 - R_d}{R_d}\left(1 - \frac{1 - R_d}{R_d}\frac{R_fS_1}{1 - R_fS_1}\right) \tag{5-39}$$

式中　C_d、n_d、R_d——试验常数。

三、应力应变计算案例分析

（一）计算方法

沥青混凝土心墙坝采用非线性有限元分析，包括非线性静力有限元分析和非线性动力有限元分析。

1. 非线性静力有限元分析计算原理及方法

按位移求解时，非线性静力有限元法的基本平衡方程为

$$[\boldsymbol{K}(\boldsymbol{u})]\{\boldsymbol{u}\} = \{\boldsymbol{R}\} \tag{5-40}$$

式中　$[\boldsymbol{K}(\boldsymbol{u})]$——整体劲度矩阵；

$\{\boldsymbol{u}\}$——结点位移列阵；

$\{\boldsymbol{R}\}$——结点荷载列阵。

该方程采用增量初应变法迭代求解，其基本平衡方程式为

$$[\boldsymbol{K}]\{\Delta\boldsymbol{u}\} = \{\Delta\boldsymbol{R}\} + \{\Delta\boldsymbol{R}_0\} \tag{5-41}$$

式中　$\{\Delta\boldsymbol{u}\}$——结点位移增量列阵；

$\{\Delta\boldsymbol{R}\}$——结点荷载增量列阵；

$\{\Delta\boldsymbol{R}_0\}$——初应变的等效结点荷载列阵。

程序中设置了线弹性模型、非线性弹性模型（E-ν 模型和 E-B 模型）、接触面模型和接缝模型。非线性弹性模型是应力、应变关系为一条曲线，即弹性模量与泊松比是随着应

力变化的。

对于不同的坝体材料,其应力应变特性是不同的,需采用不同的本构模型。

1)堆石体(石渣混合料、石渣料、堆石料等)及沥青混凝土心墙

根据已建成的沥青混凝土心墙坝经验,沥青混凝土心墙甚薄,在整个坝体断面中所占比例较小,对坝的变形和应力应变影响较小,心墙和坝壳料一同采用非线性双曲线模型是比较合理、简便、接近实际的。因此,堆石体(石渣混合料、石渣料、堆石料、沥青混凝土心墙等)采用非线性弹性模型,常用邓肯-张模型(E-ν 模型、E-B 模型),主要计算公式如下。

切线弹性模量:

$$E_t = KP_a(1 - R_f S)^2 \left(\frac{\sigma_3}{P_a}\right)^n \tag{5-42}$$

切线泊松比:

$$\nu_t = \frac{\nu_i}{\left[1 - \dfrac{D(\sigma_1 - \sigma_3)}{E_i(1 - R_f S)}\right]^2} \quad 或 \quad \nu_t = \nu_i + (\nu_{tf} - \nu_i)S \tag{5-43}$$

切线体积模量:

$$K_t = K_b P_a \left(\frac{\sigma_3}{P_a}\right)^m \tag{5-44}$$

卸荷或再加荷弹性模量:

$$E_{ur} = K_{ur} P_a \left(\frac{\sigma_3}{P_a}\right)^{n_{ur}} \tag{5-45}$$

式中破坏比:

$$R_f = \frac{(\sigma_1 - \sigma_3)_f}{(\sigma_1 - \sigma_3)_{ult}} \tag{5-46}$$

应力水平:

$$S = \frac{\sigma_1 - \sigma_3}{(\sigma_1 - \sigma_3)_f} \tag{5-47}$$

初始泊松比:

$$\nu_i = G - F\lg\left(\frac{\sigma_3}{P_a}\right) \tag{5-48}$$

式中　P_a——大气压力;

σ_1、σ_3——最大主应力、最小主应力;

K、G、F、K_{ur}、n_{ur}、K_b、m——邓肯-张模型参数。

在复杂应力状态下,用 p 和 q 分别代替 σ_3 和 $(\sigma_1-\sigma_3)$。p 为平均主应力,q 为八面体剪应力。

2)混凝土

混凝土底座等结构均采用线弹性本构模型,服从广义胡克定律。

2. 非线性动力有限元分析计算原理及方法

在进行动力计算分析之前,必须首先进行静力计算分析,以获得坝体的静应力状态。

静力分析方法如上一节所述。

经过有限单元法离散后,其动力平衡方程可以写为

$$[\boldsymbol{M}]\{\ddot{\delta}\} + [\boldsymbol{C}]\{\dot{\delta}\} + [\boldsymbol{K}]\{\delta\} = \{F(t)\} \tag{5-49}$$

式中 δ、$\dot{\delta}$、$\ddot{\delta}$——结点位移、结点速度和结点加速度;

$F(t)$——结点的动力荷载;

$[\boldsymbol{M}]$——质量矩阵,用集中质量法求得,即假定单元的质量集中在结点上;

$[\boldsymbol{K}]$——劲度矩阵,用常规有限元法求得;

$[\boldsymbol{C}]$——阻尼矩阵, $[\boldsymbol{C}] = \lambda\omega[\boldsymbol{M}] + \dfrac{\lambda}{\omega}[\boldsymbol{K}]$,$\omega$ 为第一振型自振频率,λ 为阻尼比;

t——时间。

3. 有限元模型

计算坐标系规定为:X 轴为顺河向,由上游指向下游,取坝轴线为 X 轴零点; Y 轴为垂直向,指向上方,与高程一致。在进行结构分析时,以基岩面作为刚性边界。

(二)案例分析

1. 非线性静力有限元案例分析

沥青混凝土心墙的物理力学性能参数及试验成果见表 5-5~表 5-10。

表 5-5 力学性能参数

水库	密度/(g/cm^3)	孔隙率/%	拉伸		抗压		水稳定系数	弯曲		渗透系数/(cm/s)
			强度/MPa	应变/%	强度/MPa	应变/%		强度/MPa	应变/%	
中叶	2.416	1.57	0.27	1.91	1.81	6.45	1.11	0.74	5.83	$<1\times10^{-8}$
官帽舟	2.463	1.94	0.47	0.90	2.54	9.16	0.98	0.89	2.95	$<1\times10^{-8}$

表 5-6 沥青混凝土静三轴非线性参数(E-ν 模型)

水库	密度/(g/cm^3)	孔隙率/%	黏聚力 c/MPa	内摩擦角 φ/(°)	模量数 K	模量指数 n	破坏比 R_f	G	F	D
中叶	2.434	0.83	0.08	41	180.6	0.44	0.67	0.46	0	0
官帽舟	2.463	1.94	0.25	32.04	361.32	0.12	0.58			

表 5-7 沥青混凝土静三轴非线性参数(E-B 模型)

水库	密度/(g/cm^3)	孔隙率/%	黏聚力 c/MPa	内摩擦角 φ/(°)	模量数 K	模量指数 n	破坏比 R_f	泊松比 μ	体积应变模量参数	
									模量数 K_b	m
中叶	2.434	0.83	0.08	41	180.6	0.44	0.67	0.49	2 564.7	0.29
官帽舟	2.463	1.94	0.25	32.04	361.32	0.12	0.58	0.483	1 545.49	0.60

表 5-8　中叶水库坝壳填筑料大三轴试验成果

取样位置		$2^{\#}$石料场								
样品组成		弱风化砂岩			强风化和弱风化砂岩混合料			砂岩和凝灰岩混合料		
颗粒组成/%	粒径/mm	来样	试验前	试验后	来样	试验前	试验后	来样	试验前	试验后
	≥200	76.5			18			17.1		
	200~60	23.1			81			63.8		
	60~40	0.2	40	13.5	0.5	40	15.8	6.4	40	18.8
	40~20	0.1	20	31.3	0.1	20	23.9	5.5	20	21.8
	20~10	0	15	16.4	0.1	15	14.5	3.2	15	16.5
	10~5	0	15	14.1	0.1	15	13.9	2.3	15	16.7
	5~2(<5)	(0.1)	3.3	7.6	0.2	2.4	6.3	(1.7)	3.3 (10.0)	10.3
	2~0.5		1.9	3.9		2.2	5.1		1.9	3.9
	0.5~0.25		3.2	9		4.2	14.7		1.4	3.3
	0.25~0.075		(0.1)	(4.2)		(1.2)	(5.8)		1.5	3.6
	0.075~0.005 (<0.075)								(1.9)	(5.1)
	<0.005									
	<0.002									
D_{60}/mm		260	40	23	125	40	19.8	99	40	20.5
D_{30}/mm		22	14	6.8	86.6	14.7	4.17	72	13.5	6.1
D_{10}/mm		105	5	0.34	72.3	5	0.17	29.5	5	0.34
不均匀系数 C_u		2.5	8	67.6	1.7	8	116.5	3.4	8	60.3
曲率系数 C_c		1.77	0.98	5.97	0.83	1.08	5.17	1.78	0.91	5.34
分类定名		B	GP	GP	C_b	GW	GF	C_b	GP	GF
≥5 mm	砾石比重	2.67			2.66			2.65		
	吸着含水率/%	2.1			2.5			3.5		
风干含水率/%		0			1.4			0.7		
控制干密度/(g/cm^3)		2.16			2.14			2.11		
控制孔隙率/%		19.1			2.66			20.4		
相对密度试验	最小干密度/(g/cm^3)	1.43			1.39			1.35		
	最大干密度/(g/cm^3)	2.16			2.14			2.11		
	最大孔隙比	0.867			0.914			0.963		
	最小孔隙比	0.236			0.243			0.256		

续表 5-8

取样位置		2#石料场		
样品组成		弱风化砂岩	强风化和弱风化砂岩混合料	砂岩和凝灰岩混合料
三轴试验	试验方法	饱和固结排水剪(CD)	饱和固结排水剪(CD)	饱和固结排水剪(CD)
	围压范围/kPa	100~400	100~400	100~400
	φ/(°)	40.1	40	38
	c/kPa	174	216.6	98.5
饱和状态压缩系数	$\alpha_{0.1\sim0.2}$/MPa^{-1}	0.02	0.06	0.04
	$\alpha_{0.2\sim0.4}$/MPa^{-1}	0.005	0.035	0.03
渗透系数 k_{20}		4.8×10^{-1}	2.6×10^{-1}	1.7×10^{-3}

表 5-9 官帽舟坝壳料三轴静力试验参数

材料名称	试验类型	φ_0/(°)	$\Delta\varphi$/(°)	R_f	k
砂岩堆石料 砂岩过渡层料	固结排水	41.306	8.908 7	0.79	776.07
		43.003	10.67	0.79	777.68
	固结不排水	41.236	22.766	0.84	1 467.57
		40.172	22.845	0.84	1 299.27
	不固结不排水	37.155	18.468	0.75	835.03
石渣混合料	固结排水	37.216	7.356 3	0.81	754.05
泥岩料(粗)	固结排水	33.08	13.725	0.75	264.67
	固结排水	37.73	21.6	0.79	392.00
泥岩料(细)	固结排水	16.7	1.09	0.79	144.67
材料名称	试验类型	n	k_b	m	k_{ur}
砂岩堆石料 砂岩过渡层料	固结排水	0.223	188.76	0.529 1	2 328.21
		0.253 3	188.28	0.499 4	2 333.04
	固结不排水	0.072 9	6 071.56	1.556 4	4 402.71
		0.063 7	6 033.93	1.698 8	3 897.81
	不固结不排水	0.043 8	190.58	9.048 9	2 505.09
石渣混合料	固结排水	0.308 5	220.90	0.648 4	2 262.15
泥岩料(粗)	固结排水	0.161 7	83.41	0.517 2	794.01
	固结排水	0.51	94.0	0.53	1 176.00
泥岩料(细)	固结排水	0.042 8	111.95	-0.019 5	794.01

注:泥岩料(细)是按风化后粒径 10 mm 以下制样的。

根据坝壳料大三轴试验成果,得出筑坝料非线性应力应变计算参数值(见表 5-10)。

表 5-10 坝壳料静三轴非线性参数(E-ν 模型)

水库	部位	干密度/(g/cm³)	黏聚力 c/MPa	内摩擦角 φ/(°)	模量数 K	模量指数 n	破坏比 R_f
中叶	坝壳料	2.11	0.099	38	394	0.291	0.813
官帽舟	上下游砂岩过渡层料	21.0/21.09	0	41.31/46	776.07/869	0.22/0.27	0.79/0.75
	下游主堆石区(1A 区、2A 区)、上游主堆石区(1B 区、2B 区)	21.0/20.6	0	37.9/48.8	687/987	0.24/0.29	0.73/0.81
	上下游堆石 3A 区、3B 区	21.0/20.6	0	36.5/48.8	504/987	0.25/0.29	0.73/0.81
	上下游石渣开挖料	20.5/20.11	0	33.08/40.0	264.67/447	0.16/0.16	0.75/0.75
	混凝土基座	24	250	54	2 500	0	0
	河床砂卵石料	21.5/21.09	0	35	581.1	0.69	0.9/0.7
	弱风化岩基	26.7	250	33.02	1 500	0.12	0.58
	微风化岩基	26.7	250	34.99	1 800	0.12	0.58

非线性静力有限元分析案例收集了中叶、官帽舟、者岳和老鲁箐 4 座水库的计算成果,分析整理了坝体最大横剖面的计算结果。重点分析了中叶水库和官帽舟水库应力应变计算成果,成果图中顺河向水平位移以指向下游为正,垂直位移以向上为正,单位是 mm。应力以压应力为正,以拉应力为负,单位是 kPa。竣工期是指坝体填筑全部完成,但尚未蓄水;蓄水期是指坝体填筑全部完成,且上游水位达到正常蓄水位。4 座水库坝体和沥青混凝土心墙位移及应力的最大值、最小值等主要成果汇总如表 5-11 所示。

表 5-11 大坝应力分析成果汇总

水库	项目			竣工期	蓄水期
中叶	堆石体位移/mm	顺河向水平位移	向上游	-99	-22
			向下游	133	177
		垂直位移	向下	-605	-621
	堆石体应力/kPa	第一主应力	压应力	1 361	1 379
		第二主应力	压应力	569	580
		第三主应力	压应力	533	554
	沥青混凝土心墙位移/mm	顺河向水平位移	向上游/下游	18.4	131
	沥青混凝土心墙应力/kPa	垂直位移	向下	-602	-618
		第一主应力	压应力	1 340	1 398
		第三主应力	压应力	1 223	1 276
		最大剪应力	压应力	375	350

续表 5-11

<table>
<tr><th>水库</th><th colspan="3">项目</th><th>竣工期</th><th>蓄水期</th></tr>
<tr><td rowspan="12">官帽舟</td><td rowspan="4">堆石体位移/mm</td><td rowspan="2">顺河向水平位移</td><td>向上游</td><td>-482</td><td>-232</td></tr>
<tr><td>向下游</td><td>756</td><td>926</td></tr>
<tr><td>坝轴线向水平位移</td><td>向左岸</td><td>111</td><td>134</td></tr>
<tr><td>垂直位移</td><td>向下</td><td>-1 435.5</td><td>-1 485.9</td></tr>
<tr><td rowspan="3">堆石体应力/kPa</td><td>第一主应力</td><td>压应力</td><td>2 583</td><td>2 655</td></tr>
<tr><td>第二主应力</td><td>压应力</td><td>1 509</td><td>1 992</td></tr>
<tr><td>第三主应力</td><td>压应力</td><td>1 470</td><td>1 355</td></tr>
<tr><td rowspan="2">沥青混凝土心墙位移/mm</td><td rowspan="2">顺河向水平位移</td><td>向上游</td><td>-4.9</td><td>—</td></tr>
<tr><td>向下游</td><td>97.9</td><td>474</td></tr>
<tr><td rowspan="3">沥青混凝土心墙应力/kPa</td><td>第一主应力</td><td>压应力</td><td>2 472</td><td>2 525</td></tr>
<tr><td>第三主应力</td><td>压应力</td><td>1 043</td><td>1 387</td></tr>
<tr><td>偏应力</td><td>压应力</td><td>1 437</td><td>1 163</td></tr>
<tr><td rowspan="11">者岳</td><td rowspan="3">堆石体位移/mm</td><td rowspan="2">顺河向水平位移</td><td>向上游</td><td>-19</td><td>0</td></tr>
<tr><td>向下游</td><td>90</td><td>132</td></tr>
<tr><td>垂直位移</td><td>向下</td><td>-380</td><td>-400</td></tr>
<tr><td rowspan="3">堆石体应力/kPa</td><td>第一主应力</td><td>压应力</td><td>800</td><td>850</td></tr>
<tr><td>第二主应力</td><td>压应力</td><td>450</td><td>500</td></tr>
<tr><td>第三主应力</td><td>压应力</td><td>300</td><td>300</td></tr>
<tr><td rowspan="2">沥青混凝土心墙位移/mm</td><td>顺河向水平位移</td><td>向上游/下游</td><td>70</td><td>120</td></tr>
<tr><td>垂直位移</td><td>向下</td><td>-392</td><td>-416</td></tr>
<tr><td rowspan="3">沥青混凝土心墙应力/kPa</td><td>第一主应力</td><td>压应力</td><td>650</td><td>600</td></tr>
<tr><td>第三主应力</td><td>压应力</td><td>300</td><td>350</td></tr>
<tr><td>最大剪应力</td><td>压应力</td><td>200</td><td>200</td></tr>
<tr><td rowspan="7">老鲁箐</td><td rowspan="2">坝壳位移/mm</td><td rowspan="2">顺河向水平位移</td><td>向上游</td><td>-40</td><td>—</td></tr>
<tr><td>向下游</td><td>140</td><td>260</td></tr>
<tr><td rowspan="3">沥青混凝土心墙位移/mm</td><td rowspan="2">顺河向水平位移</td><td>向上游</td><td>80</td><td>—</td></tr>
<tr><td>向下游</td><td>—</td><td>180</td></tr>
<tr><td>垂直位移</td><td>向下</td><td>-500</td><td>-510</td></tr>
<tr><td rowspan="2">坝体应力/kPa</td><td>大主应力</td><td>压应力</td><td>1 800</td><td>1 600</td></tr>
<tr><td>小主应力</td><td>压应力</td><td>600</td><td>700</td></tr>
</table>

1) 中叶水库成果分析

a. 坝壳结果分析

中叶水库竣工期坝体和沥青混凝土心墙的位移、应力分布如图 5-9 所示。蓄水期坝体和沥青混凝土心墙的位移、应力分布如图 5-10 所示。坝体最大位移发生在心墙下游坝壳内。竣工期,坝体的最大垂直位移为 605 mm,约占最大坝高的 0.84%;顺河向指向上游的最大水平位移为-99 mm,指向下游的最大水平位移为 133 mm。蓄水期,坝体的最大垂直位移为 621 mm,约占最大坝高的 0.87%;顺河向指向下游的最大水平位移为 177 mm。

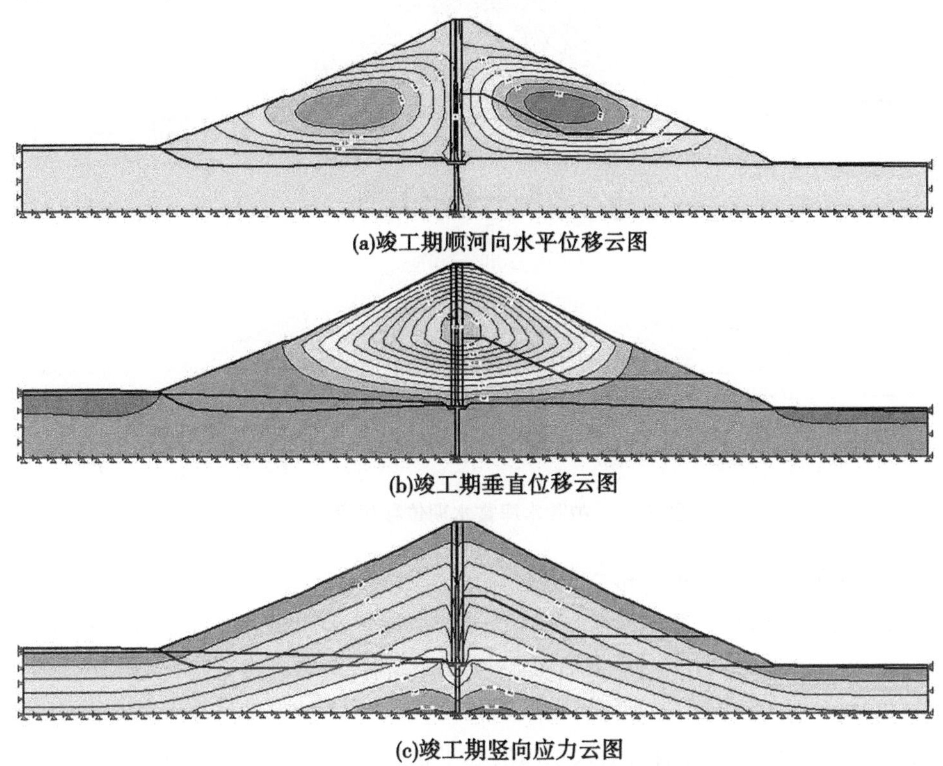

(a)竣工期顺河向水平位移云图

(b)竣工期垂直位移云图

(c)竣工期竖向应力云图

图 5-9　中叶水库竣工期位移和应力云图

从坝体最大横剖面的位移分布来看,竣工期,由于上、下游坝壳的填筑料材料及体积不同,其相应的力学参数差别较显著,致使下游坝壳的顺河向水平位移略大于上游坝壳的顺河向水平位移。蓄水期,在水压力的作用下,坝体向下游位移有所增加,顺河向水平位移稍有增大。

竣工期,坝体的最大第一主应力为 1 361 kPa,最大第二主应力为 569 kPa,最大第三主应力为 533 kPa。蓄水期,坝体的最大第一主应力为 1 379 kPa,最大第二主应力为 580 kPa,最大第三主应力为 554 kPa。坝体最大应力均发生在坝体底部,靠近心墙基座附近。越靠近心墙,第一主应力越大。坝体应力基本上按照坝高分布,且沿沥青混凝土心墙在上下游基本呈对称分布。竣工期坝体各部位的应力水平均较高,坝体内部没有出现明显的剪切破坏区,表明坝体在目前荷载情况下是稳定的。由于沥青混凝土心墙混凝土底座嵌入坝体,该区域采用模量较低的填料较为有利。

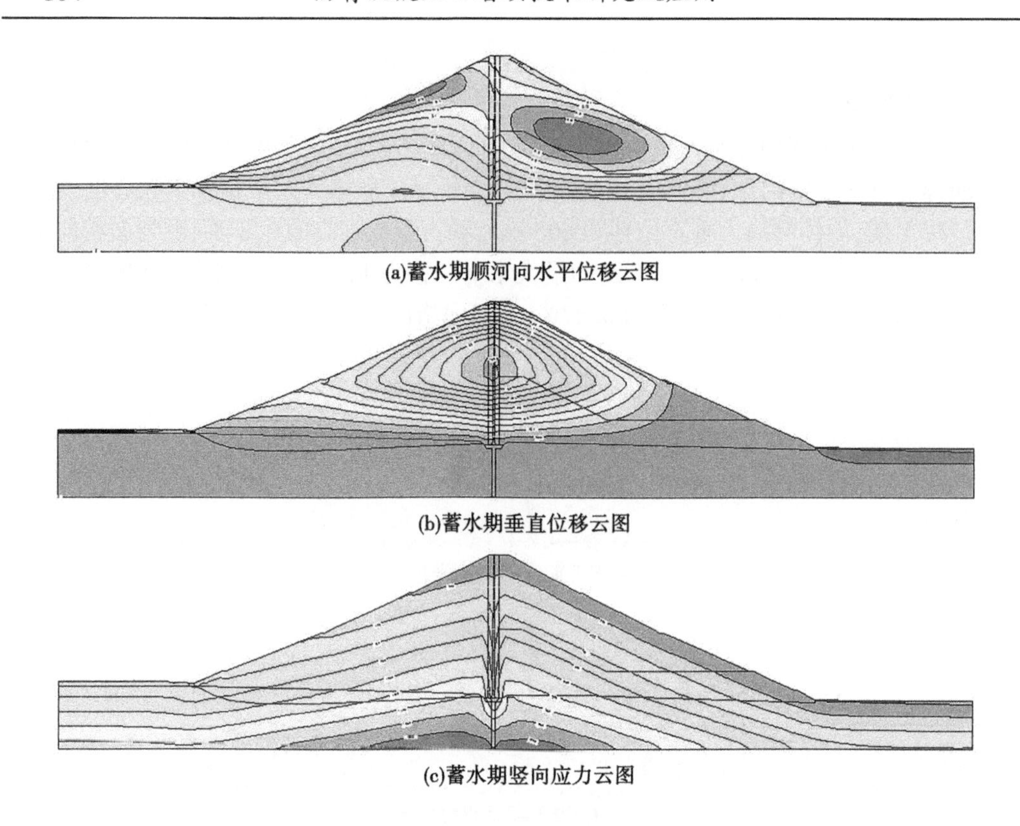

(a)蓄水期顺河向水平位移云图

(b)蓄水期垂直位移云图

(c)蓄水期竖向应力云图

图 5-10　中叶水库蓄水期位移和应力云图

b. 沥青混凝土心墙结果分析

沥青混凝土心墙是一种薄壁柔性结构,本身的变形主要取决于心墙在坝体中所受的约束条件,总是随坝体一起变形,对坝体变形影响较小,但对心墙两侧坝体应力分布有较大影响。

竣工期,沥青混凝土心墙的最大顺河向水平位移为向上游 18. 4 mm;最大第一主应力为 1 340 kPa,最大剪应力为 375 kPa。蓄水期,沥青混凝土心墙的最大顺河向水平位移为向下游 131 mm;最大第一主应力为 1 398 kPa,最大剪应力为 350 kPa。最大应力均小于沥青混凝土的抗压强度,说明沥青混凝土心墙不会被压碎破坏。沥青混凝土心墙基本上都处于受压状态,说明沥青混凝土心墙不会拉裂。

从沥青混凝土心墙的挠度曲线(顺河向水平位移)来看,沥青混凝土心墙在坝体中上部变形较大,且水平位移指向上游,根据坝体横剖面材料分区图可知,下游坝壳料一部分为较软的强、弱风化料,一部分为较硬的弱风化料,心墙受上、下游填料性质的影响,在下游弱风化料填筑高程 1 515. 00 m 以下,心墙及过渡料区域内有应力等值线突变。竣工期,沥青混凝土心墙变形位移主要指向上游,且最大位移出现在高程 1 515. 00 m 以上。水库蓄水后,受水压及坝体填料性质的影响,沥青混凝土心墙沿坝高方向的挠度曲线见图 5-11,呈抛物线趋势,心墙内最大水平位移发生在坝高 2/3 左右的位置,且指向下游。

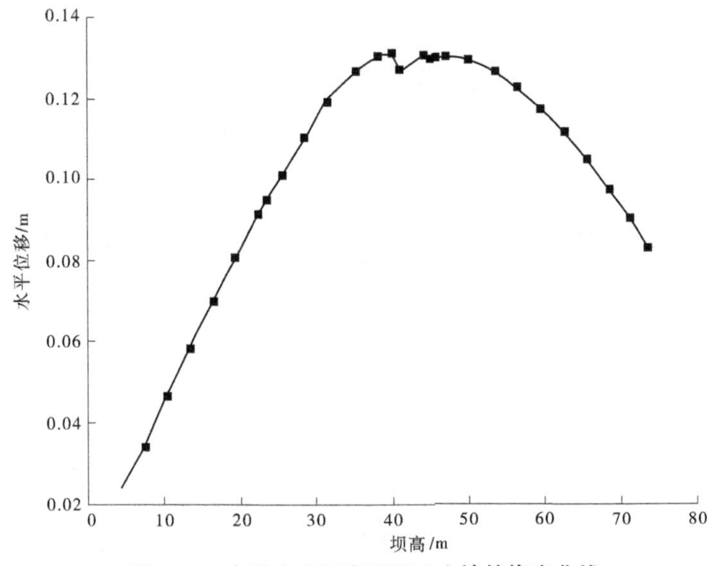

图 5-11　中叶水库沥青混凝土心墙的挠度曲线

2)官帽舟水库成果分析

a. 坝体粗颗粒区(堆石区、泥岩区、石渣混合料区等)结果分析

大坝竣工期和蓄水期(正常蓄水位)坝体和沥青混凝土心墙的位移、应力分布分别如图 5-12~图 5-15 所示。坝体和沥青混凝土心墙位移和应力等主要成果汇总见表 5-11。图 5-12~图 5-15 中顺河向水平位移以指向下游为正,坝轴线向水平位移以指向左岸为正,垂直位移以向上为正,单位均是 mm。应力以压应力为正,以拉应力为负,单位均是 kPa。需要说明的是,这里的竣工期是指坝体填筑全部完成,但尚未蓄水。蓄水期是指坝体填筑全部完成,且上游水位达到正常蓄水位 674.00 m。

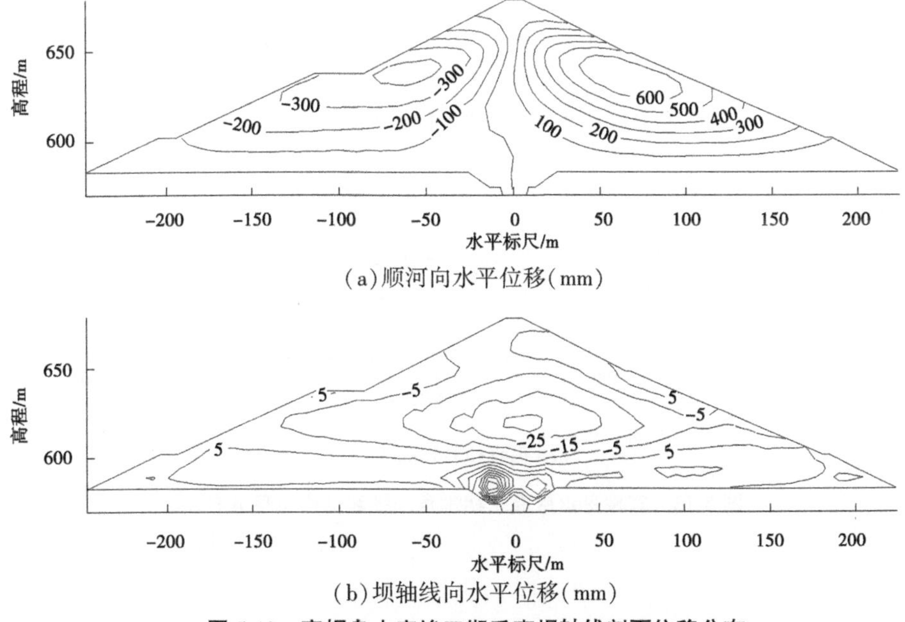

(a)顺河向水平位移(mm)

(b)坝轴线向水平位移(mm)

图 5-12　官帽舟水库竣工期垂直坝轴线剖面位移分布

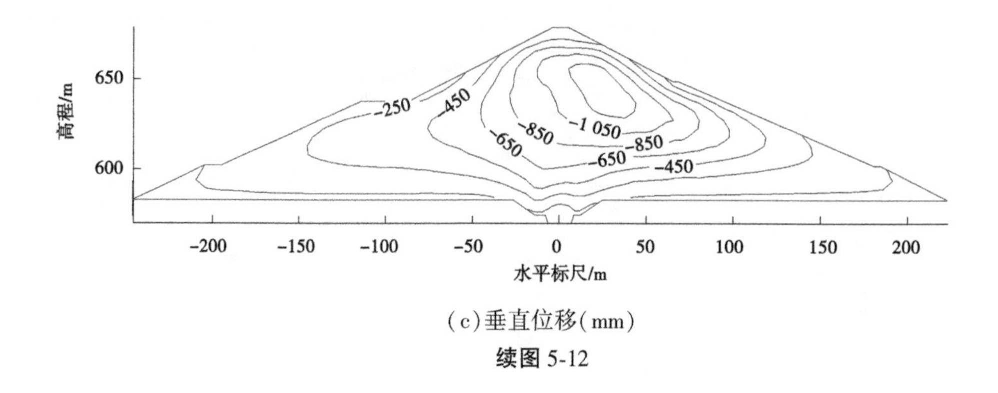

(c)垂直位移(mm)

续图 5-12

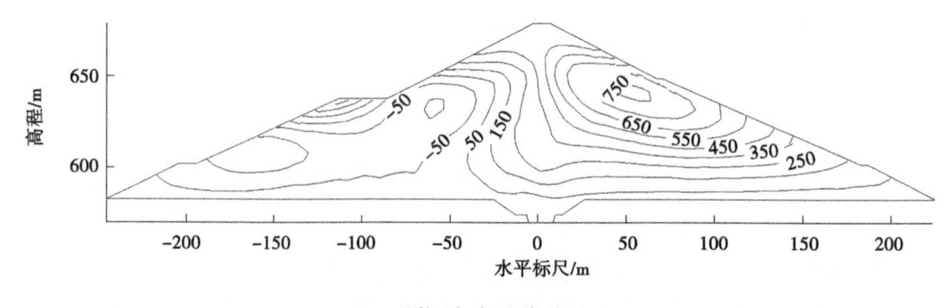

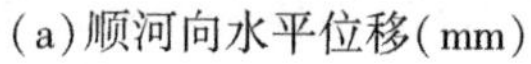

(a)顺河向水平位移(mm)

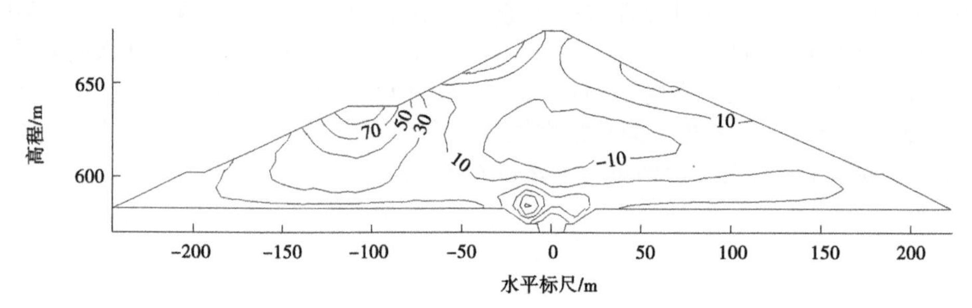

(b)坝轴线向水平位移(mm)

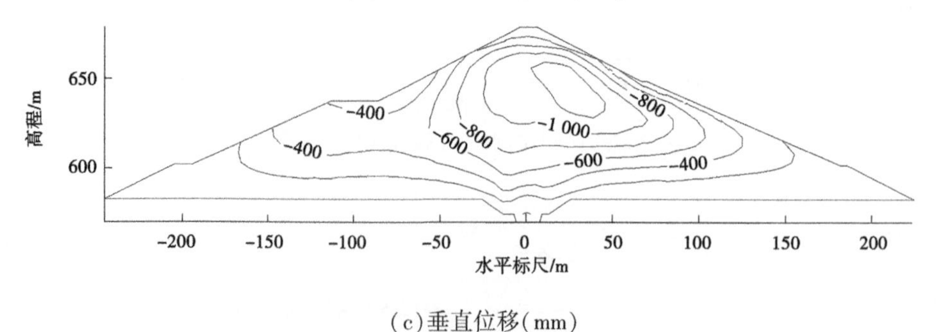

(c)垂直位移(mm)

图 5-13　官帽舟水库蓄水期垂直坝轴线剖面位移分布

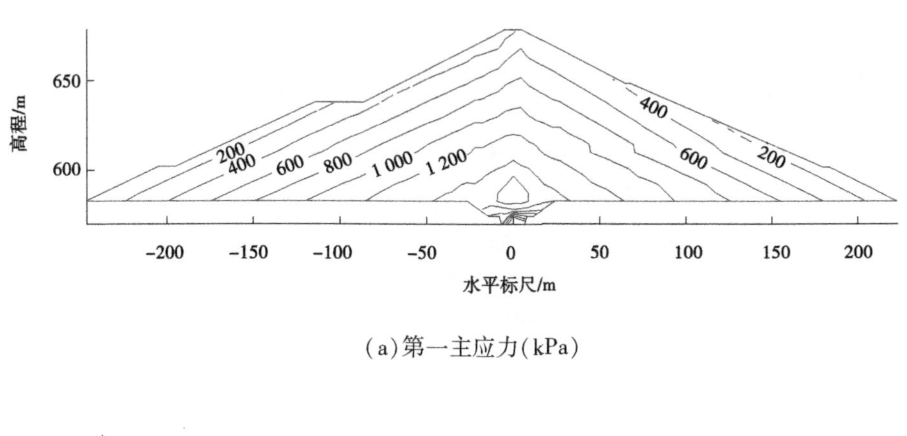

(a)第一主应力(kPa)

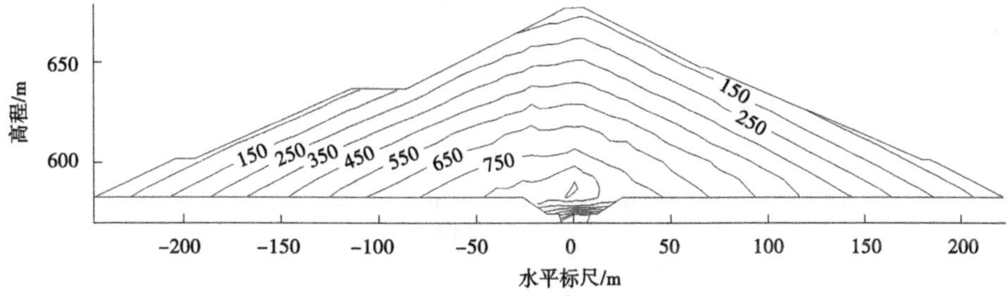

(b)第二主应力(kPa)

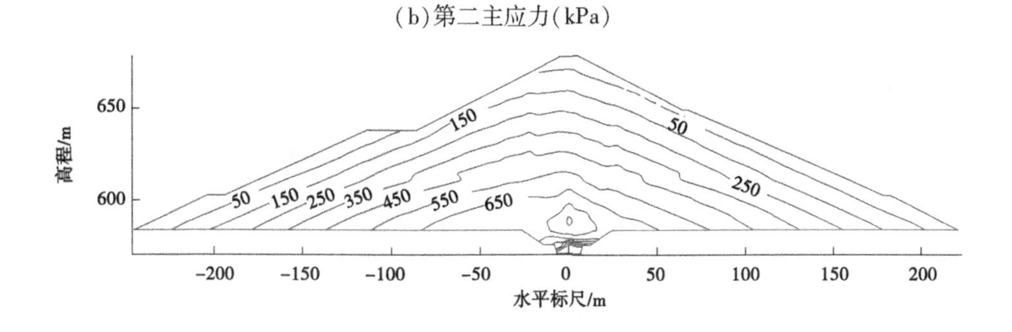

(c)第三主应力(kPa)

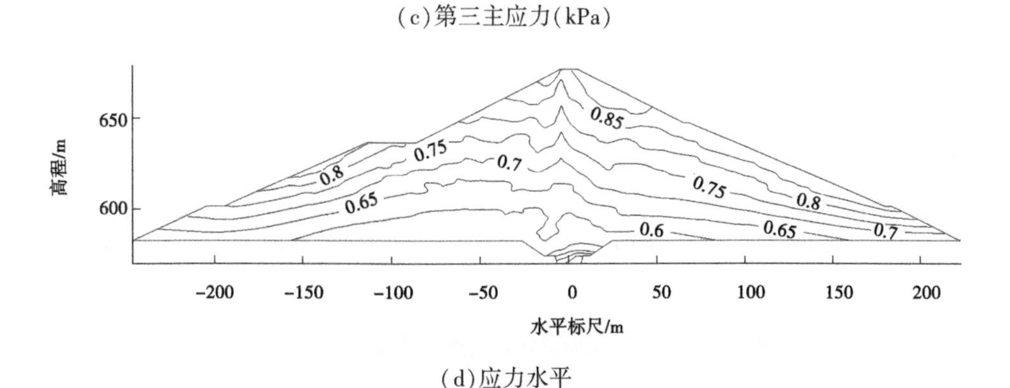

(d)应力水平

图 5-14　官帽舟水库竣工期垂直坝轴线剖面应力分布

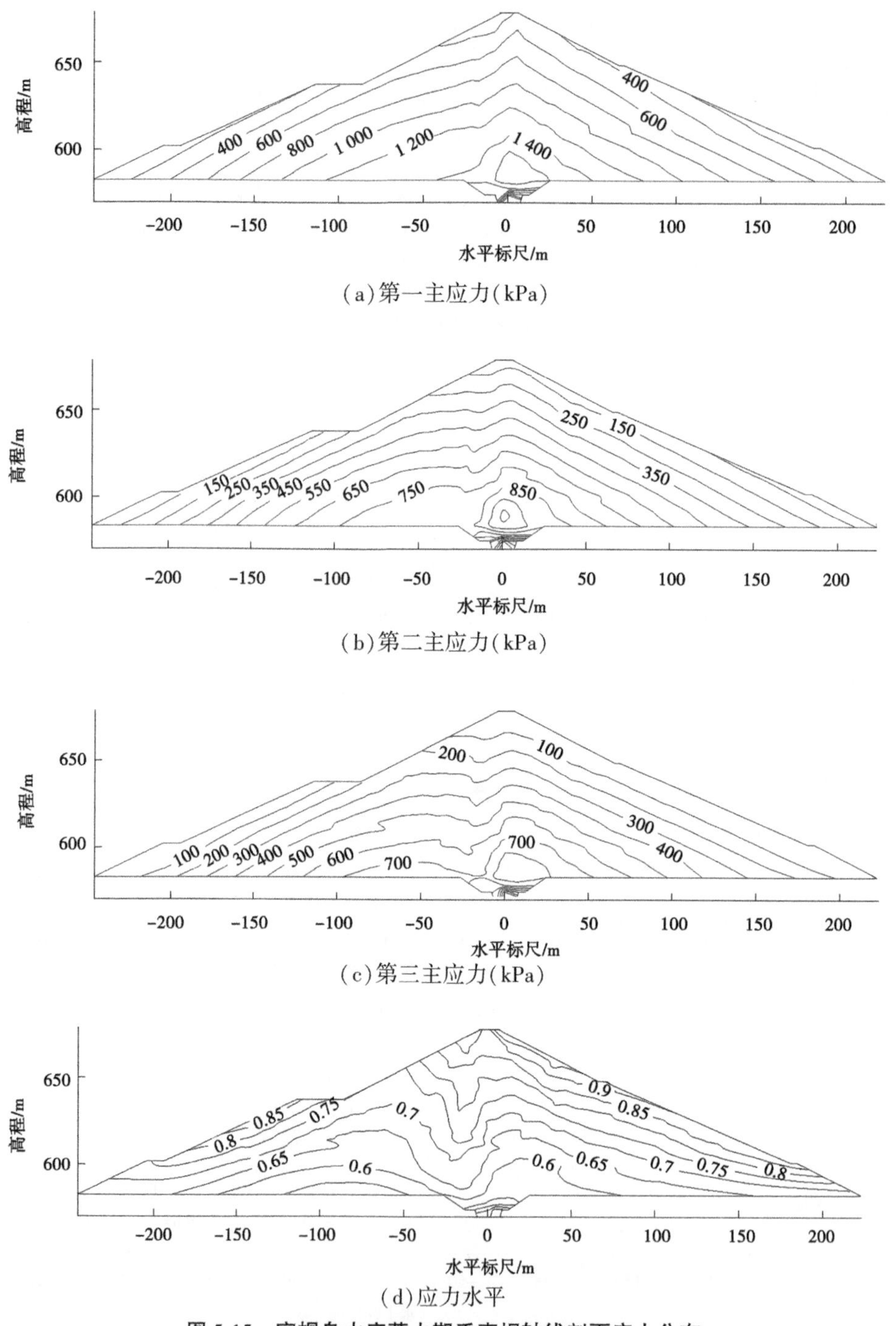

(a)第一主应力(kPa)

(b)第二主应力(kPa)

(c)第三主应力(kPa)

(d)应力水平

图 5-15　官帽舟水库蓄水期垂直坝轴线剖面应力分布

竣工期和蓄水期坝体最大沉降都发生在河床中部靠近坝轴线的下游坝壳内,且高程大约为 654 m 处。竣工期,坝体的最大垂直位移(沉降)为-1 435.5 mm,约占最大坝高的1.41%;顺河向指向上游的最大水平位移为-482 mm,指向下游的最大水平位移为 756

mm;沿坝轴线方向的最大水平位移为 111 mm,方向指向左岸,这主要是由于河谷的轻微不对称引起的。蓄水期,坝体的最大垂直位移(沉降)为-1 485.9 mm,约占最大坝高的 1.36%;顺河向指向上游的最大水平位移为-232 mm,指向下游的最大水平位移为 926 mm;沿坝轴线方向的最大水平位移为 134 mm,方向指向左岸。

从坝体最大横剖面的位移分布来看,竣工期由于上、下游坝壳的填筑料不同,其相应的力学参数差别较显著,致使下游坝壳的顺河向水平位移略大于上游坝壳的顺河向水平位移。蓄水期在水压力的作用下,坝体整体向下游位移,顺河向水平位移明显增大。

竣工期坝体的最大第一主应力为 2 583 kPa,最大第二主应力为 1 509 kPa,最大第三主应力为 1 470 kPa;蓄水期坝体的最大第一主应力为 2 655 kPa,最大第二主应力为 1 992 kPa,最大第三主应力为 1 355 kPa。坝体最大应力均发生在坝体底部附近,越靠近坝轴线,第一主应力越大。蓄水期由于水压力的作用,上游堆石体在浮托力的作用下单元应力小于竣工期的相应单元应力,下游堆石体的单元应力大于竣工期的相应单元应力,总体上应力的变化不大。坝体应力基本上按照坝高分布,且沿沥青混凝土心墙在上、下游基本呈对称分布。竣工期坝体的应力水平最大值约为 0.90;蓄水期坝体的应力水平最大值约为 0.95。从应力水平分布来看,竣工期和蓄水期坝体各部位的应力水平均较高,坝体内部没有出现明显的剪切破坏区,表明坝体在目前荷载情况下是稳定的。

由于沥青心墙混凝土底座嵌入坝体,因此混凝土底座周围的坝体局部出现应力集中现象。该区域采用模量较低的填料较为有利。

b. 沥青混凝土心墙结果分析

沥青混凝土心墙作为一种薄壁柔性结构,自身的变形主要取决于心墙在坝体中所受的约束条件,受坝体变形影响,但是对坝体变形影响较小,对心墙两侧坝体应力分布影响较大。

竣工期沥青混凝土心墙的最大顺河向水平位移为向上游-4.9 mm,向下游 97.9 mm;最大第一主应力为 2 480 kPa,最大偏应力为 1 437 kPa,最大垂直正应力为 2 472 kPa。蓄水期沥青混凝土心墙的最大顺河向水平位移为向下游 474 mm;最大第一主应力为 2 550 kPa,最大偏应力为 1 163 kPa,最大垂直正应力为 2 525 Pa。蓄水期由于水压力的作用最大主应力值变大。最大偏应力均小于沥青混凝土的抗压强度(2.54 MPa),说明沥青混凝土心墙不会压碎破坏。竣工期和蓄水期沥青混凝土心墙基本上都处于受压状态,仅在左、右岸顶部出现小范围的拉应力区,拉应力最大值为 258 kPa,小于静拉强度-470 kPa,说明沥青混凝土心墙不会拉裂。

沥青混凝土心墙的挠度曲线显示竣工期沥青混凝土心墙在高程 600~660 m 变形较大,且水平位移指向下游,这是因为坝体横剖面材料分区在高程 602~660 m,下游坝壳料主要为相对较软的泥岩料,从而形成了上游相对较硬的坝壳料对下游较软坝壳料的挤压趋势,随着坝体填筑高度的增加,沥青混凝土心墙向下游的水平位移增大;蓄水期在水压力的作用下,沥青混凝土心墙向下游的水平位移较大,且位移值随着坝体高度的增加而不断增大。

从坝轴线剖面的沥青混凝土心墙上游侧第一主应力和垂直正应力的分布来看,两者分布规律一致,大小基本相同,说明沥青混凝土心墙的第一主应力主要由自重产生。

竣工期及蓄水期沥青混凝土心墙的位移分布、第一主应力分布、上游侧垂直正应力等值线及其他相关图见图 5-16~图 5-26。

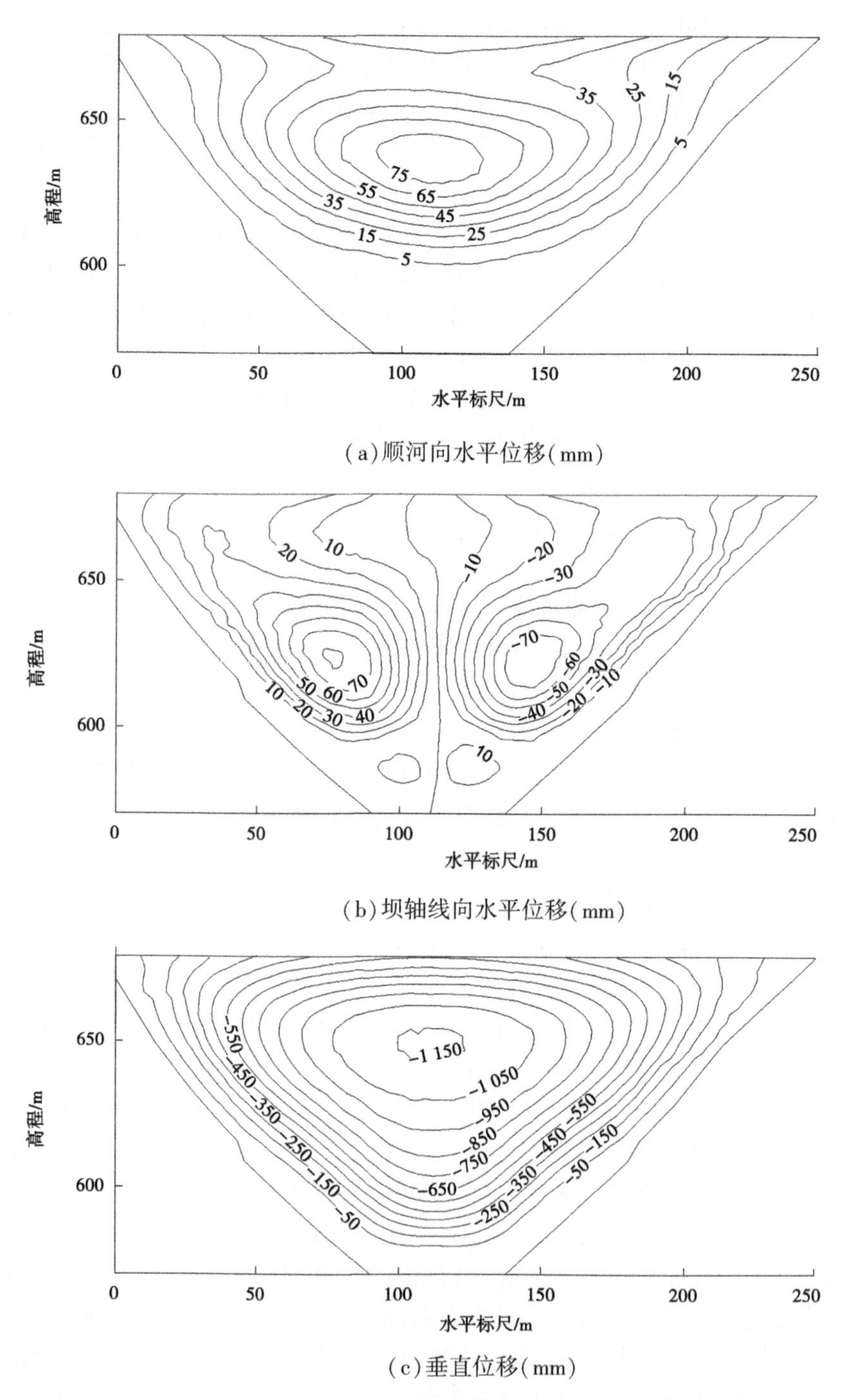

(a)顺河向水平位移(mm)

(b)坝轴线向水平位移(mm)

(c)垂直位移(mm)

图 5-16　竣工期沥青混凝土心墙的位移分布

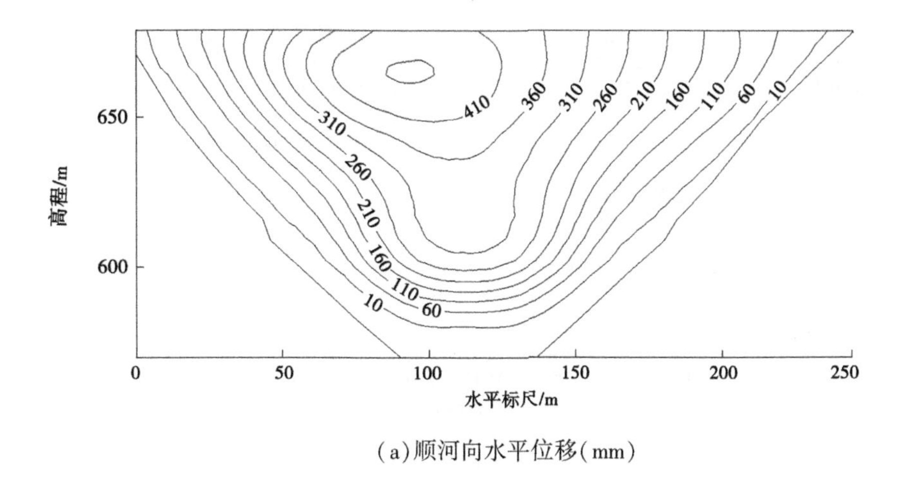

(a)顺河向水平位移(mm)

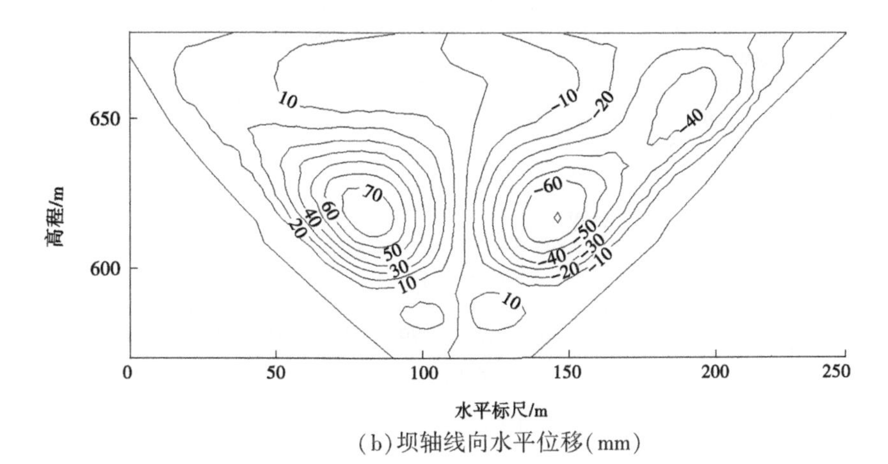

(b)坝轴线向水平位移(mm)

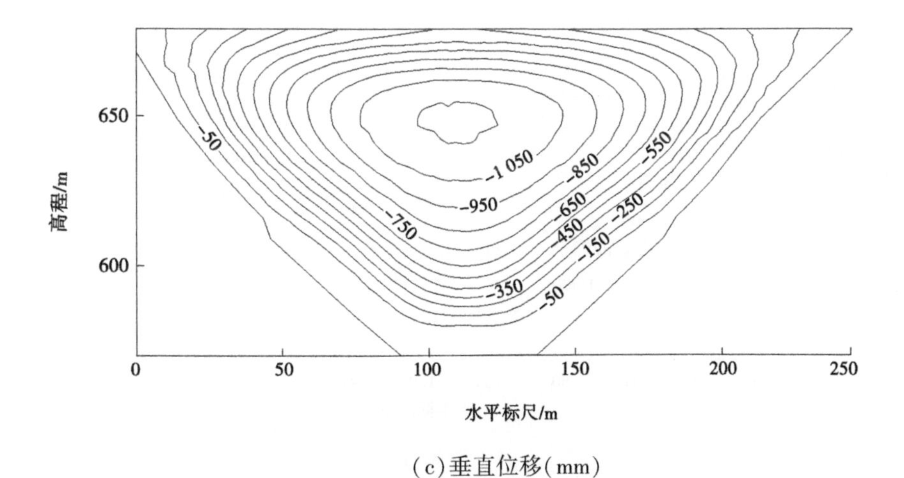

(c)垂直位移(mm)

图 5-17　蓄水期沥青混凝土心墙的位移分布

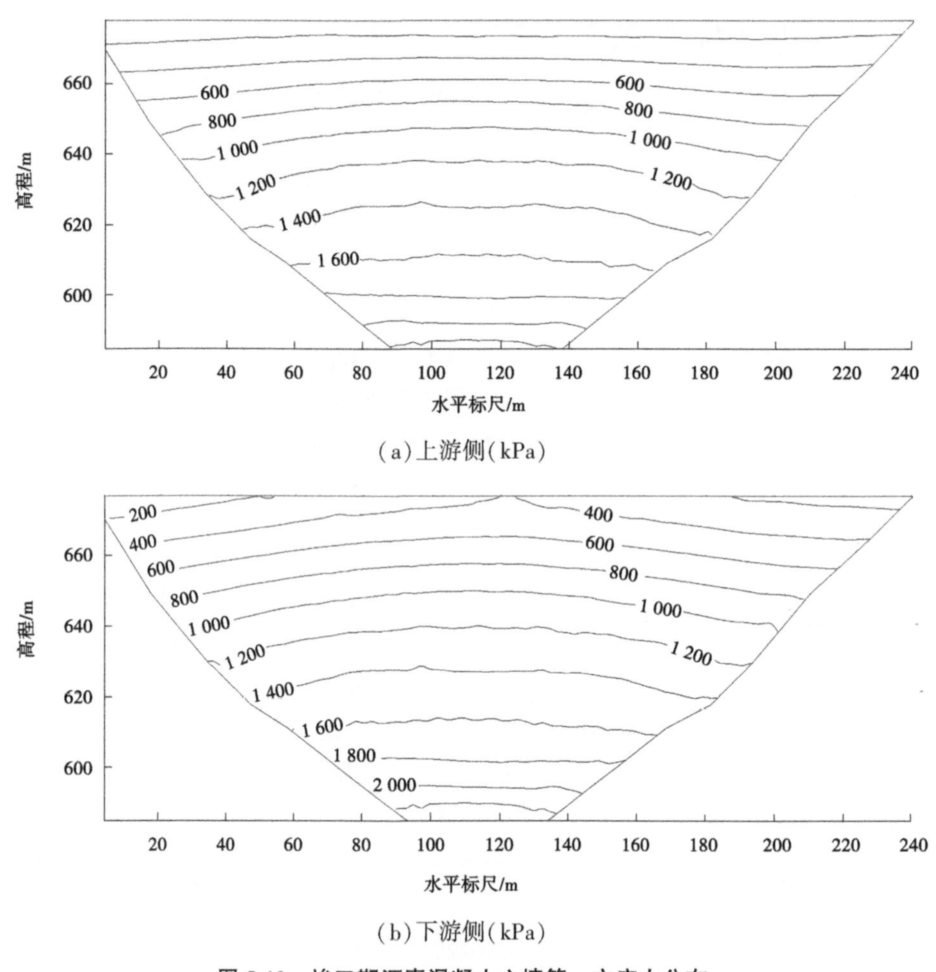

(a)上游侧(kPa)

(b)下游侧(kPa)

图 5-18　竣工期沥青混凝土心墙第一主应力分布

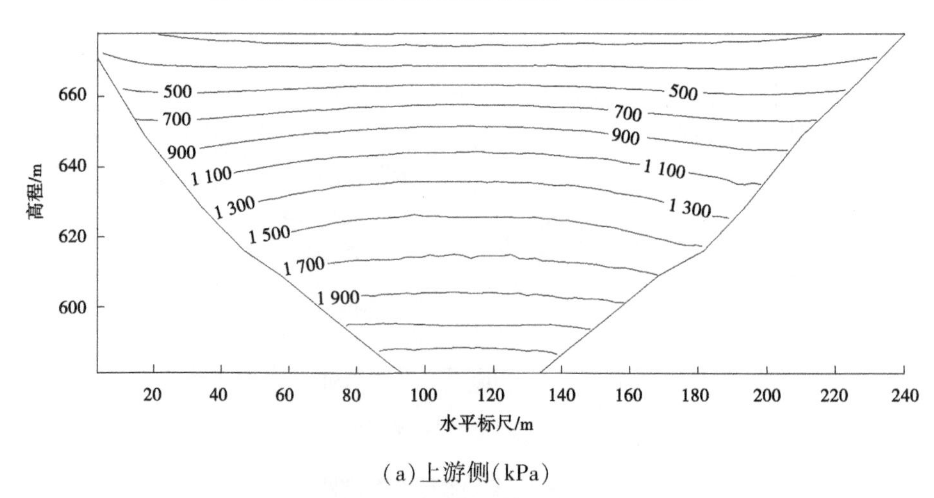

(a)上游侧(kPa)

图 5-19　蓄水期沥青混凝土心墙第一主应力分布

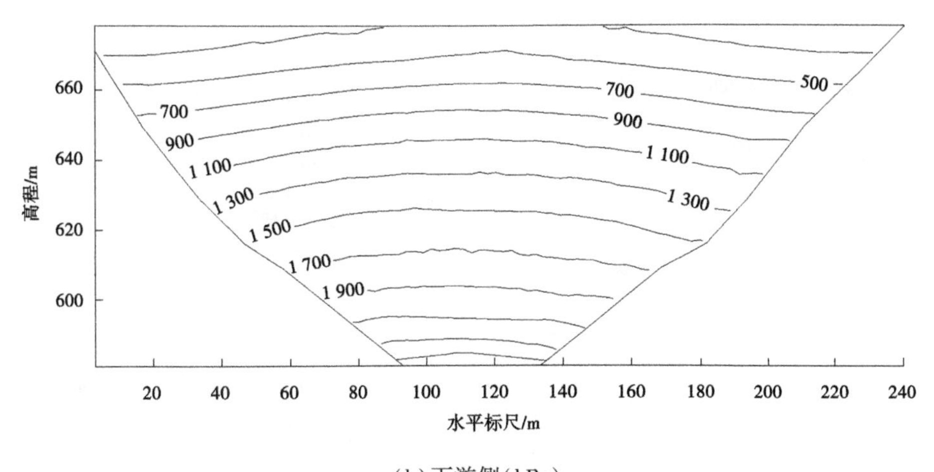

(b)下游侧(kPa)

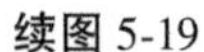

续图 5-19

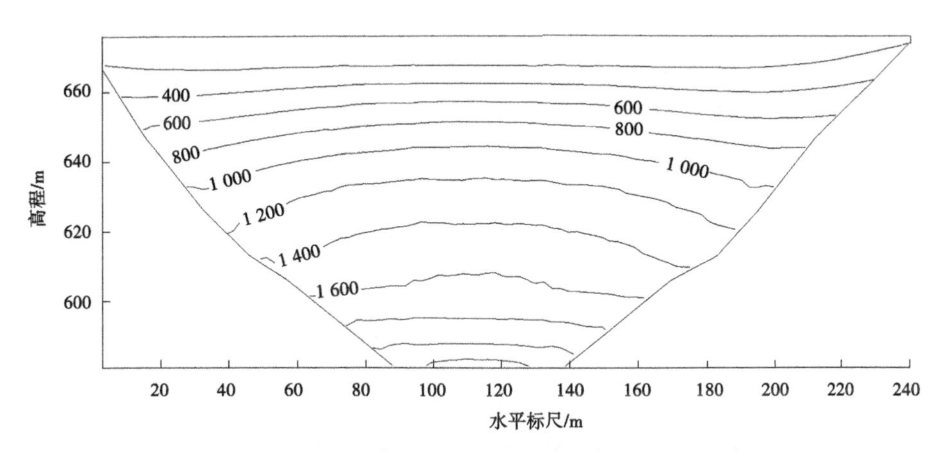

图 5-20　竣工期沥青混凝土心墙上游侧垂直正应力等值线图(kPa)

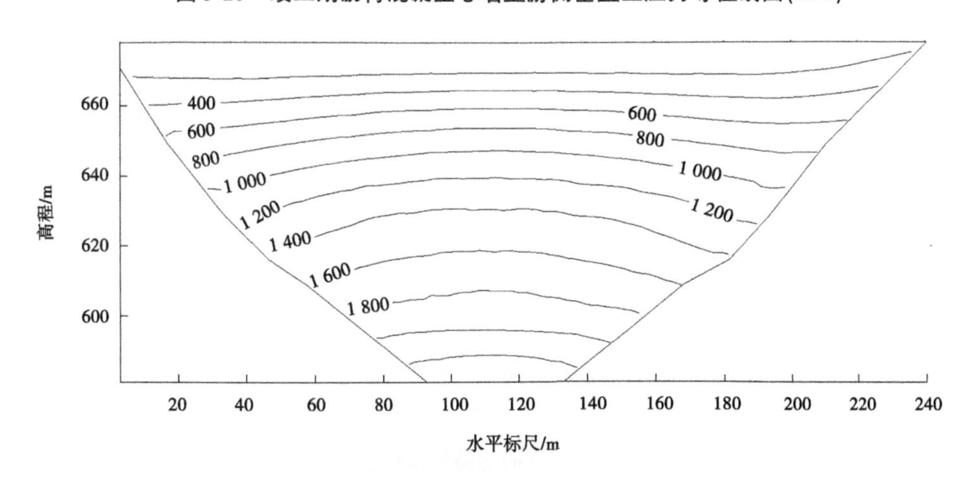

图 5-21　蓄水期沥青混凝土心墙上游侧垂直正应力等值线图(kPa)

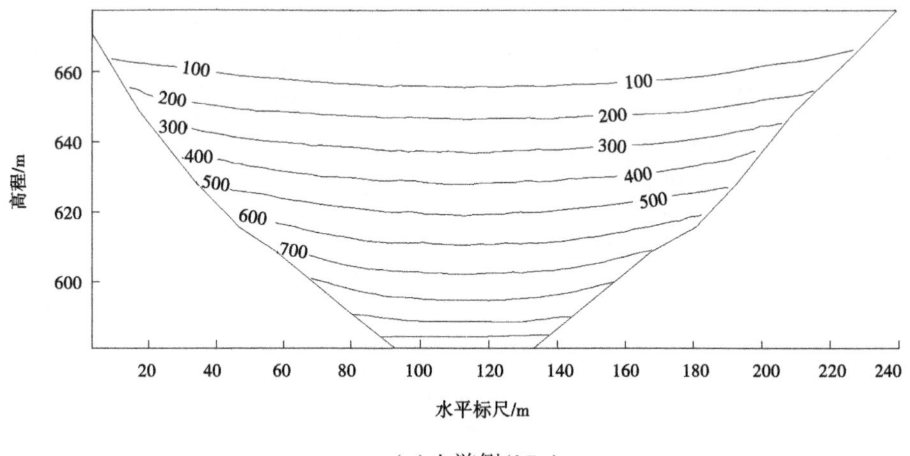

(a) 上游侧(kPa)

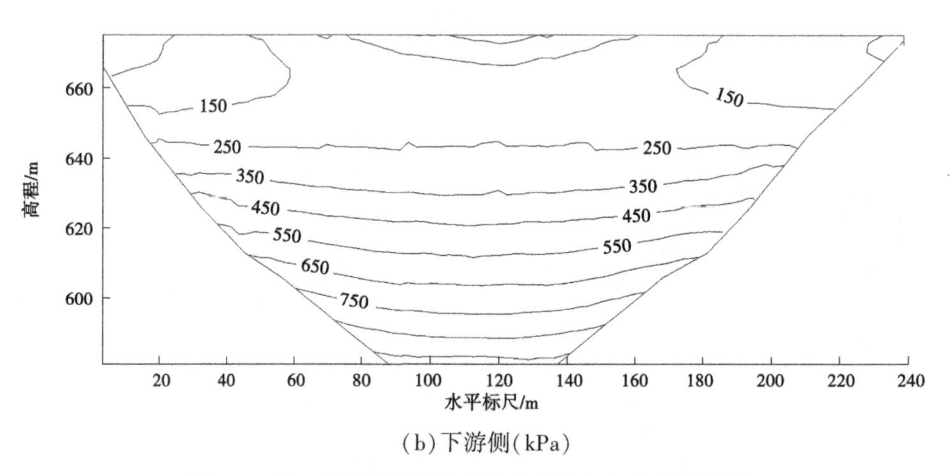

(b) 下游侧(kPa)

图 5-22　竣工期沥青混凝土心墙顺河向正应力等值线图

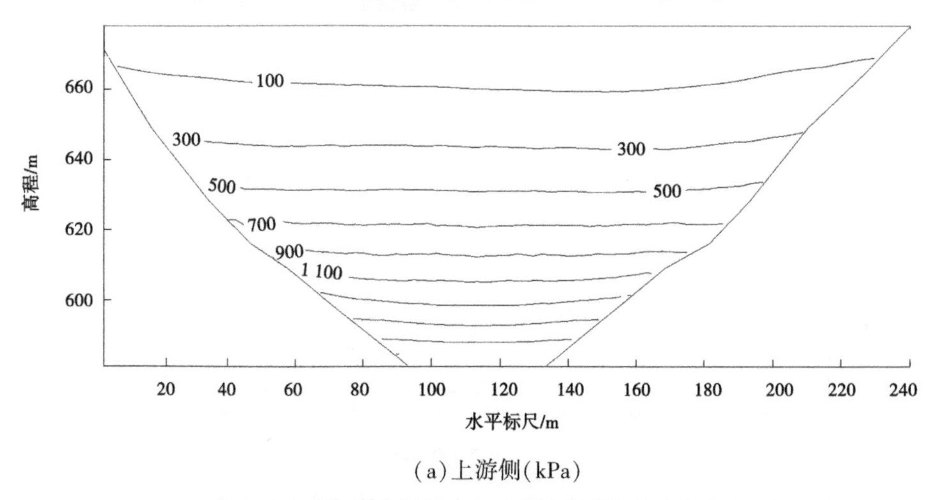

(a) 上游侧(kPa)

图 5-23　蓄水期沥青混凝土心墙顺河向正应力等值线图

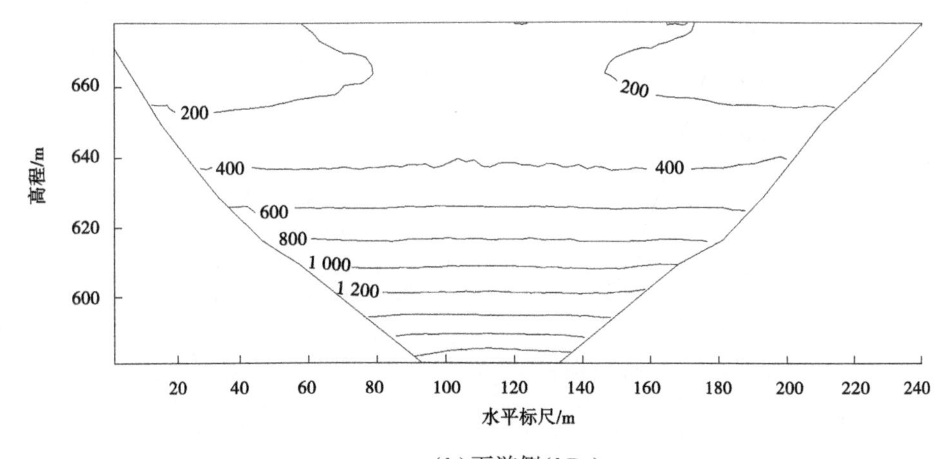

(b)下游侧(kPa)

续图 5-23

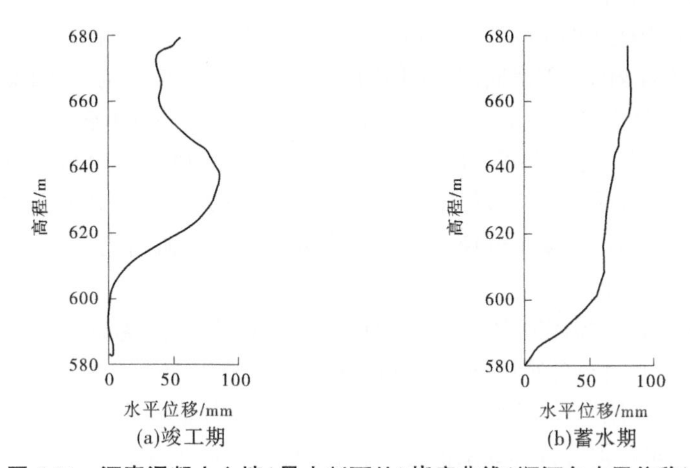

图 5-24　沥青混凝土心墙(最大剖面处)挠度曲线(顺河向水平位移)

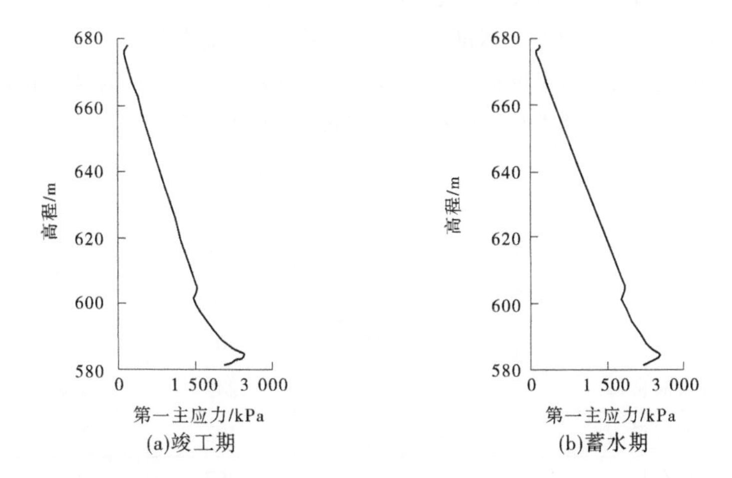

图 5-25　沥青混凝土心墙(最大剖面处)上游侧第一主应力分布

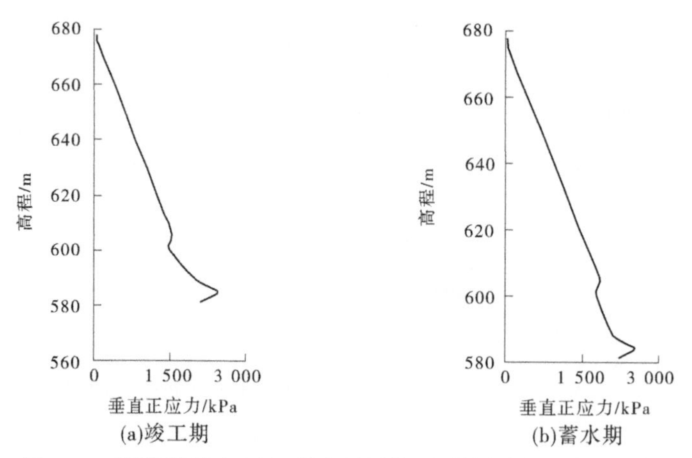

图 5-26　沥青混凝土心墙(最大剖面处)上游侧垂直正应力分布

c. 混凝土底座结果分析

竣工期,混凝土底座的最大第一主应力为 8 668 kPa,最大第二主应力为 7 967 kPa,最大第三主应力为 7 834 kPa。蓄水期,混凝土底座的最大第一主应力为 9 294 kPa,最大第二主应力为 8 023 kPa,最大第三主应力为 7 999 kPa。总体来看,混凝土底座内的压应力不大。

对于第三主应力,混凝土底座内存在拉应力,数值为 100～200 kPa,其中在高程 609 m 左右的底座变截面附近出现应力集中,竣工期最大拉应力为 387 kPa,蓄水期最大拉应力为 424 kPa。总体来看,混凝土底座内拉应力主要出现在变截面处,拉应力值均不大。

3) 参数敏感性分析

官帽舟水库在进行坝体应力应变分析时,研究了不同坝料参数对坝体工作性态的影响,对施工筑坝控制参数进行敏感性分析,即将坝料邓肯-张模型的主要参数 K 和 K_b 分别增大 10%和减小 10%作对比计算,计算参数如表 5-12 所示,坝体混凝土、沥青混凝土心墙等位移和应力的最大值、最小值等计算成果汇总如表 5-13、表 5-14 所示。计算结果表明,坝料参数降低,堆石体的整体力学性能相对较差,弹性模量系数偏低。因此,坝体的整体变形较大,导致沥青混凝土心墙的变形增加。以沥青混凝土心墙最大挠度为例,在参数增大 10%和参数减小 10% 两种情况下,蓄水期沥青混凝土心墙的最大挠度分别为 428 mm 和 529 mm。

表 5-12　敏感性分析采用的坝料主要参数

材料类型		参数增大 10%		参数减小 10%	
		K	K_b	K	K_b
沥青混凝土配合比编号	7	485	2 356	397	1 928
	21	400	1 701	328	1 391
过渡料		856	207	700	169
石渣混合料		829	243	679	199
泥岩料		431	103	353	85
堆石料		856	207	700	169
砂岩堆石料		854	208	698	170

表 5-13　三维计算分析结果汇总(参数增大 10%)

项目			竣工期	蓄水期
堆石体位移/mm	顺河向水平位移	向上游	-453	-200
		向下游	692	845
	坝轴线向水平位移	向左岸	97	120
	垂直位移	向下	-1 389	-1 347
堆石体应力/kPa	第一主应力	压应力	2 624	2 784
	第二主应力	压应力	1 535	1 600
	第三主应力	压应力	1 493	1 559
沥青混凝土心墙位移/mm	顺河向水平位移	向上游	-5	—
		向下游	91	428
沥青混凝土心墙应力/kPa	第一主应力	压应力	2 666	2 867
	第三主应力	压应力	1 122	1 514
	偏应力	压应力	1 544	1 353
	垂直正应力	压应力	2 665	2 844
		拉应力	—	—
混凝土底座应力/kPa	第一主应力	压应力	11 191	11 203
	第三主应力	拉应力	425	446

表 5-14　三维计算分析结果汇总(参数减小 10%)

项目			竣工期	蓄水期
堆石体位移/mm	顺河向水平位移	向上游	-534	-270
		向下游	845	1 018
	坝轴线向水平位移	向左岸	122	153
	垂直位移	向下	-1 709	-1 657
堆石体应力/kPa	第一主应力	压应力	2 567	2 724
	第二主应力	压应力	1 500	1 563
	第三主应力	压应力	1 460	1 523
沥青混凝土心墙位移/mm	水平顺河向位移	向上游	-5.5	—
		向下游	106	529
沥青混凝土心墙应力/kPa	第一主应力	压应力	2 361	2 512
	第三主应力	压应力	1 004	1 287
	偏应力	压应力	1 357	1 225
	垂直正应力	压应力	2 360	2 508
		拉应力	—	—
混凝土底座应力/kPa	第一主应力	压应力	7 598	8 021
	第三主应力	拉应力	367	389

通过对比分析可以发现,坝料的力学参数对整个坝体的变形特性有较大的影响。坝体填料的密实度提高,其模量系数较大,则坝体变形较小,沥青混凝土心墙的变形和应力也随之减小。因此,提高坝体的密实度是有利的。

2. 非线性动力有限元案例分析

动力计算分析采用等效非线性黏弹性模型,即假定坝体堆石料为黏弹性体,采用等效剪切模量和等效阻尼比这两个参数来反映土的动应力应变关系的两个基本特征:非线性和滞后性,并表示为剪切模量和阻尼比与动剪应变幅的关系。这种模型的关键是要确定最大动剪切模量 G_{max} 与平均有效应力 σ_0'的关系,以及动剪切模量与动阻尼比的关系。

官帽舟水电站坝址按 50 a 超越概率为 10%的地震基本烈度为 7.7 度,基岩水平峰值加速度值均为 162 cm/s^2,其基岩三向正交的加速度时程图见图 5-27。根据图 5-27 的规律,周期 30 s 不变,按照基岩水平峰值加速度值 0.2g 放大系数模拟设计烈度 8 度的三向正交的加速度时程图(见图 5-28),其垂直向输入地震动加速度曲线取水平向的 2/3。坝体的动力反应计算考虑正常蓄水位+地震的工况,其计算工况见表 5-15,分别计算基本烈度 7.7 度和设计烈度 8 度的地震工况。

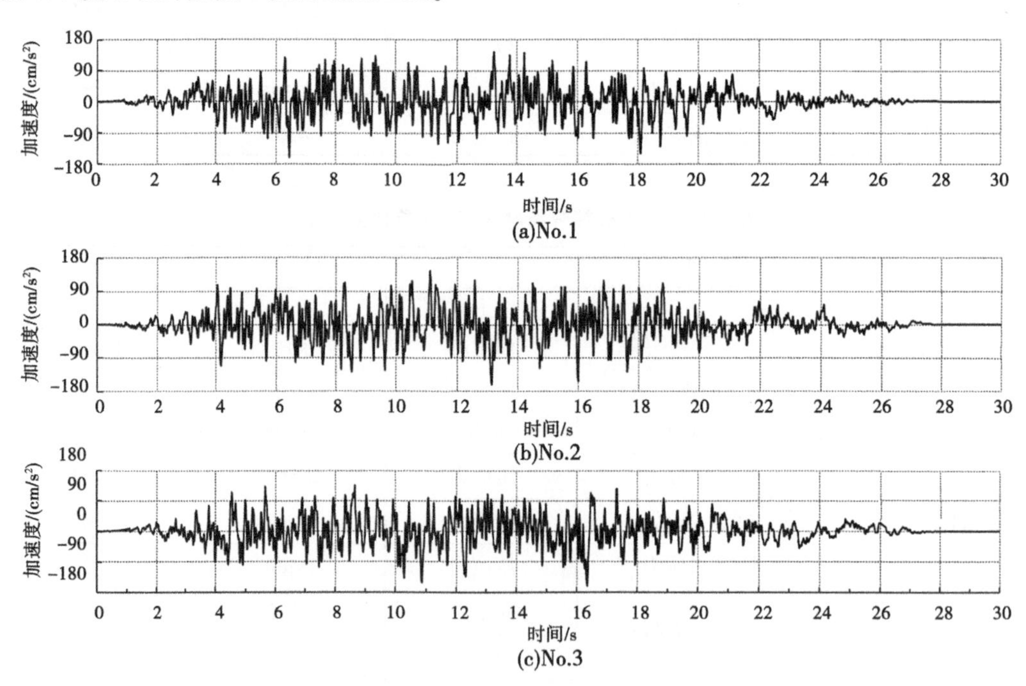

图 5-27 坝址基岩场地 P_{50} = 10%加速度时程图(基本烈度为 7.7 度)

为了分析下游坝坡的抗震稳定性,采用拟静力法计算其抗滑稳定安全系数。计算参数分别采用线性和非线性(邓肯-张模型)两种强度指标,下游坝坡抗滑稳定计算工况见表 5-16。

三维动力计算的有限元网格与静力计算一致。首先进行静力分析,并将水库水位蓄至正常蓄水位,以获得地震前坝体的静应力状态;随后施加地震荷载,进行地震反应分析。

计算的时间步长为 0.02 s。

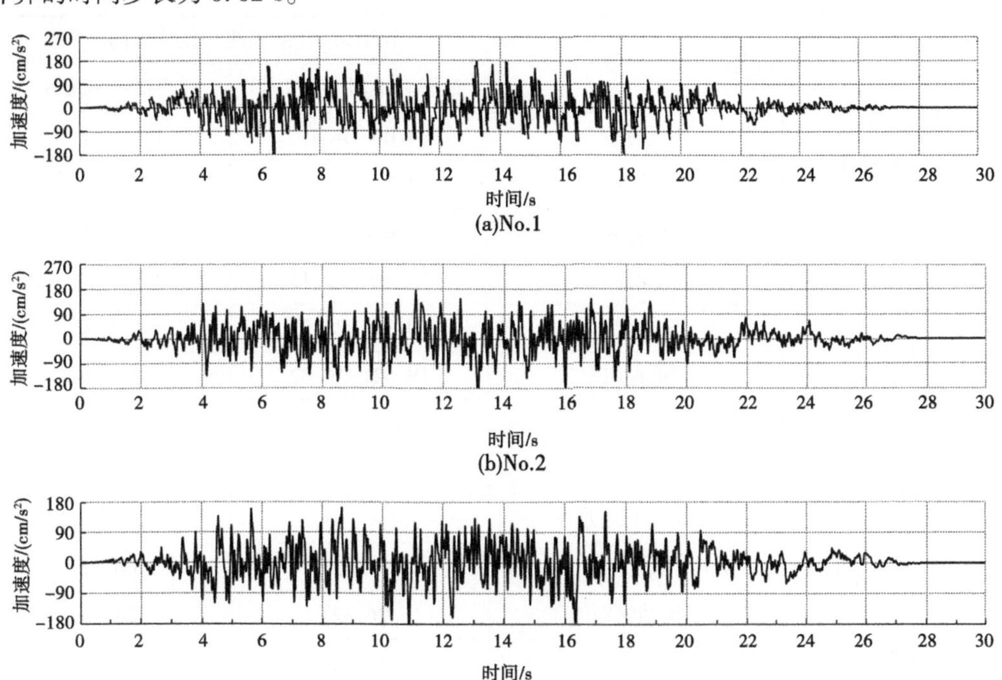

图 5-28　坝址基岩场地模拟加速度时程图(设计烈度为 8 度)

表 5-15　三维动力有限元分析工况

烈度/度	峰值加速度/(cm/s²)	
	水平	垂直
7.7(基础)	162	108
8(设计)	200	133

表 5-16　坝坡抗滑稳定计算工况

计算坝坡	地震峰值加速度 g	下游水位/m
下游坝坡	0.162	582.73
下游坝坡	0.200	582.73
下游坝坡	0.100	582.73

在进行地震反应分析时,分别以基本烈度 7.7 度和设计地震烈度 8 度为动力进行分析。位移以顺坐标轴方向为正,逆坐标轴方向为负,单位是 mm;应力以压应力为正、拉应力为负,单位是 kPa。

1)地震反应主要特征量

表 5-17 显示了地震反应的主要特征量,包括堆石体加速度、位移、应力,沥青混凝土心墙应力、混凝土底座应力、地震永久变形、最大剪应力等。

表 5-17　三维有限元动力计算分析结果汇总

项目名称		计算结果(含地震两个相反方向结果)	
		地震基本烈度 7.7 度	地震设计烈度 8 度
堆石体最大加速度/(m/s^2)	顺河向	4.06/-4.05	4.14/-4.06
	坝轴线向	3.20/-3.15	3.59/-3.57
	垂直向	2.62/-2.60	2.66/-2.65
堆石体最大位移/mm	顺河向	51.42/-50.46	60.13/-54.62
	坝轴线向	30.31/-29.52	37.18/-31.23
	垂直向	19.52/-16.02	22.03/-20.34
堆石体应力/kPa	第一主应力	353/-359	430/-425
	第二主应力	121/-151	138/-182
	第三主应力	109/-140	133/-168
沥青混凝土心墙最大位移/mm	顺河向	47.42	60.01
	坝轴线向	26.32	28.45
	垂直向	15.24	19.12
沥青混凝土心墙应力/kPa	第一主应力	513/-320	676/-407
	第二主应力	195/-205	246/-249
	第三主应力	133/-181	168/-223
沥青心墙混凝土基座/kPa	第一主应力	371/-382	480/-498
	第三主应力	173/-185	188/-194
沥青混凝土心墙地震永久变形/mm	顺河向(下游/上游)	103.14/-102.45	127/-125
	坝轴线向(左岸/右岸)	31.10/-28.45	38.32/-36.67
	垂直向(沉降)	-201.93	-249.71
沥青混凝土心墙最大剪应力/kPa		318	356

2)加速度反应

坝体的第一自振周期为 0.47 s,坝体加速度反应在顺河向、坝轴线向(横河向)和垂直向均较为强烈,且在河床最深部位,最大横剖面的坝顶附近最大,坝体下游坡的加速度大于上游坡的加速度。由于三向输入地震加速度曲线,7.7 度的水平向峰值加速度为 162 cm/s^2,8 度的水平向峰值加速度为 200 cm/s^2,加之河谷较窄,坝高较大,所以顺河向的加速度最大,垂直向的加速度较大,坝轴线向的加速度最小。

a. 堆石体

在 7.7 度地震作用下，堆石体顺河向的最大绝对加速度最大值为 4.06 m/s²，放大倍数为 2.20，发生在河床最深处最大横剖面的坝顶附近；坝轴线向的最大绝对加速度最大值为 3.20 m/s²，放大倍数为 1.98，发生在最大横剖面的坝顶附近；垂直向的最大绝对加速度最大值为 2.62 m/s²，放大倍数为 1.63，发生在最大横剖面的坝顶附近（见图 5-29～图 5-31）。

在 8 度地震作用下，堆石体顺河向的最大绝对加速度最大值为 4.14 m/s²，放大倍数为 2.07，发生在河床最深处最大横剖面的坝顶附近；坝轴线向的最大绝对加速度最大值为 3.59 m/s²，放大倍数为 1.80，发生在最大横剖面且高程为 635 m 的下游坝坡附近；垂直向的最大绝对加速度最大值为 2.66 m/s²，放大倍数为 2.0，发生在最大横剖面且高程为 660 m 的下游坝坡附近（图 5-32～图 5-34）。

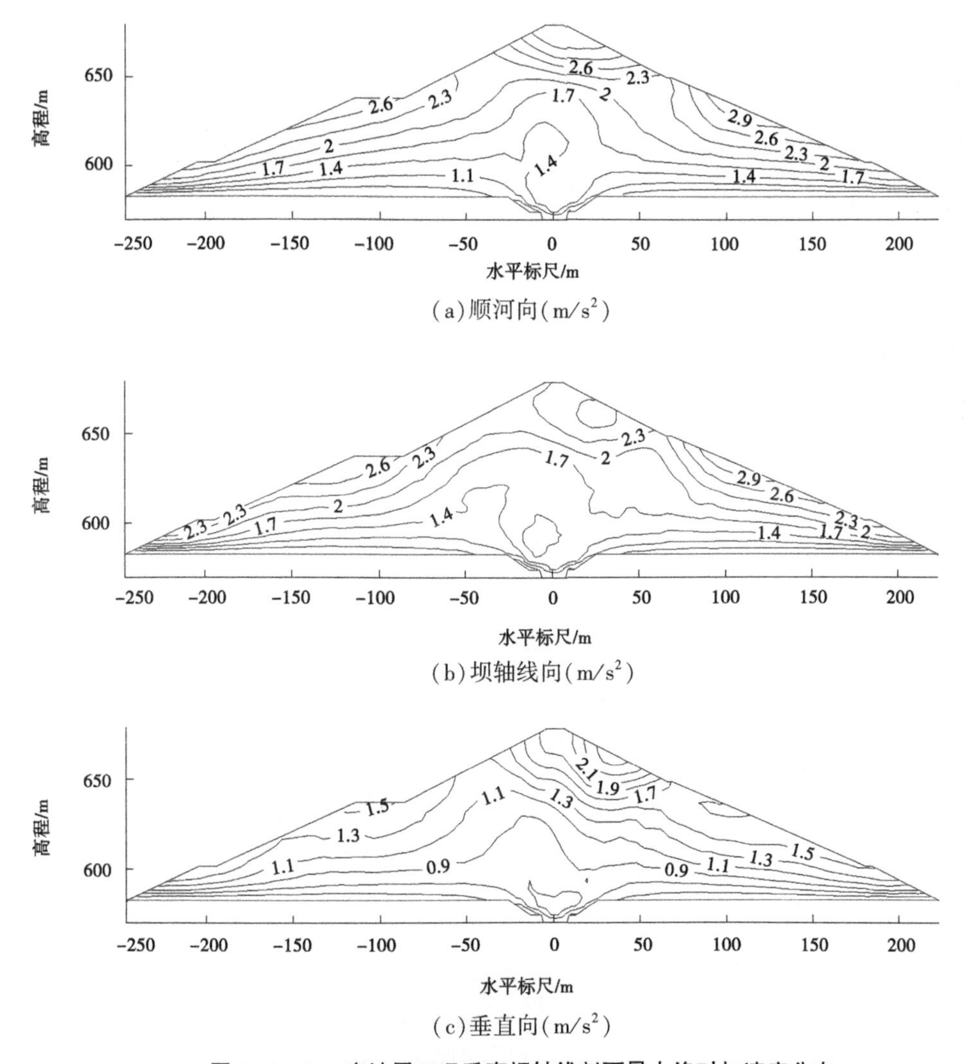

(a) 顺河向（m/s²）

(b) 坝轴线向（m/s²）

(c) 垂直向（m/s²）

图 5-29　7.7 度地震工况垂直坝轴线剖面最大绝对加速度分布

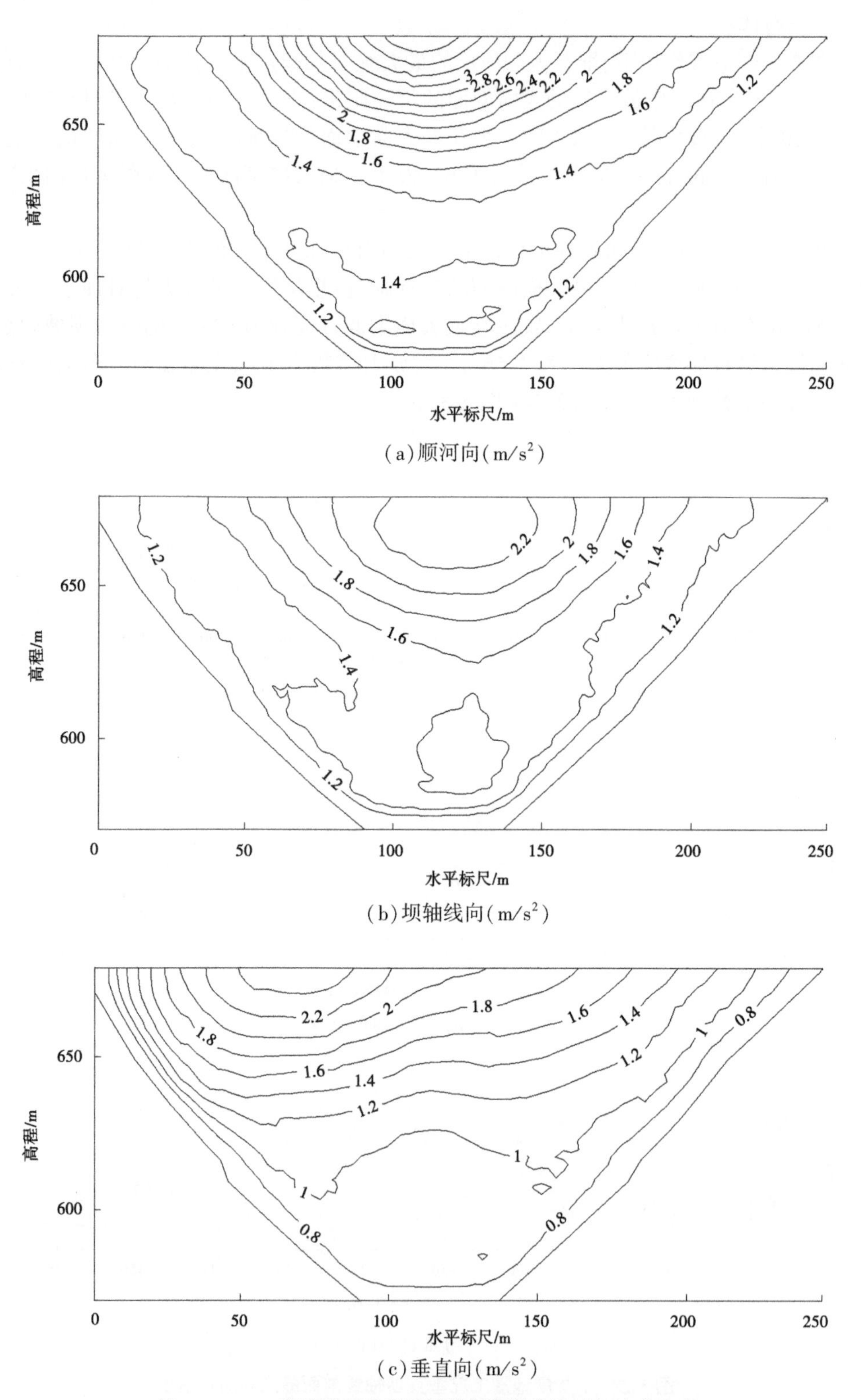

(a)顺河向(m/s^2)

(b)坝轴线向(m/s^2)

(c)垂直向(m/s^2)

图 5-30　7.7 度地震工况沿坝轴线剖面最大绝对加速度分布

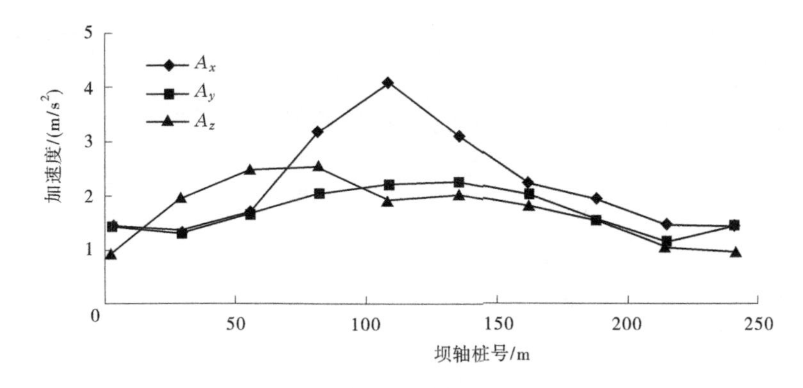

图 5-31　7.7 度地震工况坝顶堆石体最大绝对加速度沿坝轴线的分布

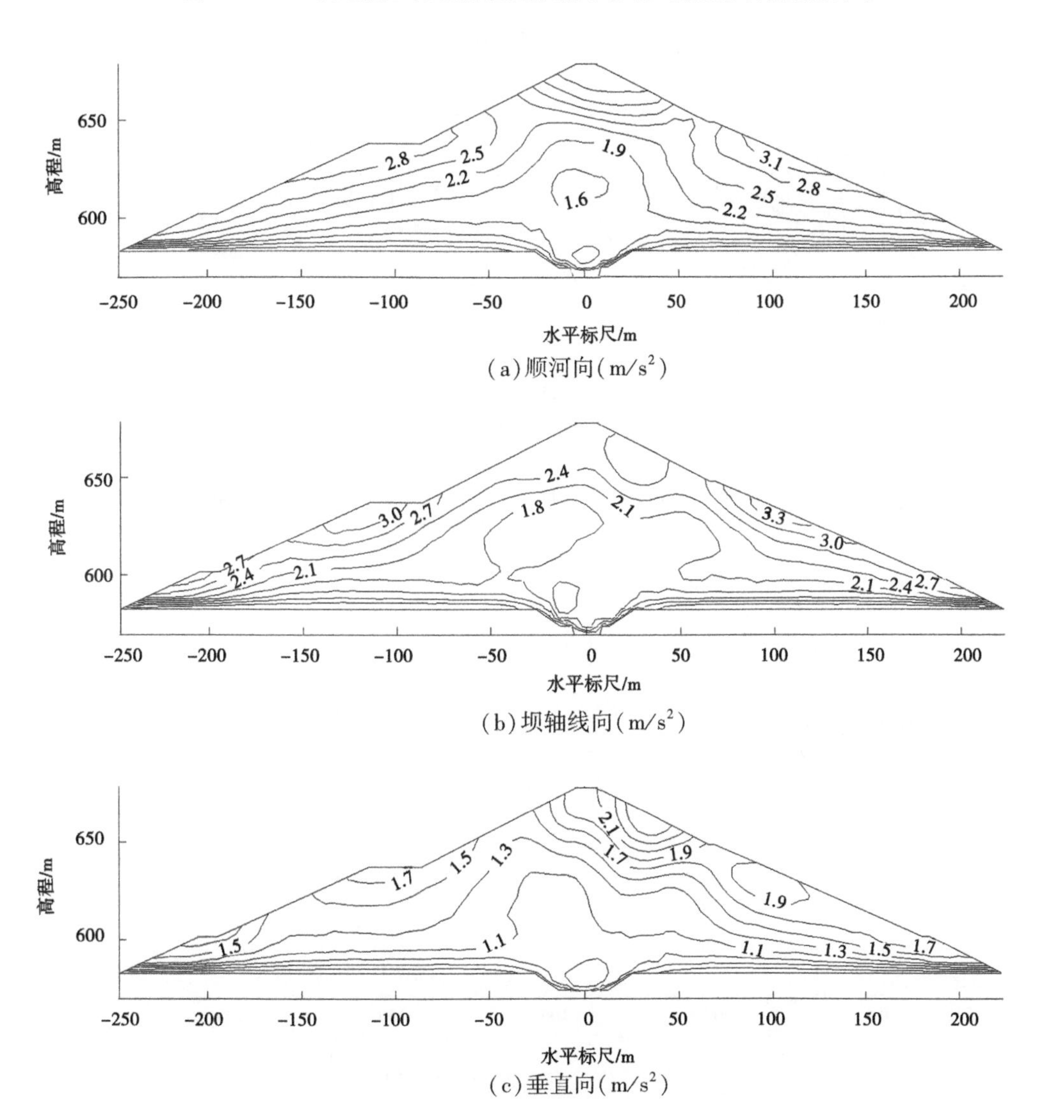

图 5-32　8 度地震工况垂直坝轴线剖面最大绝对加速度分布

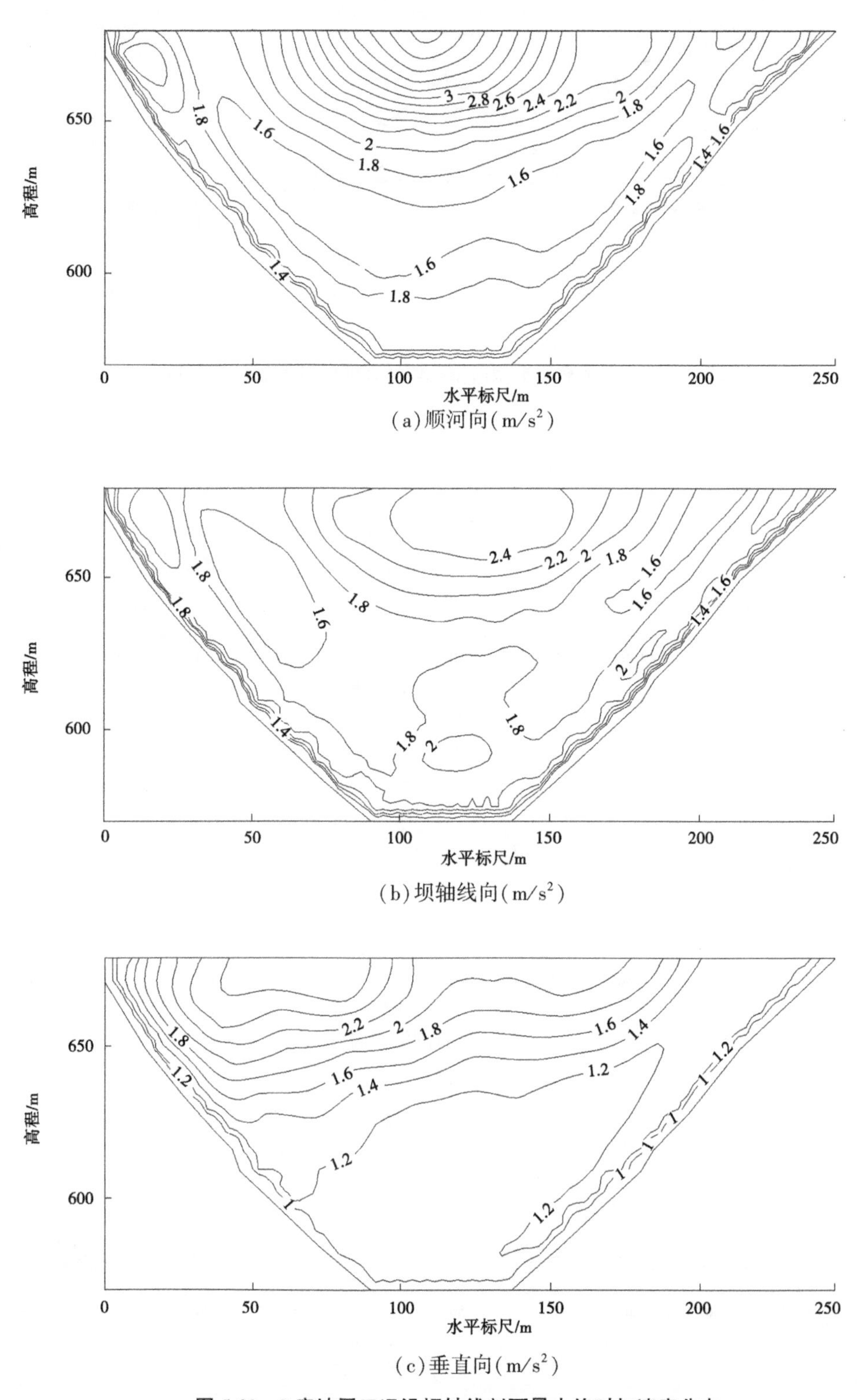

图 5-33　8 度地震工况沿坝轴线剖面最大绝对加速度分布

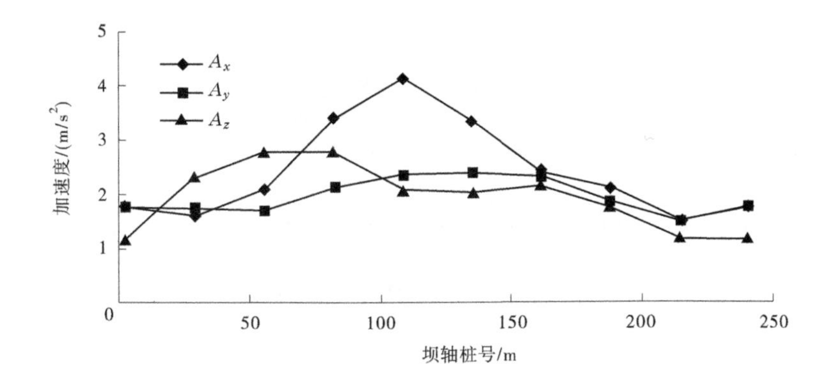

图 5-34　8 度地震工况坝顶堆石体最大绝对加速度沿坝轴线的分布

b. 沥青混凝土心墙

在 7.7 度地震作用下,心墙顺河向的最大绝对加速度最大值为 3.67 m/s^2,放大倍数为 2.27,发生在河床最深处最大横剖面的坝顶附近;坝轴线向的最大绝对加速度最大值为 2.52 m/s^2,放大倍数为 1.56,发生在最大横剖面坝顶附近;垂直向的最大绝对加速度最大值为 2.44 m/s^2,放大倍数为 2.25,发生在最大横剖面的偏右岸坝顶附近。

在 8 度地震作用下,心墙顺河向的最大绝对加速度最大值为 4.08 m/s^2,放大倍数为 2.04,发生在河床最深处最大横剖面的坝顶附近;坝轴线向的最大绝对加速度最大值为 2.63 m/s^2,放大倍数为 1.32,发生在最大横剖面坝顶附近;垂直向的最大绝对加速度最大值为 2.62 m/s^2,放大倍数为 1.97,发生在最大横剖面的偏右岸坝顶附近。

3) 位移反应

a. 堆石体

在 7.7 度地震作用下,堆石体的顺河向最大位移反应为 51.42 mm,发生在最大横剖面的坝顶附近;坝轴线向最大位移反应为 30.31 mm,发生在河床最大横剖面的下游坝坡、高程为 660 m 附近;垂直向最大位移反应为 19.52 mm,发生在最大横剖面的下游坝坡、高程为 660 m 附近(见图 5-35、图 5-36)。

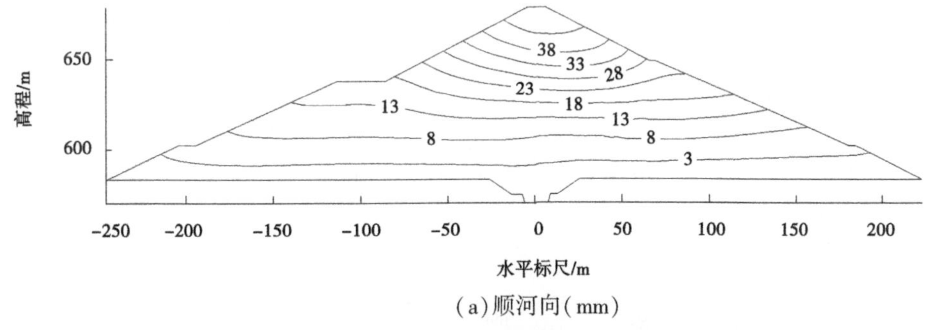

(a) 顺河向(mm)

图 5-35　7.7 度地震工况垂直坝轴线剖面最大位移反应分布

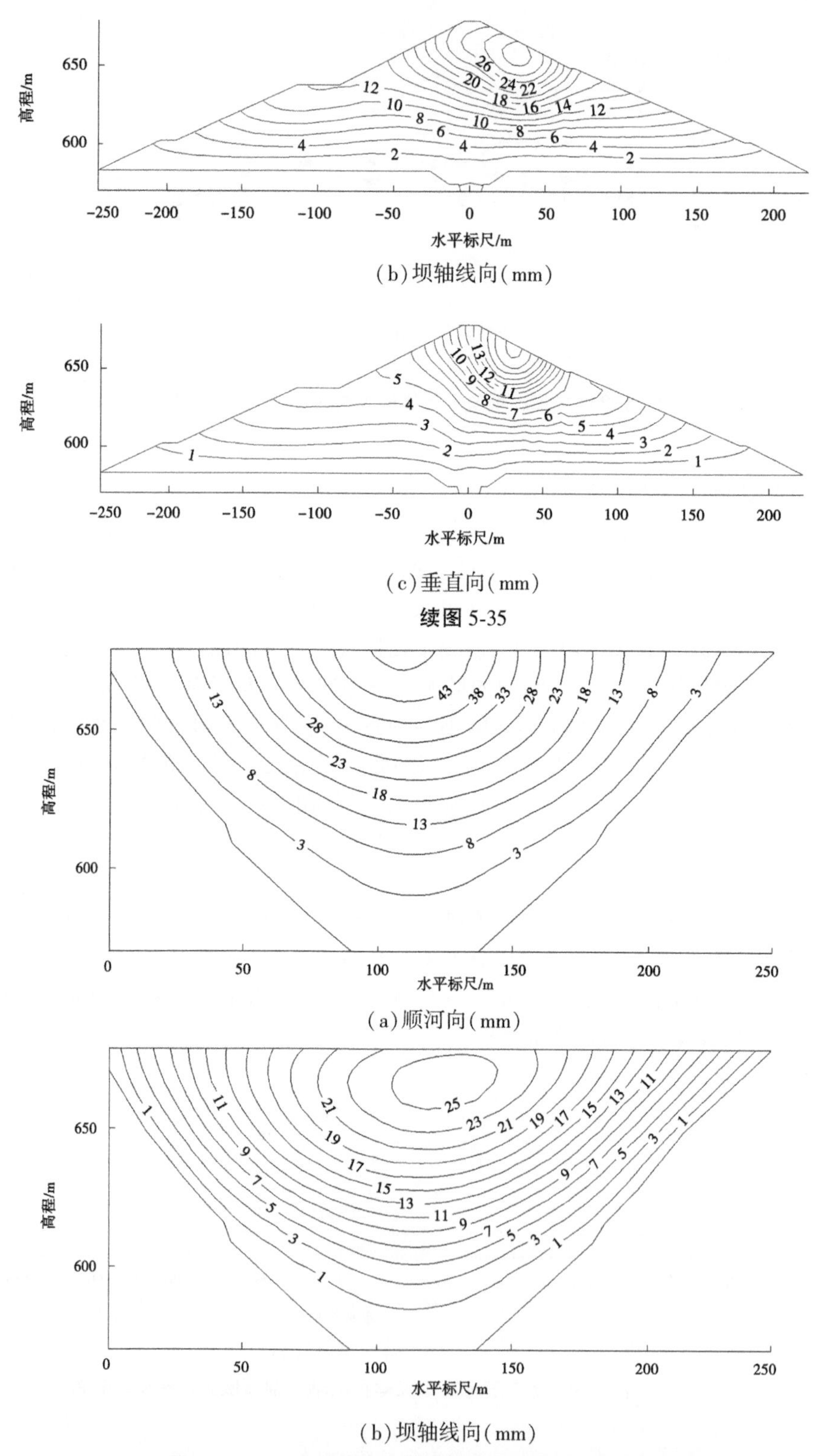

(b)坝轴线向(mm)

(c)垂直向(mm)

续图 5-35

(a)顺河向(mm)

(b)坝轴线向(mm)

图 5-36　7.7 度地震工况沿坝轴线剖面最大位移反应分布

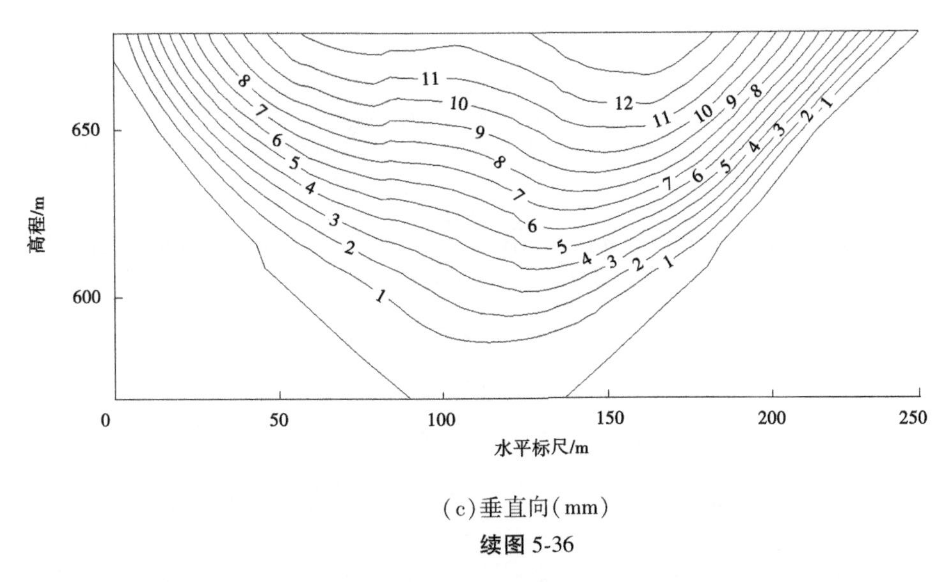

(c)垂直向(mm)

续图 5-36

在 8 度地震作用下,堆石体的顺河向最大位移反应为 60. 13 mm,发生在最大横剖面的坝顶附近;坝轴线向最大位移反应为 37. 18 mm,发生在河床最大横剖面的下游坝坡、高程为 660 m 附近;垂直向最大位移反应为 22. 03 mm,发生在最大横剖面的下游坝坡、高程为 660 m 附近(见图 5-37、见图 5-38)。

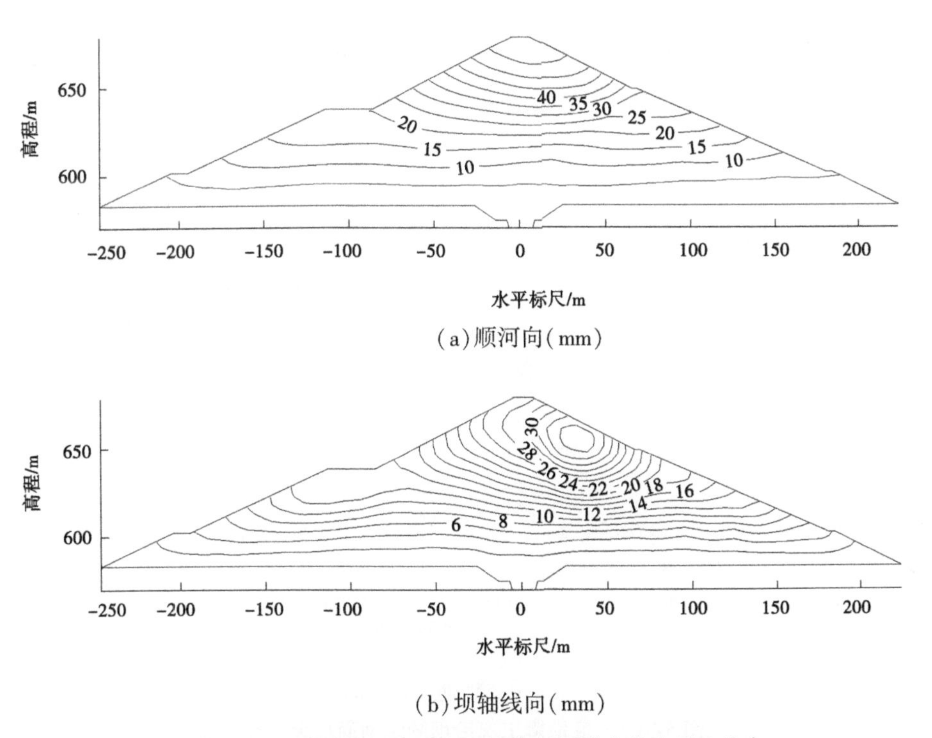

(a)顺河向(mm)

(b)坝轴线向(mm)

图 5-37　8 度地震工况垂直坝轴线剖面最大位移反应分布

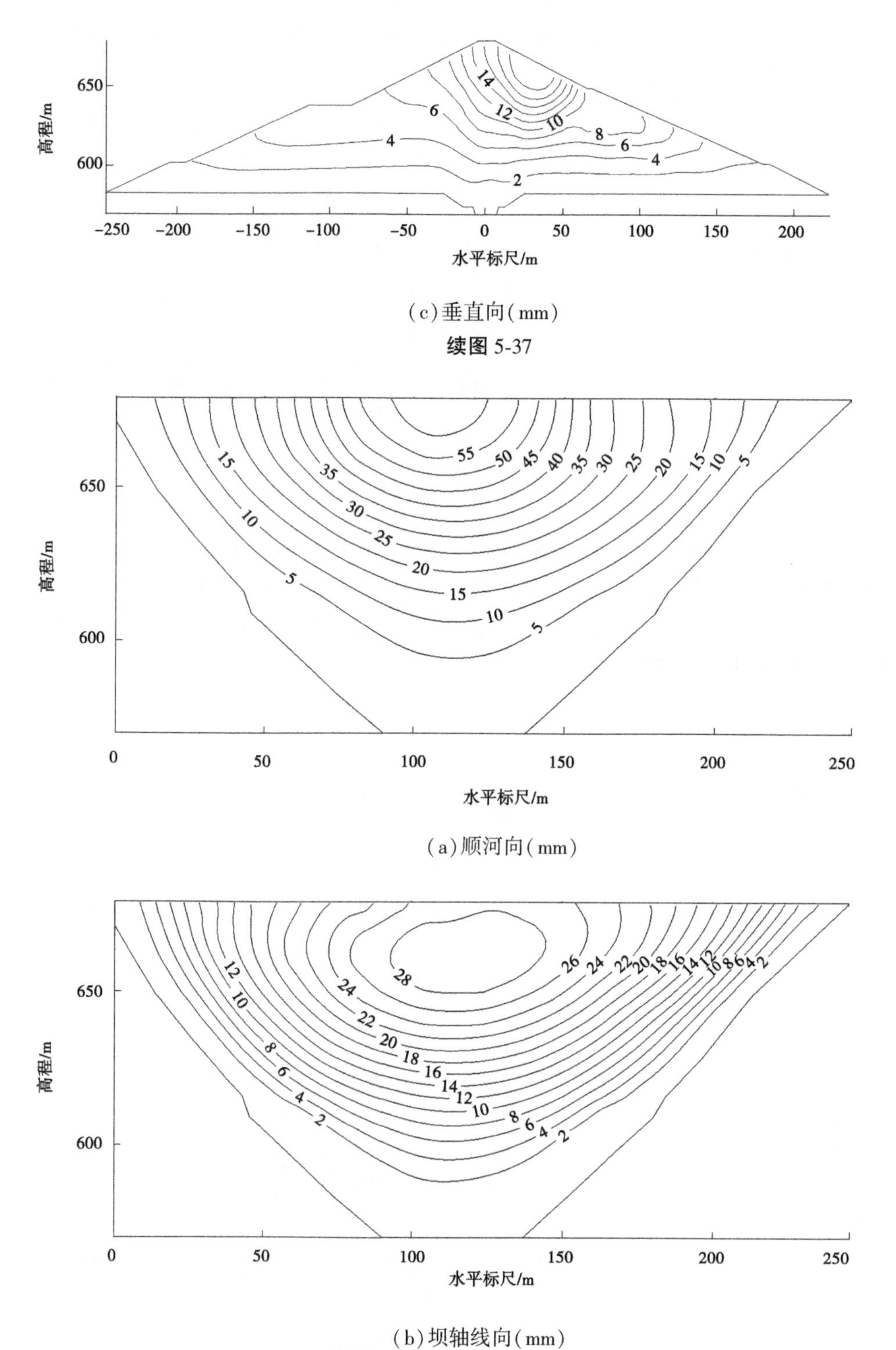

(c)垂直向(mm)

续图 5-37

(a)顺河向(mm)

(b)坝轴线向(mm)

图 5-38 8 度地震工况沿坝轴线剖面最大位移反应分布

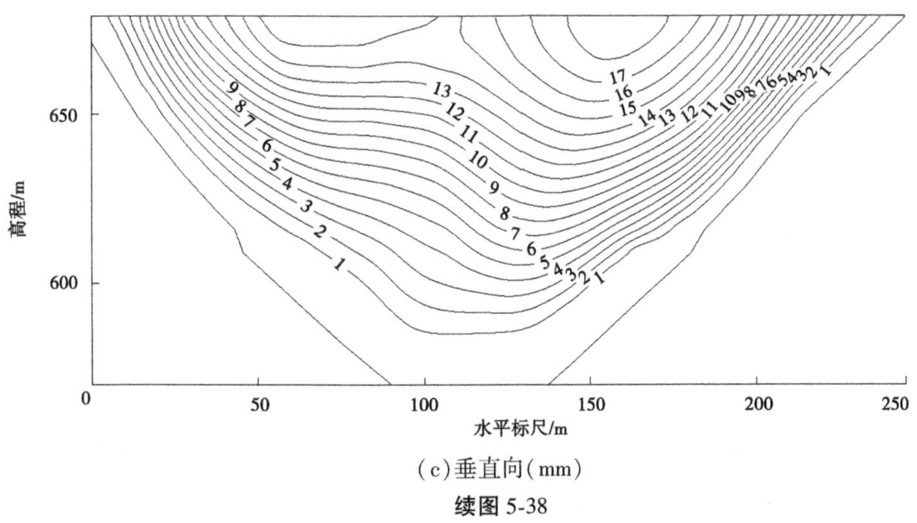

(c)垂直向(mm)

续图 5-38

从堆石体剖面的位移反应分布来看,其位移反应均不大,其中垂直向的位移反应最小,坝轴线向的位移反应较大,顺河向的位移反应最大。

b. 沥青混凝土心墙

在 7.7 度地震作用下,沥青混凝土心墙的顺河向最大位移反应为 47.42 mm,发生在最大横剖面的坝顶附近;坝轴线向最大位移反应为 26.32 mm,发生在最大横剖面坝顶附近;垂直向最大位移反应为 15.24 mm,发生在最大横剖面的左侧坝顶附近。

在 8 度地震作用下,沥青混凝土心墙的顺河向最大位移反应为 60.01 mm,发生在最大横剖面的坝顶附近;坝轴线向最大位移反应为 28.45 mm,发生在最大横剖面坝顶附近;垂直向最大位移反应为 19.13 mm,发生在最大横剖面的左侧坝顶附近。

从防渗墙的位移反应分布来看,其位移反应不大,其中垂直向的位移反应最小,坝轴线向的位移反应较大,顺河向的位移反应最大。

4)应力反应

a. 堆石体

在 7.7 度地震作用下,堆石体应力反应不大。最大第一主应力反应为 353 kPa,最大第二主应力反应为 121 kPa,最大第三主应力反应为 109 kPa;应力等值线基本与坝坡平行分布,最大主应力均发生在坝体底部(见图 5-39)。

在 8 度地震作用下,堆石体应力反应不大。最大第一主应力反应为 430 kPa,最大第二主应力反应为 138 kPa,最大第三主应力反应为 133 kPa。计算表明,应力等值线基本与坝坡平行分布,最大主应力均发生在坝体底部,堆石体应力反应不大(见图 5-40)。

b. 沥青混凝土心墙

在 7.7 度地震作用下,顺坡向最大动压应力为 513 kPa,最大动拉应力为-320 kPa。坝轴线向最大动压应力为 195 kPa,最大动拉应力为-205 kPa。垂直心墙向最大动压应力为 133 kPa,最大动拉应力为-181 kPa。最大动压应力和最大动拉应力均发生在靠近河谷最深处的心墙底部(见图 5-41)。

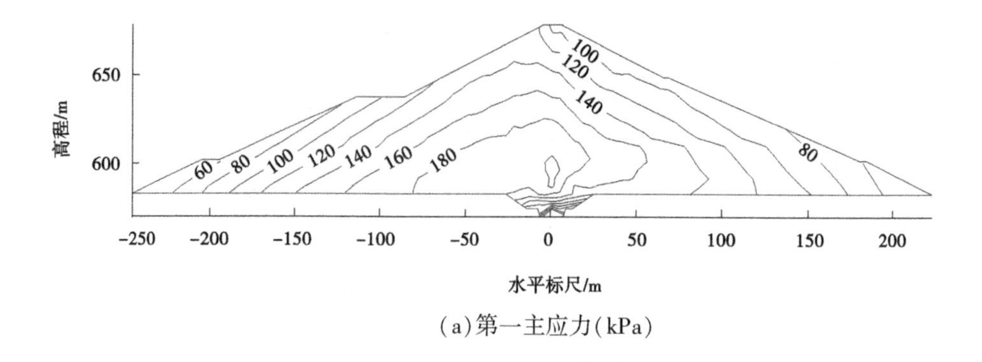

(a)第一主应力(kPa)

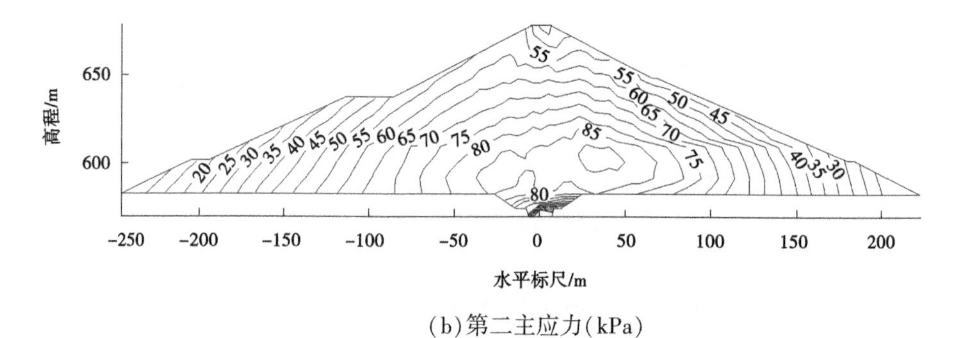

(b)第二主应力(kPa)

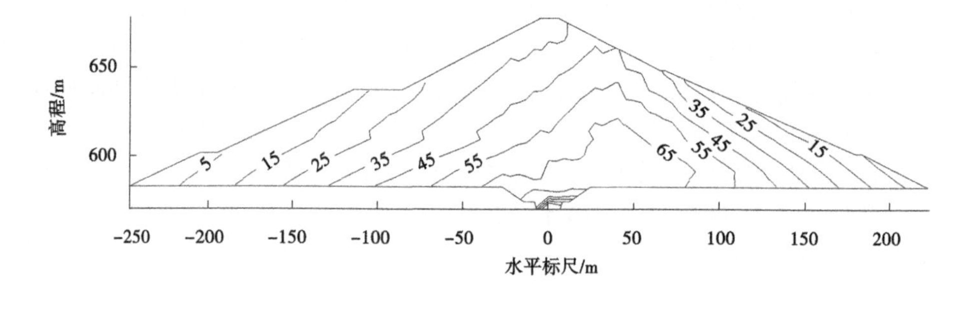

(c)第三主应力(kPa)

图 5-39　7.7 度地震工况垂直坝轴线剖面堆石体最大主应力反应分布

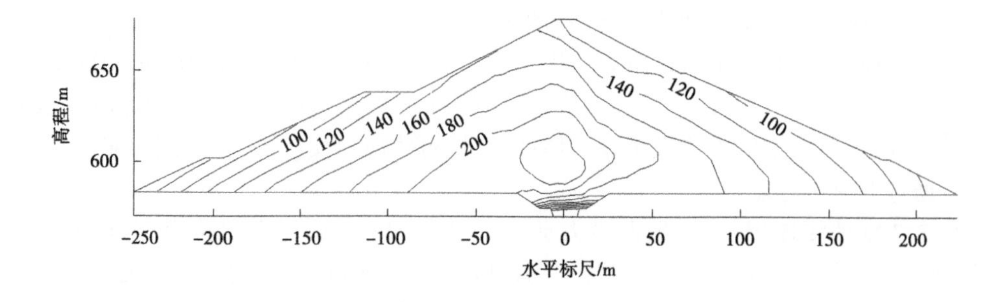

(a)第一主应力(kPa)

图 5-40　8 度地震工况垂直坝轴线剖面堆石体最大主应力反应分布

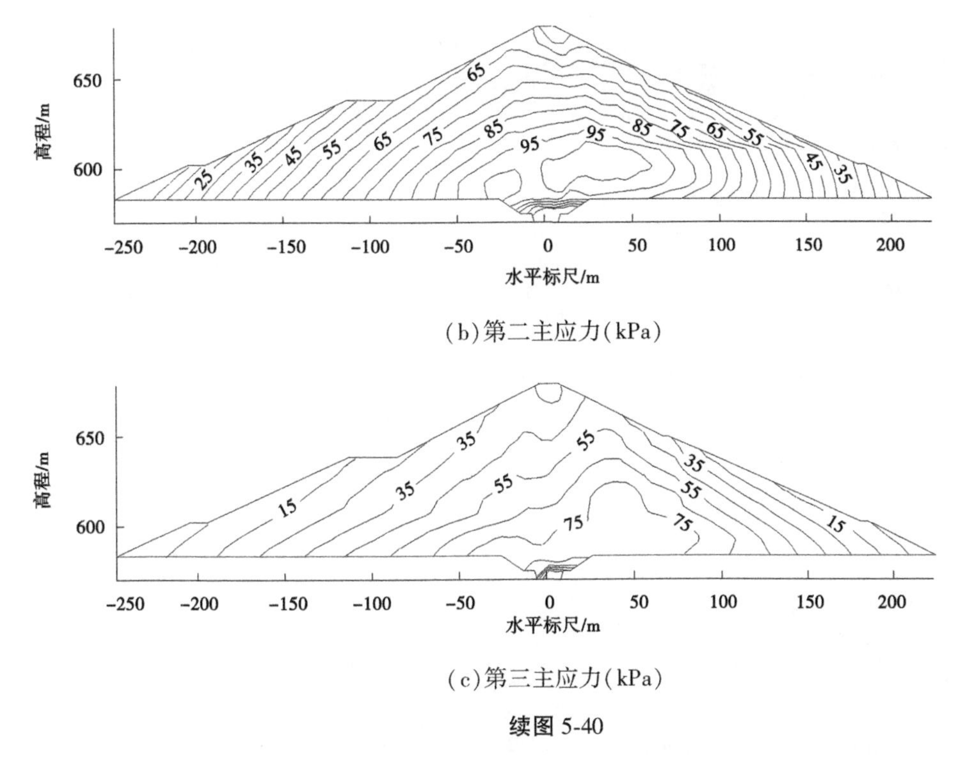

(b)第二主应力(kPa)

(c)第三主应力(kPa)

续图 5-40

在8度地震作用下,顺坡向最大动压应力为676 kPa,最大动拉应力为-407 kPa;坝轴线向最大动压应力为246 kPa,最大动拉应力为-249 kPa;垂直心墙向最大动压应力为168 kPa,最大动拉应力为-223 kPa。最大动压应力和最大动拉应力均发生在靠近河谷最深处的心墙底部(见图5-42)。

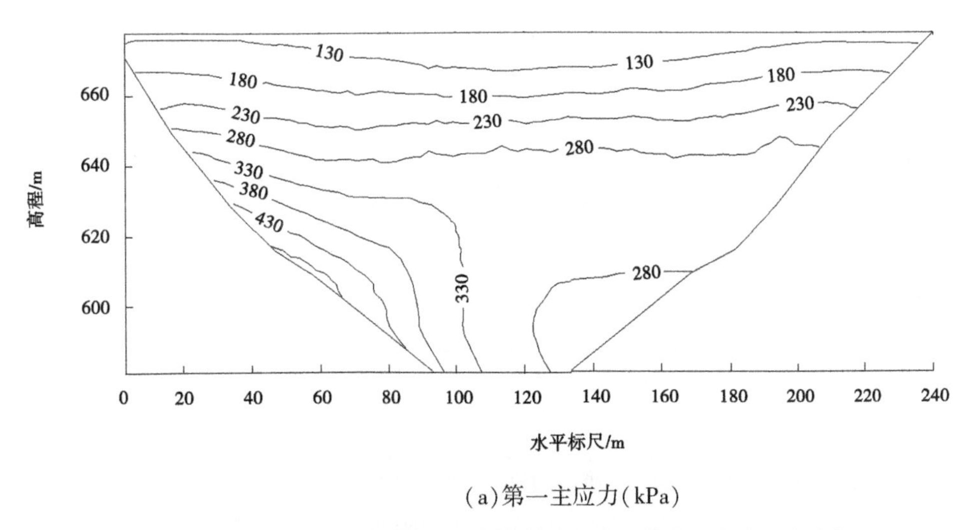

(a)第一主应力(kPa)

图 5-41　7.7 度地震工况沿坝轴线剖面心墙最大应力反应分布

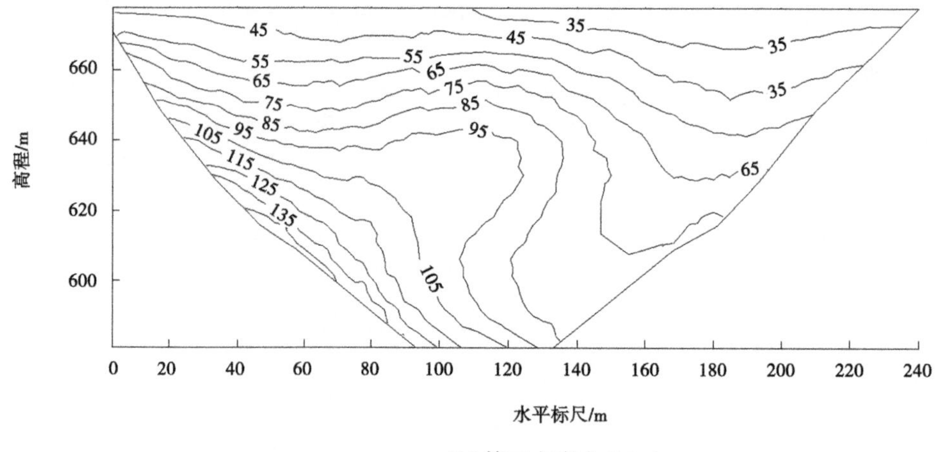

(b)第二主应力(kPa)

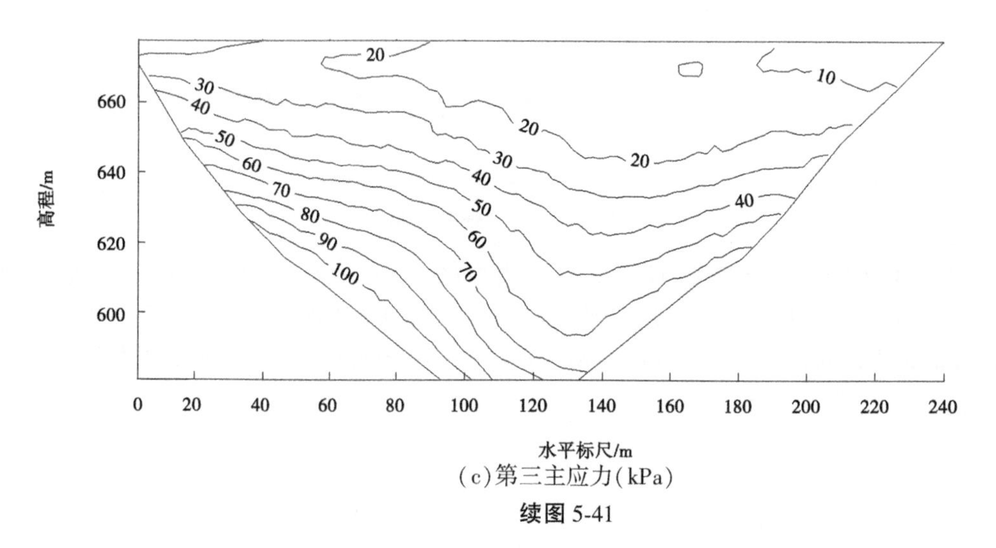

(c)第三主应力(kPa)

续图 5-41

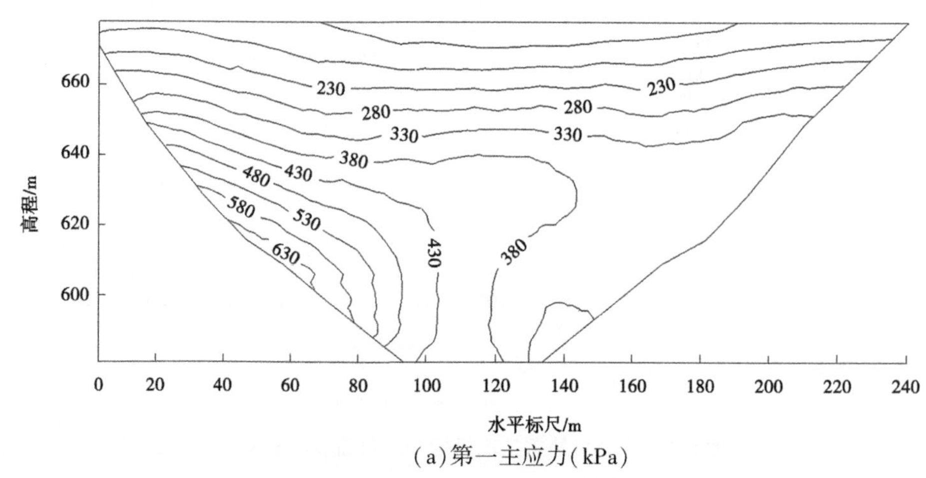

(a)第一主应力(kPa)

图 5-42　8 度地震工况沿坝轴线剖面心墙最大应力反应分布

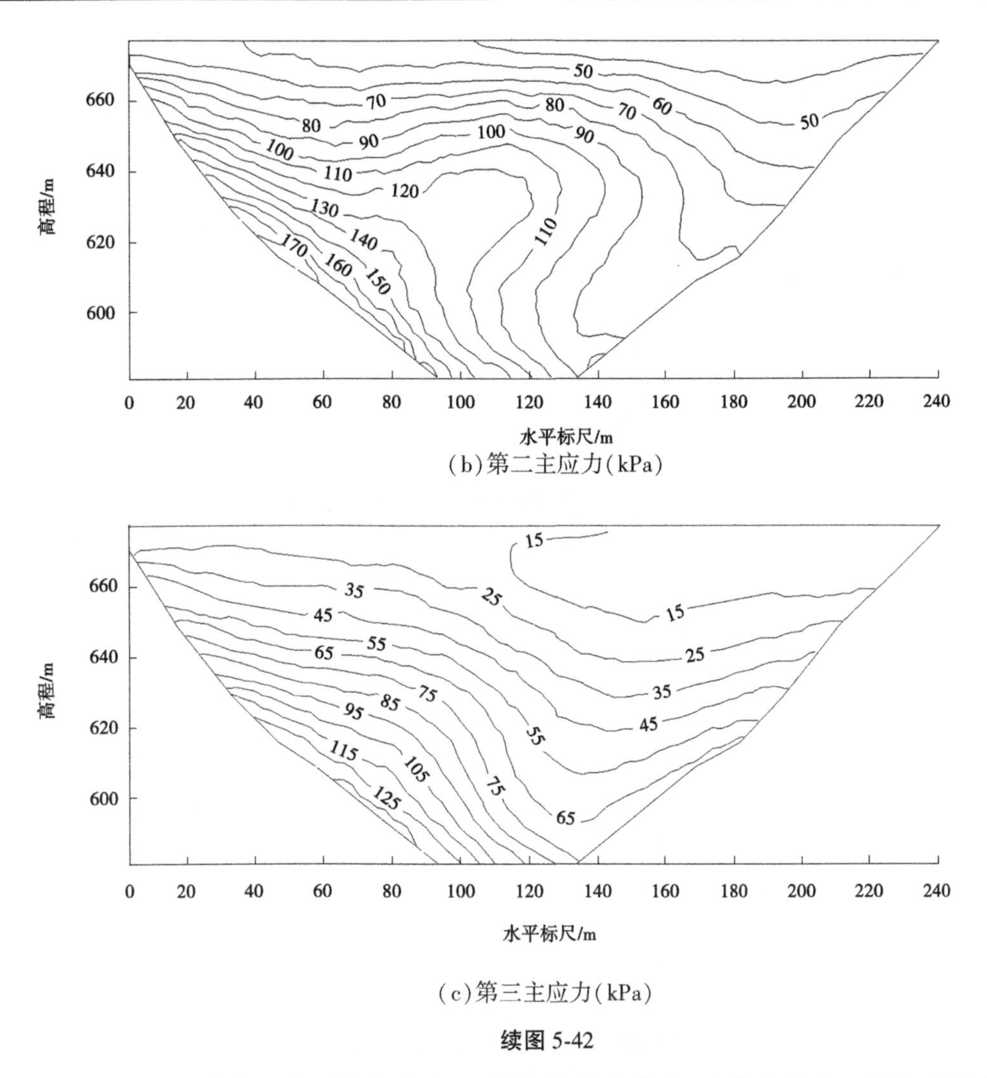

(c)第三主应力(kPa)

续图 5-42

计算表明,心墙应力反应顺坡向最为强烈,坝轴线向次之,垂直向最小。最大动压应力和最大动拉应力均发生在靠近河谷最深处的心墙底部。动拉应力均小于静拉强度-470 kPa,说明沥青混凝土心墙不会发生受拉破坏。

c.混凝土基座

在7.7度地震和8度地震两种工况的作用下,混凝土基座动力反应都不大,由于廊道布置在基座内,对基座的应力和变形分布都有一定影响。在两种地震烈度的作用下,基座的动力反应规律一致,基座的最大绝对加速度和位移都随基座高度的增加而增大,基座的最大绝对加速度和位移的最大值均发生在基座顶部,基座位移反应很小,在7.7度地震作用下,基座的最大第一主压应力为371 kPa,最大第一主拉应力为-382 kPa,最大第三主压应力为173 kPa,最大第三主拉应力为-185 kPa;在8度地震作用下,基座的最大第一主压应力为480 kPa,最大第一主拉应力为-498 kPa,最大第三主压应力为188 kPa,最大第三主拉应力为-194 kPa。可见基座的地震反应不大,满足抗震要求(图5-43、图5-44)。

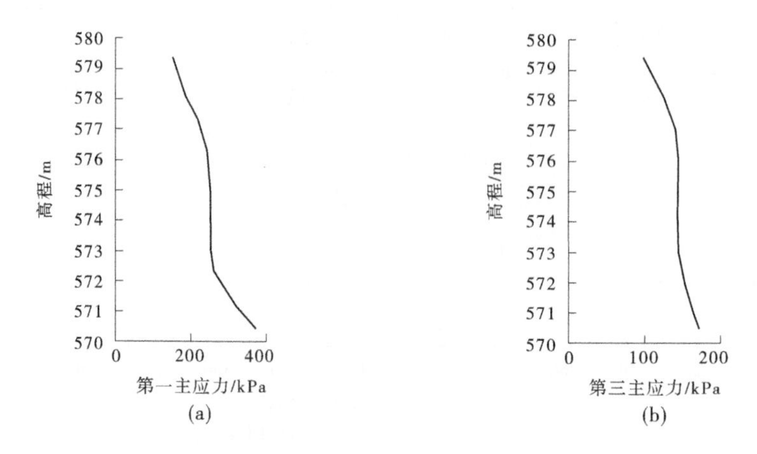

图 5-43　7.7 度地震工况混凝土基座及廊道最大主应力反应分布

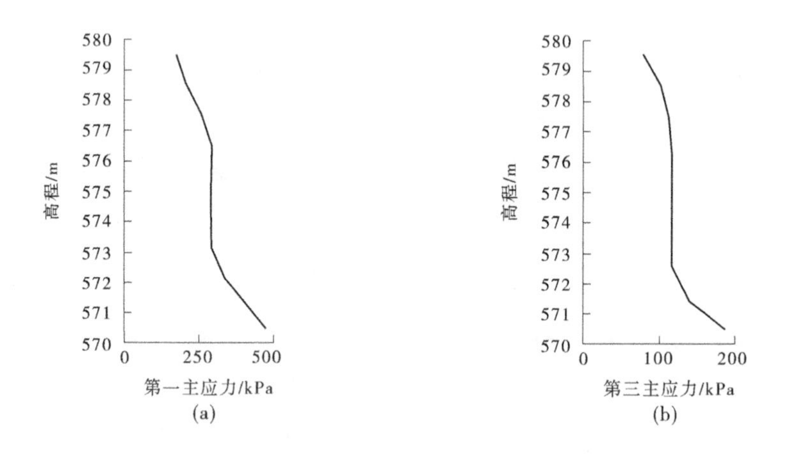

图 5-44　8 度地震工况混凝土基座及廊道最大主应力反应分布

5）堆石体抗震稳定性

坝坡稳定性分析采用瑞典法计算，并同时考虑水平向和垂直向地震作用，安全系数见表 5-18。对未来 50 a 超越概率 10%的地震基本烈度为 7.7 度所对应的坝体下游坡的最小稳定安全系数为 1.34，计算的滑动面位置示意图见图 5-45。根据《碾压式土石坝设计规范》（SL 274—2020），在地震作用下坝坡的最小抗滑稳定安全系数应不小于 1.15，因此该坝坝坡的整体抗滑稳定性满足规范要求。设计烈度为 8 度所对应的坝体下游坡的最小稳定安全系数为 1.19，计算的滑动面位置示意图见图 5-46。对两种工况的最小稳定安全系数进行分析可知，坝体的下游边坡稳定安全富余值相对较小，这与三轴试验条件以及下游坝料的力学性能有关。

表 5-18　三坝坡稳定计算结果

坝坡	地震峰值加速度	F_s
下游坝坡	0.162g	1.34
下游坝坡	0.200g	1.19
下游坝坡	0.100g	1.64

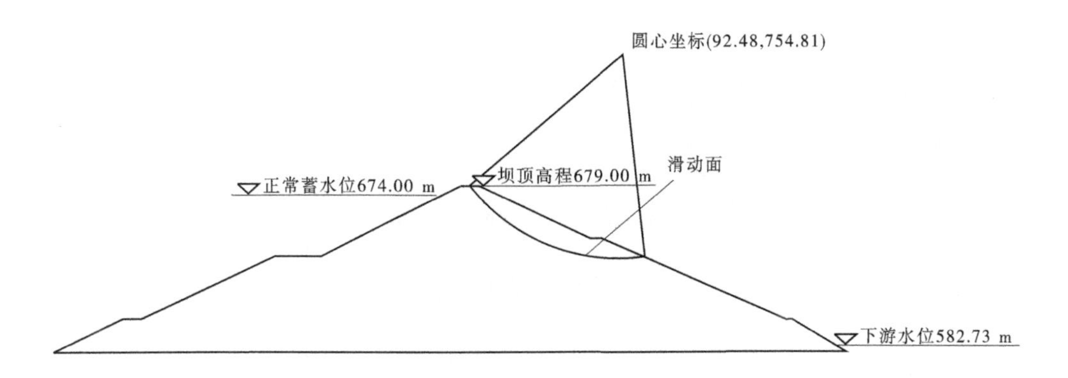

图 5-45　7.7 度地震工况的坝坡稳定滑动面位置示意图

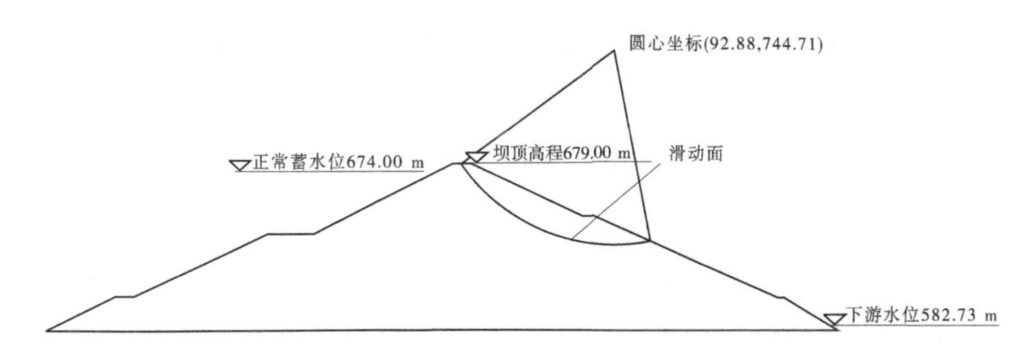

图 5-46　8 度地震工况的坝坡稳定滑动面位置示意图

6)地震永久变形

在 7.7 度地震作用后,坝体的最大永久水平位移顺河向为 103.14 mm,坝轴线向为 31.10 mm,最大永久垂直位移即沉降为-201.93 mm。按最大坝高 109.0 m 计算,地震永久沉降约为坝高的 0.2%。地震期间,最大横剖面的最大剪应力为 318 kPa(见图 5-47~图 5-49)。

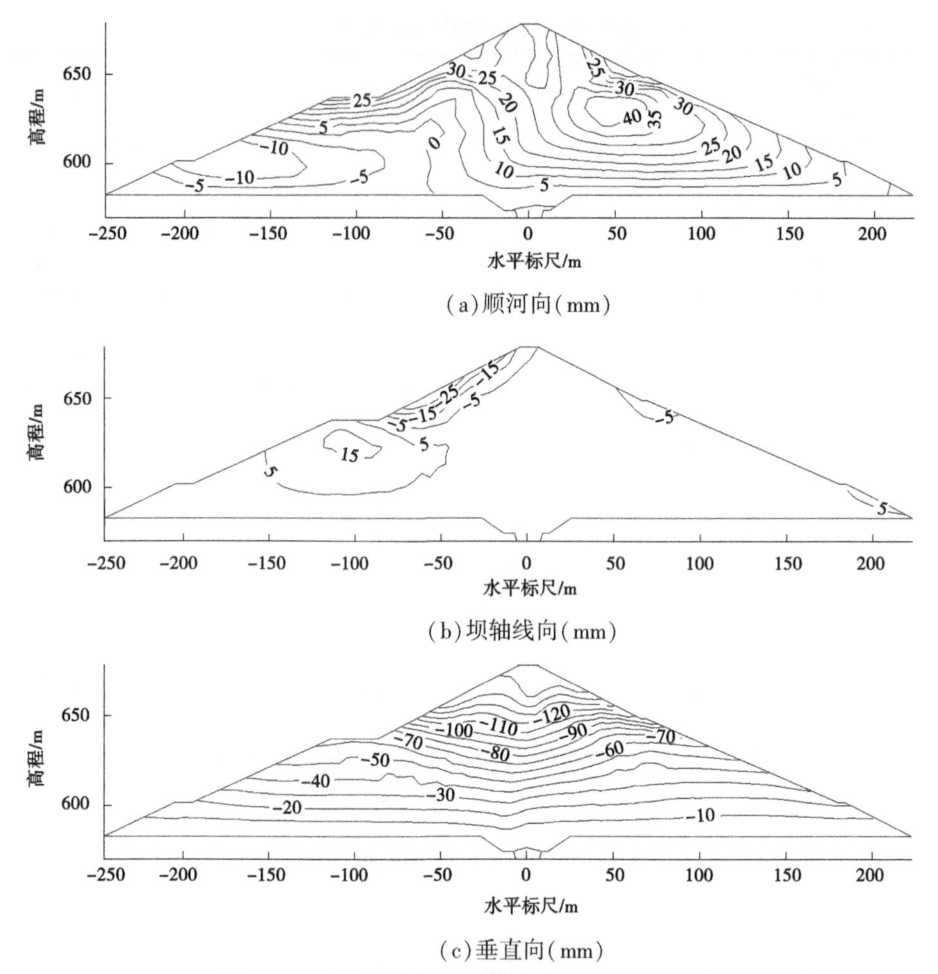

(a)顺河向(mm)

(b)坝轴线向(mm)

(c)垂直向(mm)

图 5-47　7.7 度地震工况垂直坝轴线剖面地震永久变形分布

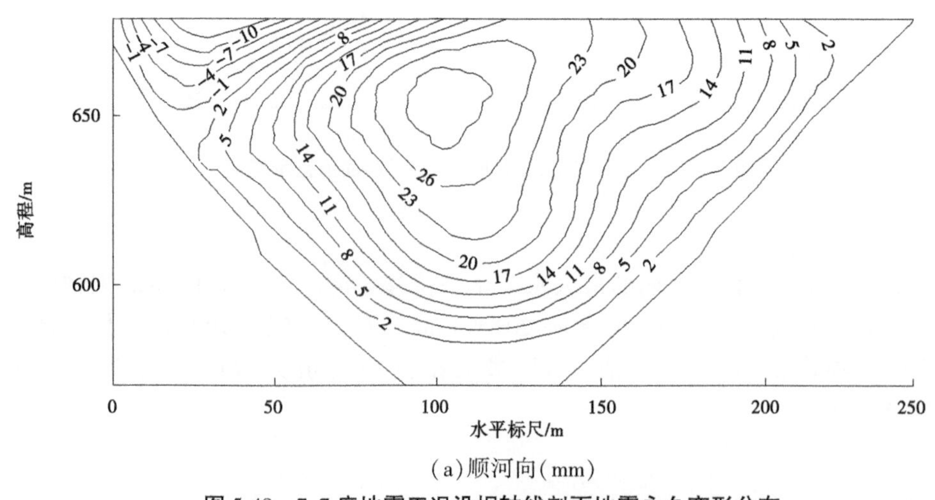

(a)顺河向(mm)

图 5-48　7.7 度地震工况沿坝轴线剖面地震永久变形分布

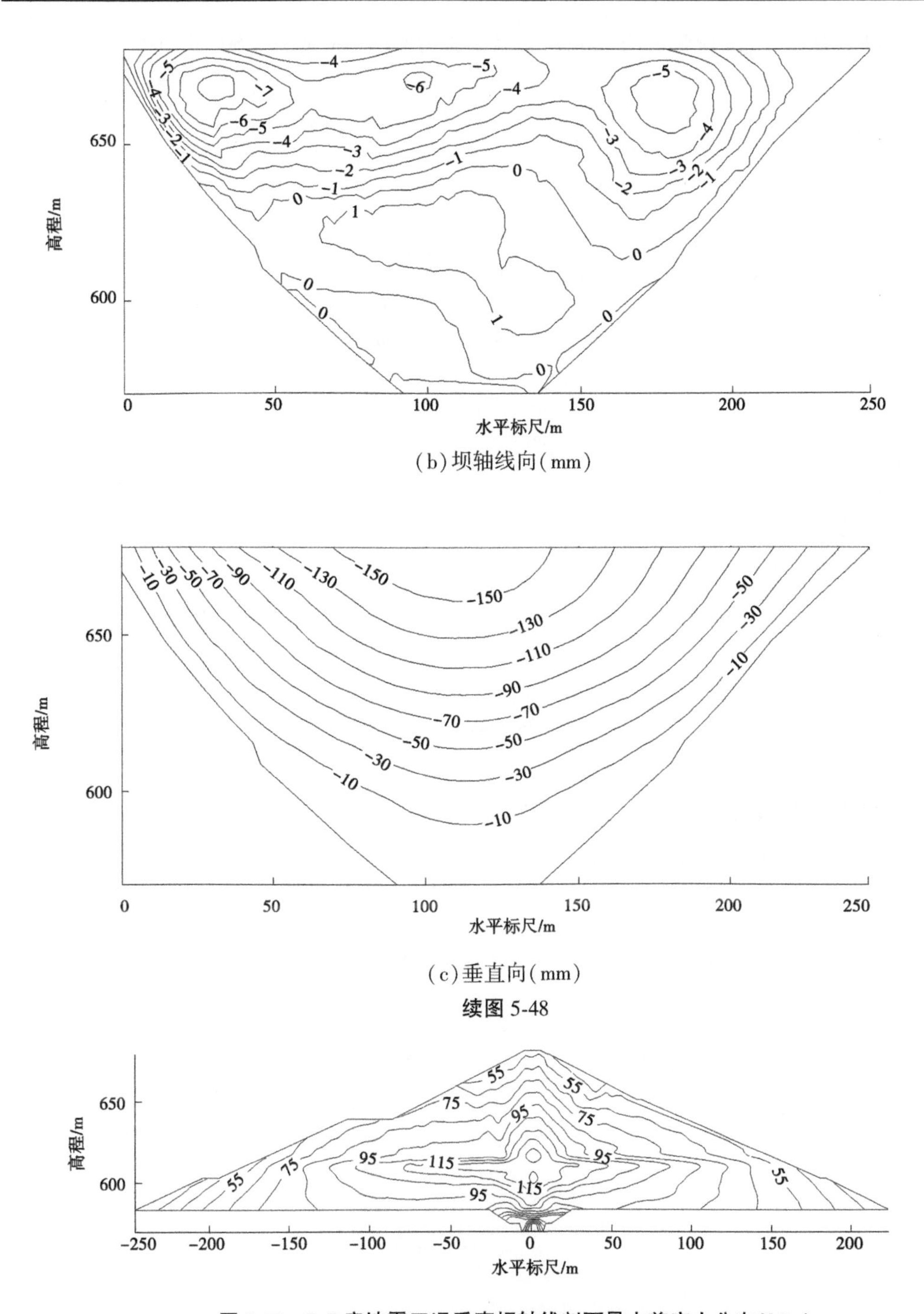

(b)坝轴线向(mm)

(c)垂直向(mm)

续图 5-48

图 5-49　7.7 度地震工况垂直坝轴线剖面最大剪应力分布(kPa)

在 8 度地震作用后,坝体的最大永久水平位移顺河向为 127 mm,坝轴线向为 38.32 mm,最大永久垂直位移即沉降为-249.71 mm。按最大坝高 109.0 m 计算,地震永久沉降约为坝高的 0.23%。地震期间,最大横剖面的最大剪应力反应为 356 kPa,小于沥青混凝

土最大动剪强度 τ_{dmax}，说明沥青混凝土心墙不会剪断破坏(见图 5-50～图 5-52)。

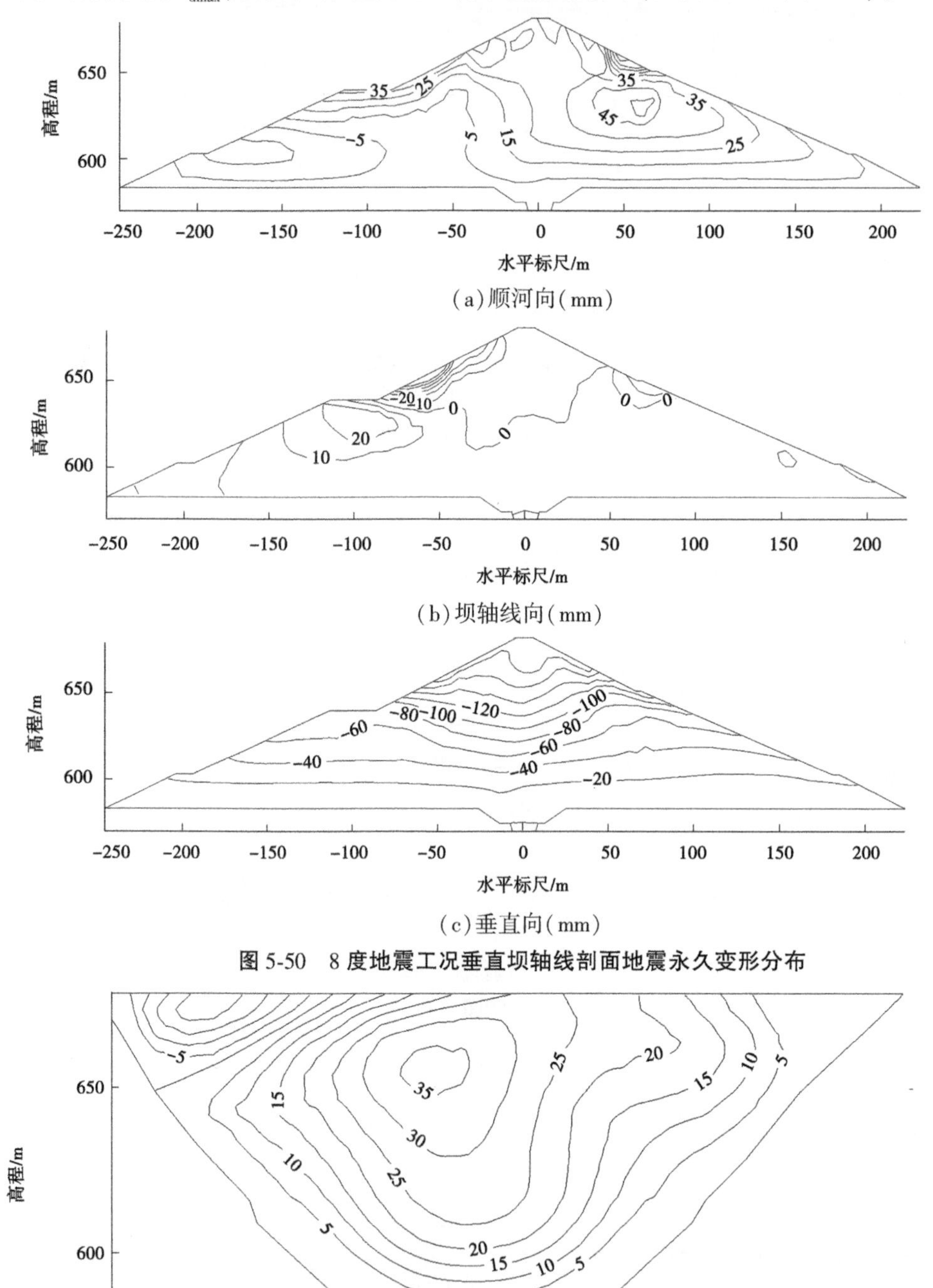

(a)顺河向(mm)

(b)坝轴线向(mm)

(c)垂直向(mm)

图 5-50　8 度地震工况垂直坝轴线剖面地震永久变形分布

(a)顺河向(mm)

图 5-51　8 度地震工况沿坝轴线剖面地震永久变形分布

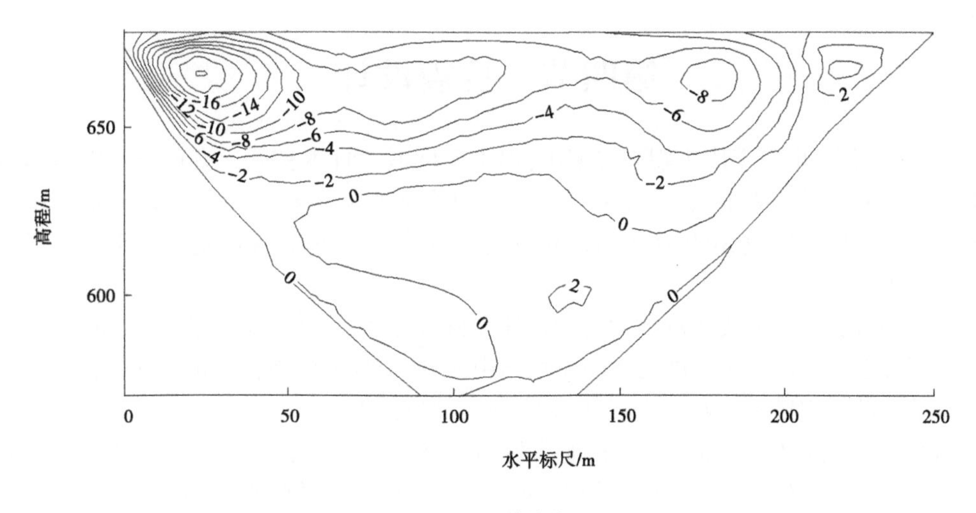

(b)坝轴线向(mm)

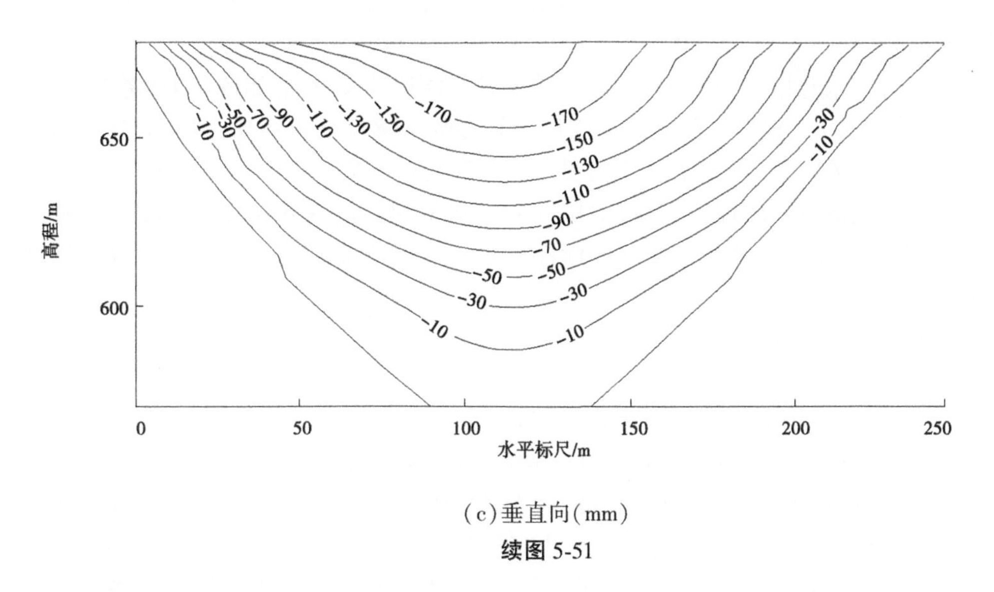

(c)垂直向(mm)

续图 5-51

图 5-52 8 度地震工况垂直坝轴线剖面最大剪应力分布(kPa)

第四节　抗震设计

经震害调查,堆石坝比土坝震害率小,损害程度低。日本宫城近海地震发生后,调查83座有震害的坝中,仅有一座是堆石坝。土坝中均质坝较分区坝震害重,均质坝体积大,浸润线高,尤其当高蓄水位坝体土料饱和时,震害较严重。所以在高地震区坝型选择时,应优先选用堆石坝。

大坝的抗震性能取决于坝体的合理设计和材料分区、筑坝材料质量、基础条件和地震烈度。沥青混凝土心墙坝的防渗体位于坝体中部,适应变形的能力及抗震性能较好,坝体结构需采取的抗震措施与其他土石坝基本一致,简述如下:

(1)考虑足够的地震涌浪高度和地震附加沉降。地震涌浪高度取1~1.5 m,地震附加沉降一般取坝高的1%。对于覆盖层基础,应考虑覆盖层的附加沉降值,一般取坝高+覆盖层厚度总和的1%,并根据三维有限元分析成果复核。对于深厚覆盖层,应考虑坝体对坝基产生的附加应力随深度的增加逐渐减少,并结合类似的工程经验或三维有限元成果综合确定。

例如:旁多水利枢纽坝高72.3 m,最大覆盖层深度达420 m,如按照1%考虑,则地震附加沉降将近5 m。根据有限元永久变形计算参数敏感性分析结果,坝体部分变形占坝高的0.42%~0.64%,坝基部分变形占覆盖层厚度的0.13%~0.2%。若坝体震陷率按1%计算,根据同比例放大原理,坝基覆盖层部分震陷率同比例取0.31%~0.32%。因此,坝体部分震陷率取1%,覆盖层按420 m深计算,则坝基部分震陷率取0.4%,计算坝顶高程震陷加高2.4 m。

(2)适当增加坝顶宽度。

(3)适当放缓上、下游坝坡或采取上缓下陡的边坡。

(4)适当提高坝体上部筑坝材料的质量要求和压实标准。坝体用砂砾石填筑时,应增加排水区的排水能力;下游坝坡以内一定区域宜采用堆石填筑。

(5)上部1/5坝高范围内加强护坡,适当考虑阻滑措施。例如:冶勒大坝在坝体顶部高度30 m范围内布设柔性抗震网格梁(土工加强格栅);旁多大坝在上、下游坝坡上部采用浆砌石护坡,上游坝脚处设弃渣压重;新建下坂地大坝在上游坡采用土工格栅进行加固,土工格栅的抗拉强度设计值为120 kN/m,层距1.8 m,水平铺设长度为15.0 m。

第六章　大坝安全监测

水利信息化发展规划确定的发展目标与主要任务面向全国重点工程,为国家水利信息化建设项目,对地方水利信息化的发展除通过水利信息化重点工程进行带动外,主要在总体思路、发展目标和主要任务等方面进行引领与指导。

近年来,全国水利系统深入贯彻落实中央“四化同步”的战略部署,按照水利部提出的“以水利信息化带动水利现代化”的总体要求,秉承“规划引领、协同推进、需求驱动、资源共享、建管并重、确保安全”的基本原则,紧紧围绕水利中心工作,全面推进水利信息化建设,有序实施了“金水工程”中的重点建设任务,初步形成了由水利信息化基础设施、水利业务应用和水利信息化保障环境组成的水利信息化综合体系,有力支撑了各项水利工作,在改造传统水利、发展民生水利、提高水利管理能力和服务水平及推动水利部门转变职能等方面,发挥了不可替代的重要作用,水利信息化已成为我国水利现代化的基础支撑和重要标志。

目前,我国水库管理普遍存在安全监测不够全面、数据不准确、上报不及时、管理不轻松、无自动化数据采集和数据分析机制等现状。为了解决刮风下雨要看得见、平常管理措施落实程度要看得见、决策要有依据、信息传递及时性等问题,按照国家水利工程管理标准规范和各地方政策,水库大坝安全监测项目建设主要集中在信息采集、网络传输、综合数据管理、智能巡检等方面,以实现水库大坝安全监测的自动化、日常办公的移动化、调度决策的智能化、水库管理的标准化。

第一节　监测布置原则

(1)大坝的各监测项目和监测点的布置,应能全面、准确地反映工程建筑物在施工期、蓄水期及运行期的实际工作性态。

(2)应有针对性地设置监测项目、布置监测仪器。监测断面和部位的选择应有代表性,测点布置应突出重点。

(3)应选择性能稳定可靠、适宜在潮湿恶劣环境中长期工作的监测仪器设备。仪器的量程、精度应满足监测要求。采用的监测方法应技术成熟,便于操作。

(4)宜采用先进技术,便于接入监测自动化系统的监测仪器。

第二节　监测内容及布置

一、监测内容

大坝安全监测系统包括自动化监测仪器、自动数据采集系统、信息管理系统。根据水工建筑物级别依据《土石坝安全监测技术规范》(SL 551—2012),本着少而精、经济、实用的原则,安全监测包括巡视检查、变形监测、渗流监测、水位观测等。基于以上要求,针对各建筑物主要布置如下监测项目:

(1)水位监测:包括水库上、下游水位监测。

(2)环境监测:包括水温监测、气温监测、降雨量监测等。

(3)变形监测:包括大坝表面变形监测、内部变形监测、裂缝与接缝监测、溢洪道表面变形监测、库岸及坝基监测、泄槽开挖边坡表面变形监测等。

(4)渗流监测:包括坝体渗流压力和坝基渗流压力监测、绕坝渗流监测、地下水位监测、水质分析监测、坝体渗漏量监测等。

(5)应力应变监测:包括沥青混凝土心墙应力应变监测、坝体应力应变监测等。

(6)温度监测:包括沥青混凝土心墙温度监测等。

按建筑物分类,水库挡水、泄水建筑物由沥青混凝土心墙坝、开敞式溢洪道和输水隧洞组成。根据枢纽结构布置特点及规程规范要求,挡水、泄水建筑物作如下安全监测布置。

(1)大坝。

①变形监测:包括表面变形、内部变形、心墙的水平位移和垂直位移及挠度,以及心墙与上、下游过渡料的位错变形监测。主要的监测方法有视准线法、精密水准法,监测仪器有堆石体内的沉降仪和水平位移计、固定式测斜仪、测缝计等。

②渗流渗压监测:包括坝基、坝体的渗漏量观测,坝基渗透压力监测等,主要监测手段有量水堰、埋设渗压计等。

③应力应变及温度监测:包括沥青心墙的应力、温度监测,主要监测手段为埋设应变计、无应力计、钢筋计、温度计等。

(2)溢洪道。溢洪道主要进行边墩、泄槽及消力池边墙的变形监测,以及溢洪道边坡的变形监测。

(3)输水隧洞。

①变形监测:监测围岩变形,主要监测仪器有多点位移计等。

②隧洞进出口边坡的变形监测:监测点布置可根据现场开挖情况进行调整。

二、安全监测点布置、监测仪器的选择及埋设

枢纽工程安全监测包括人工巡视检查和仪器监测两大类。

(一)巡视检查

巡视检查主要针对施工期、初蓄期、运行期水库各建筑物,分为日常巡视检查、年度巡视检查、特殊情况下的巡视检查等。

(二)安全监测控制网

1. 平面控制网

为监测坝体水平位移工作基点的稳定性及坝区各建筑物边坡的变形值,为水平位移监测系统提供基准,设置水平位移监测网。水平位移监测网采用边角网,共布置不少于5个控制点,常规布置6个点,左岸3个、右岸3个,编号为TN1~TN6。该网以TN1为固定点,TN1—TN2为固定方向。控制点采用有强制归心装置的观测墩,照准标志采用强制对

中觇牌。

该网为边角全测网，按照《国家三角测量规范》(GB/T 17942—2000)一等边角测量要求进行观测，网点高程按一等水准测量要求联测。以方向观测中误差±0.5″、边长观测中误差 1 mm+1×10^{-6} mm 为先验值，采用控制网数据处理通用软件进行精度估算，其网点点位中误差不大于±0.9 mm，满足规范对坝区水平位移变形监测的要求。

2. 高程监测网

高程监测网为沥青混凝土心墙坝及溢洪道等水工建筑物垂直位移监测点提供工作基点。该网一般共布设 3 个水准基点，水准基点布置在坝址下游 1~2 km 处，尽量沿公路布置，为基岩标或深孔钢管标。坝址下游水准点往返观测组成闭合水准线路。水准工作基点布置在大坝左、右岸坝头。按《国家一、二等水准测量规范》(GB/T 12897—2006)中一等水准测量的有关要求施测。以基准点为固定点，按国家一等水准测量偶然中误差每千米±0.45 mm 为先验值进行估算，工作基点高程偶然中误差不大于±0.5 mm，垂直位移测点高程偶然中误差不大于±0.7 mm，满足《土石坝安全监测技术规范》(SL 551—2012)坝区垂直变形监测要求。

(三)水位监测

水位监测主要是进行库水位、下游水位的监测。库水位监测是在溢洪道进口、输水隧洞取水口附近各安装 1 组水尺，在输水隧洞闸门井内安放浮子式水位计，用于人工和自动观测库水位；同时在溢洪道下游河道的合适位置设置 1 组水尺，用于人工观测下游水位。一体化水位监测站见图 6-1。

图 6-1　一体化水位监测站

(四)表面变形监测

变形监测的目的是了解大坝等水工建筑物在建造和运行期间是否稳定与安全，监控裂缝、滑坡等有害变形的发展趋势。变形监测包含表面变形监测和内部变形监测两大类，其中表面变形监测包括竖向位移和水平位移监测，内部变形监测根据建筑物种类和特点主要有分层竖向位移、分层水平位移、界面位移、挠度、倾斜及裂缝监测等。

表面变形监测可以通过人工和自动化两种方式实现。人工监测方法即光学观测方法，包括三角网、视准线法、精密水准方法等。自动监测方法包括引张线方法、真空激光准直法、GPS 方法、测量机器人方法等。

测量机器人又称自动全站仪，是一种集自动目标识别、自动照准、自动测角与测距、自动目标跟踪、自动记录于一体的测量平台，可实现对目标的快速判别、锁定、跟踪、自动照准和高精度测量，可以在大范围内实施高效的遥控测量，使得在遥控测量操作中的那些烦恼成为历史。

大坝、溢洪道表面变形监测包括竖向位移和水平位移监测，水平位移监测包括垂直坝轴线的横向水平位移监测和平行坝轴线的纵向水平位移监测。表面变形监测按枢纽建筑物分为沥青混凝土心墙坝、溢洪道及两岸开挖边坡变形监测三部分。

沥青混凝土心墙坝表面变形监测按部位分为上游坝坡、坝顶、下游坡面变形监测三部分。大坝各测点的布置应结合大坝内部变形等情况来进行设计。对各测点进行空间三维观测，竖向位移（沉降，Z 方向）用水准测点观测，水平位移（横向 X、纵向 Y）用小角度法或前方交会法观测，以及用铟钢尺或光电测距。

根据《土石坝安全监测技术规范》（SL 551—2012），断面选择和测点布置原则如下：

（1）表面观测横断面通常选择在最大坝高或原河床处、合龙处、地形突变处、地质条件复杂处及运行有异常反应处，一般不少于 3 个断面。

（2）观测纵断面一般不少于 4 个，通常在坝顶的上、下游两侧布置 1~2 个；在上游坝坡正常蓄水位以上布置 1 个，正常蓄水位以下可视需要设临时测点；下游坝坡半坡高以上布置 1~3 个，半坡高以下布置 1~2 个。

（3）对“V”形河谷中的高坝和两坝端及坝基地形变化坝段，坝顶测点应适当加密，并宜加测纵向水平位移。

（4）测点的间距，一般坝长小于 300 m 时，宜取 20~50 m。工程规模较小时参照执行。

以者岳水库为例，根据水库大坝的地形地质特点和计算成果，沥青混凝土心墙坝外部变形监测布置按平面网格控制。大坝表面变形监测选择布置 4 条视准线，上游布置 2 条视准线，下游布置 1 条视准线，坝顶布置 1 条视准线；测点布置根据计算结果及上述原则来控制疏密，间距一般为 30~50 m。

视准线 L1 位于坝顶上游侧，高程为 896.00 m，测点 6 个；视准线 L2 位于高程 892.00 m 处，测点 2 个；视准线 L3 位于上游马道侧，高程为 877.00 m，测点 2 个；视准线 L4 位于下游马道，高程为 876.00 m，测点 2 个。由于 L2 位于正常蓄水位以下，水库蓄水至该高程后停止使用，其余为永久观测。

在溢洪道边坡马道上共布置 11 个水平位移测点和垂直位移测点。边坡水平位移测点和垂直位移测点同标设置。边坡水平位移按二等边角交会测量精度进行观测；边坡垂直位移采用光电测距仪三等水准方法进行观测。在大坝右岸边坡马道上共布置 3 个水平位移测点和垂直位移测点。在隧洞进、出口边坡马道上共布置 8 个水平位移测点和垂直位移测点。监测点布置可根据现场开挖情况进行调整。具体观测点布置见附图 5。表面变形典型监测剖面见附图 6。

(五)内部变形监测

挡水、泄水建筑物内部变形监测包括坝体及心墙内部变形监测、接触缝变形监测等。

1. 坝体及心墙内部变形监测

根据坝体应力变形计算成果及枢纽地形、地质条件,至少布置2个观测断面,并且采用相同类型的观测仪器和布置形式,以便于分析和比较,同时能够全面地反映整个坝体的变形情况。

大坝内部分层水平位移监测主要采用引张线水平位移计、测斜仪;分层竖向位移宜采用水管式沉降仪、电磁式沉降仪、深式测点组等。由于电磁式沉降仪、测斜仪、深式测点组均为竖向埋设,且大坝填筑施工干扰大,仪器成功率偏低,因此目前主要采用水平埋设的引张线水平位移计、水管式沉降仪测量水平位移及竖向位移,仅在少量部位采用固定式测斜仪观测沥青混凝土心墙变形。

为监测坝体内部变形,且为避免破坏心墙防渗体系,主要在心墙后坝体内埋设仪器进行监测。者岳水库沥青混凝土心墙坝引张线水平位移计和水管式沉降仪成套布置,4套共布置17个测点,引张线水平位移计及水管式沉降仪各17个测点。为观测坝基的变形情况,在以上2个断面基础部位布置沉降计,共2支。引张线水平位移计宜与水管式沉降仪组合埋设在各高程的各条观测线,为避免水管式沉降仪的水管形成倒坡,减小测站高度,对垂直水平位移计条带,均预先考虑一定坡度,然后进行安装埋设,其坡度根据计算成果(坝体位移分布)确定,坡度一般在1%~3%。目前,由引张线水平位移计及其水平位移遥测遥控装置、水管式沉降仪及其垂直位移遥测遥控装置、测量控制单元(MCU)和主控计算机组成了遥测遥控水平垂直位移计,采用分布式结构,测量控制单元根据主控计算机指令,实施遥控遥测,实现了监测自动化。每条测线的测量端均设在下游坡面观测房内,共有观测房4座。各观测房高度根据仪器设备的安装最小净空、测量量程(坝体最大沉降量)来确定,经计算,坝体蓄水期最大沉降量(竣工后残余沉降)为12 cm。但由于目前已建工程的沉降观测值均已远超过设计计算值,因此沉降观测的量程按设计计算值的2~3倍来考虑。观测房房顶设置2个测量标点,以确定观测房自身的绝对位移及高程。为监测沥青混凝土心墙挠曲变形,共计布置2条测斜管,测斜选用振弦式测斜仪,测点高程间距10 m。内部监测仪器布置见附图7,心墙两侧监测设备布设见图6-2。

2. 接触缝变形监测

沥青混凝土心墙是大坝的主要防渗结构。心墙与其下基础内混凝土基座牢固结合从而形成了一个完整封闭的阻水帷幕,以确保大坝的安全运行。由于心墙位于坝体内,两侧紧靠可压缩的堆石体,混凝土基座位于河床基岩上,心墙和其下混凝土基座之间的接触面必将随着坝体结构在施工和水库蓄水过程中的受力情况等环境条件的变化而变化,监测其在坝体应力、变形等复杂情况下的工作情况,对于保证坝体安全运行和改进缝面结构、止水设计等,都是极为重要的一项监测内容。因此,在河床和两岸变形较为复杂的心墙与基座接触面处布置了仪器进行接触缝变形监测。选取3~4个测点,每个测点均布置2支位错计。坝顶长度较长时适当增加测点。

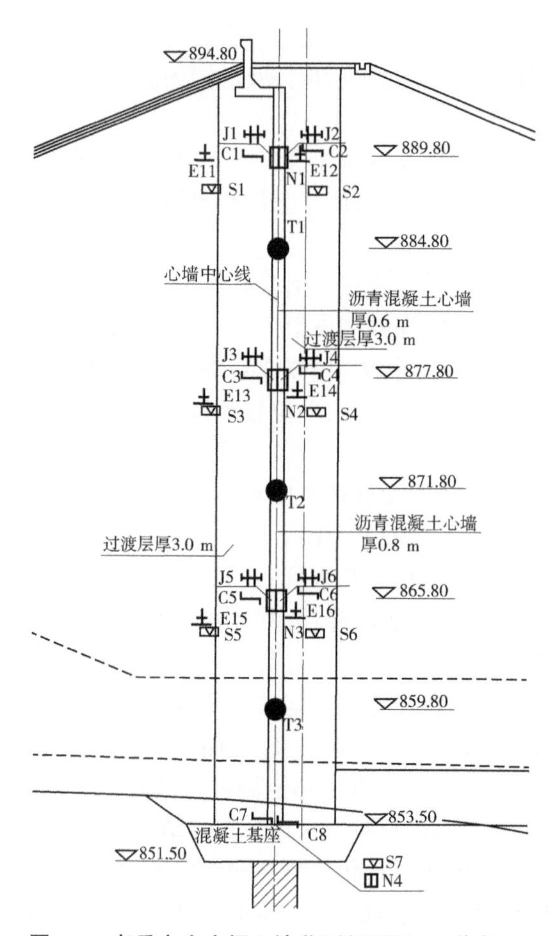

图 6-2 者岳水库大坝心墙监测剖面图 （单位：m）

为监测沥青混凝土心墙与过渡层接触面之间的张拉变形及位错情况，设置位错计及测缝计，沿高度方向 5 m 设置 1 支测缝计、1 支位错计。

为监测沥青混凝土心墙与基座之间的张拉变形及位错情况，每隔 30～50 m 设置 1 支位错计。安装示意图见图 6-3。

（六）渗流监测

渗流监测是指对在上、下游水位差作用下产生的渗流场的监测。渗流监测的目的是掌握大坝渗流规律和在渗流作用下坝体的渗透变形，是监测土石坝安全的重要项目。大坝在投入运行后，在水头的作用下，势必会产生渗流现象。当渗流处于平稳状态时，渗流量将与水头的大小保持平衡，当渗流量显著增加或减少时，就意味着渗流稳定被破坏或者排水设备失效。目前，常用于渗流监测的设备有振弦式渗压计、光纤光栅渗压计、堰流计等。

渗流监测包括坝体渗流压力监测和坝基渗流压力监测、绕坝渗流监测、地下水位监测、渗流量监测等。其布置分别如下。

1. 坝体渗流压力监测和坝基渗流压力监测

混凝土基座与帷幕交接面的下游侧及下游坝基，分别布置渗压计监测渗流压力变化

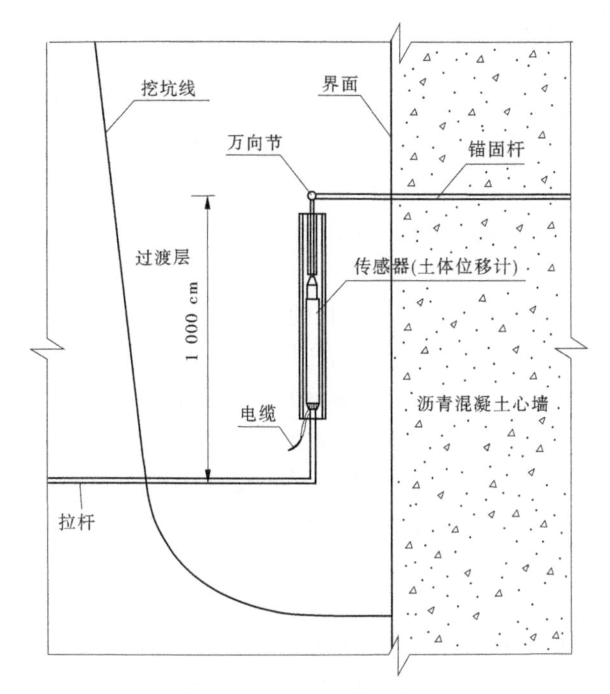

图6-3 位错计安装示意图

情况,每个监测剖面布设3支渗压计,渗压计选用振弦式渗压计。

2. 绕坝渗流监测及地下水位监测

为了解大坝左、右岸坝肩的绕坝渗流及两岸的地下水位情况,大坝在左、右岸沿流线方向分别布置1条监测断面,每个断面上分别布置2个测点,分别位于帷幕上、下游,采用测压管进行监测。测压管进口管高程应与帷幕底部高程相同。这些测压管既作为绕坝渗流监测孔,也作为地下水位长期观测孔。为自动采集测压管水位数据,管内设置振弦式渗压计。共布设4支渗压计。

3. 渗流量监测

渗流量是综合反映心墙坝工作性态的重要指标。为监测坝体、坝基的渗流情况,在排水棱体坡脚建排水沟,同时将排水沟加高、加深以截断外水入堰,使坝体及基础渗流水集中进入排水沟,利用在沟内设置的量水堰进行坝体、坝基渗流量的监测。在设置量水堰的位置安装小量程高精度堰流计,并纳入监测自动化系统。量水堰装置将流量测量转化为水位测量。

(七)应力、应变监测

为确保建筑物的安全正常运行,了解结构应力分布及其变化规律,为大坝安全运行提供资料,需对建筑物进行应力、应变监测,应力、应变监测布置如下。

1. 沥青混凝土心墙内部应力、应变监测

心墙作为大坝的重要防渗结构物,有必要对其进行应力应变监测。同时因为大坝最大位移通常发生在最大坝高处。沥青混凝土心墙上部最大厚度仅为0.6 m,属薄壁结构,若在墙内埋设仪器,势必将削弱结构物。由于心墙中沥青混凝土的性态主要取决于垂直应力,因此在监测断面处将单向(垂直向)应变计用锚固板固定在心墙的上、下游侧表面,仪器从坝底沿高度方向每隔 10 m 布置 1 支。

2. 过渡层应力、应变监测

心墙的主要荷载是上游坝体侧向荷载及水压力,且心墙把受力传递到下游坝壳。因此,监测心墙下游侧过渡层内应力应变可以评估心墙的受力情况。为监测沥青混凝土心墙下游侧过渡层的应力情况,从心墙底部高程开始,沿心墙与过渡料接触带每隔 10 m 布置一组土压计,观测心墙传递到过渡料层及下游坝壳的压应力。压应力计选用振弦式传感器。

(八)温度监测

沥青混凝土心墙内部温度监测的主要目的是判断心墙在上游库水位及自重等荷载作用下水力劈裂情况。因为心墙在正常工作状态时,其温度场应该是连续平滑的变化曲线,若温度变化曲线产生突变现象,可以结合上游库区水温和心墙下游侧的渗流监测情况判断心墙是否开裂。沥青混凝土心墙温度监测采用温度计进行。在监测横断面沥青混凝土内每隔 20 m 埋设 1 支高温温度计。温度计采用振弦式温度计,同时应配聚四氟乙烯耐高温电缆。

者岳水库沥青混凝土心墙坝监测仪器见表 6-1、表 6-2。

三、大坝自动化安全监测系统

自动化安全监测系统主要包括以下几个子系统:大坝安全监测子系统、视频监视子系统、信息通信系统、洪水预警预报系统、监控中心与软件系统。

大坝安全监测子系统主要是对水库大坝日常运行进行建筑物安全监测,监测数据包括变形、渗流、环境变量(如水位、温度、雨量)等工程日常运行的基础数据,方便管理单位及时掌握工程运行安全性态。

视频监视子系统,拟在库区和办公区域范围内布设高清摄像头,只能识别外来人员,同时能够在恶劣天气中实时掌握库区各个区域的情况,使管理单位能够及时发现异常,及时处理应对。

信息通信系统是整个水库信息化建设的基础,能够将库区各水工建筑物的监测数据即时传输到管理中心工作人员手中,同时也能够将水库的运行情况实时传输至市水务局和省水利厅。

表 6-1 监测仪器设备清单

监测项目	监测设施名称	图例	代号	数量/个	技术规格(型号)
变形	边角网点	▲	TN	5	
	水准基点			3	
	水平位移工作基点兼水准工作基点	⊡	TB	2	F-1A 型、B-2 型
	水平位移、沉降兼测点	⊗	SD	37	F-1A 型、B-2 型

续表 6-1

监测项目	监测设施名称	图例	代号	数量/个	技术规格(型号)
渗流压力	测压管		UP	10	ϕ 50 镀锌钢管
	振弦式渗压计(孔隙水压力计)		P	12	量程:0.5 MPa,精度:0.1%F.S
渗流量	量水堰		WE	1	不锈钢堰板,厚 8 mm
	堰流计			1	量程:0.1 MPa,精度:0.1%F.S
水位	水尺		SC	180 m	搪瓷
	浮子式水位计		SW	1	量程 35 m,分辨率 1 cm,一体化监测
变形	水管式沉降仪		WS	10	
	引张线水平位移计		TH	10	3 根,共 10 个测点
	基岩位移计		M	2	
	滑动式测斜仪		IN	1	导轮间距:500 mm 重复性:±0.025% 分辨率:0.01 mm
	电磁沉降环		CJ	19	重复性:3 mm 探头直径:16 mm
	测缝计		J	14	
	位错计		C	16	
	温度计		T	6	-20~200 ℃
应变	土压力计		E	22	
	耐高温压缩应变计		S	14	
	无应力计		N	8	
库水温	电阻温度计			1	-20~100 ℃
管理	测站		D	3	
	永久观测房		GCF	3	每个 20.25 m^2

表 6-2　监测仪器技术参数

序号	名称	类型	测量范围/标准量程	系统精度/误差/灵敏度	最小读数	温度范围	耐水压	非线性度	其他要求	配套电缆类型
1	水管式沉降仪		0~1 000 mm	±1~3 mm	≤1 mm	-20~80 ℃	0.5 MPa		测线长度:0~90 m; 2 根 3 测点,间距 20 m; 1 根 4 测点,间距 20 m	
2	引张线 水平位移计		0~500 mm	≤±10 mm	0.1 mm	-20~80 ℃	0.5 MPa		测线长度:0~90 m; 2 根 3 测点,间距 20 m; 1 根 4 测点,间距 20 m	
3	滑动式测斜仪		±50 *	±4 mm/30 m		-20~60 ℃	0.5 MPa		导轮间距:500 mm; 重复性:±0.025%; 分辨率:0.01 mm	8 芯屏蔽 专用电缆
4	电磁沉降仪 (含磁环)		0~100 m	分辨率: 1 mm		-20~200 ℃	1 MPa		重复性:3 mm; 探头直径:16 mm	
5	界面剪切位移计 (位错计)	振弦式	250 mm	±0.025%F.S		-20~80 ℃	0.5 MPa	直线:≤0.5%F.S; 多项式:≤0.1%F.S		4 芯屏蔽电缆
6	开合度界面 位移计(测缝计)	振弦式	250 mm	±0.025%F.S		-20~80 ℃	0.5 MPa	直线:≤0.5%F.S; 多项式:≤0.1%F.S		4 芯屏蔽电缆

续表 6-2

序号	名称	类型	测量范围/标准量程	系统精度/误差/灵敏度	最小读数	温度范围	耐水压	非线性度	其他要求	配套电缆类型
7	土压力计	振弦式	1.5 MPa	精度：≤1.0%F.S 灵敏度：0.04%F.S		-20~80 ℃	0.5 MPa	直线：≤0.5%F.S；多项式：≤0.1%F.S		4 芯屏蔽电缆
8	耐高温压缩应变计	振弦式	±1 500 με	±0.1%F.S		-20~200 ℃	0.5 MPa		标距：144 mm	4 芯屏蔽电缆/光纤光栅电缆
9	无应力计	振弦式	±1 500 με	±0.1%F.S		-20~200 ℃	0.5 MPa		标距：144 mm	4 芯屏蔽电缆/光纤光栅电缆
10	温度计	热电阻式	-20~200 ℃	±1 ℃		-20~200 ℃	0.5 MPa			10 m 长时高温 4 芯屏蔽电缆，其余为普通 4 芯屏蔽电缆
11	渗压计（孔隙水压力计）	振弦式	0.5 MPa	0.025%F.S			0.5 MPa	直线：≤0.5%F.S；多项式：≤0.1%F.S	运载能力：50%	4 芯屏蔽电缆
12	基岩位移计		0~250 mm	0.025%F.S		-20~80 ℃	0.5 MPa	直线：≤0.5%F.S；多项式：≤0.1%F.S		4 芯屏蔽电缆

洪水预警预报系统是针对大型水利枢纽水情自动测报算法采用模糊预测算法,结合对水情和水位的自动监测进行预测控制,对水库洪水进行预警预报,提高管理效率。

监控中心与软件系统的主要功能是将各水工建筑物的监测设备数据进行统一,对各种类型的数据接口进行统一适配,接入综合管理中心,管理单位不同专业的管理人员都能够通过综合管理中心对自己所需要的信息进行调用,提升管理效率和管理水平。

由于土石坝体积较大,受水文气象、工程地质及运行期温度、湿度等环境因素影响较大,因此大坝的实时工作性态无法预先精准估算,所以监测设计时需要布设较多的原型观测项目和测点。早在 1968 年,日本率先进行了大坝的监测数据自动化采集,随后,意大利在一座拱坝上实现了变形的自动化监控。目前,意大利在大坝监测中广泛推广在线辅助监测系统,能够进行数据自动采集、报警、存储、远程传输及控制,形成了全自动的大坝安全监测系统,与水情测报系统结合,根据气象变化可做到远程控制大坝运行,了解大坝性状。

我国的大坝监测自动化设计施工始于 20 世纪 80 年代,小浪底大坝建设推动了大坝安全监测系统的发展及研发,土石坝安全监测设备日趋成熟,自动化监测也因精度高、实时反映大坝运行情况、省时省力得到广泛应用。由于大坝上工作环境比较恶劣,设备寿命一直是制约自动化监测系统可靠运行的因素。自动化监测系统依赖自动化监测仪器,通过自动化数据采集单元采集数据后,再通过信息管理软件完成监测的全过程。自动化监测仪器主要包括水位监测仪器、变形监测仪器、渗流监测仪器、内部观测仪器等。自动化系统网络结构图见图 6-4。

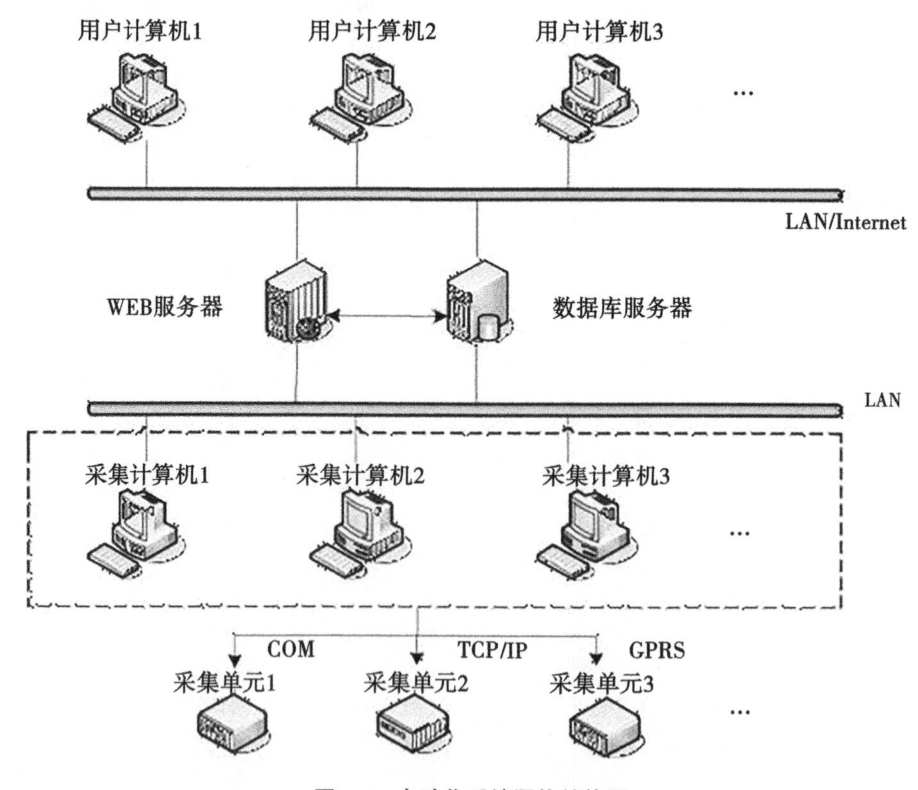

图 6-4 自动化系统网络结构图

随着设备的革新及网络技术的发展,近年涌现出一批使用方便、管理智能的监测系统,如自动化变形监测软件系统(俗称测量机器人)、边坡自动安全监测系统(微芯桩)、大坝安全巡检模块等。

(一)自动化变形监测软件系统

办公楼可设置为在自动化监测系统数据分析处理的控制中心,其监测软件平台采用徕卡 GeoMoS 自动化监测软件。GeoMoS 是由徕卡瑞士研发的自动化监测软件平台,其软件主要由两部分组成,即监测器和分析器。

GeoMoS 是一个开放式、可升级且可用户定制的自动化监测软件平台,主要适用于高层建筑物、高危建筑、古建筑、大坝、滑坡、矿山、桥梁、隧道、高架道路等结构物外部形变和三维空间位置变化量的自动化安全监测。

GeoMoS 所有的测量数据和结果数据都存放在一个 SQL 数据库中,无论用 GeoMoS 还是第三方软件都可以本地或远程安全地访问这些数据并进行分析。系统支持型号广泛的传感器,同时软件还设计为可以便捷地增加额外的传感器。联合使用一系列由测量和大地传感器所采集到的数据,GeoMoS 可将风险降到最低点。

GeoMoS 采用严格的数据筛选和处理算法以确保从所连接的传感器上得到高精度数据。对于由 GNSS 和全站仪组成的监测系统,GeoMoS 可以采用最新的 GNSS 技术和徕卡 GNSS Spider 无缝联合进行高级监测。

强大的事件管理系统可以将有关信息通过 E-mail 或数据接口按照预先定义的规则(如测量位移值超过限差、电力故障等)发送出去。在测量过程中外部设备和程序可以由预先指定的事件来加以控制。

自动化变形监测软件系统主要特点如下。

1. 多种传感器的配置和管理

徕卡 GeoMoS 监测系统是专门针对结构监测应用设计的现代化大型多传感器自动监测系统。可以 24 h 不间断地完成目前世界上各种主流监测传感器的控制管理和数据集成,如 GPS、TPS、倾斜仪、气象传感器和地质传感器等,同时 GeoMoS 还支持各种通信方式。

2. 测量机器人的设站定向

当测量机器人安装完成后,人无须到现场,而是直接在室内通过 GeoMoS 软件完成测量机器的设站和定向工作,而所有设置工作只需在第一次进行,以后如果不改变数据,就不用进行相关设站工作,系统会自动去完成命令,该系统支持的设站方式有 GPS 测量、直接给定坐标、自由设站、距离交会等,完全满足现场自动化测量的要求。

3. 测量点的学习、分组

GeoMoS 可以自动对监测点进行测量,在此之前,需要赋予系统测量点的大概坐标,所以第一次要对点号、大概的坐标进行输入。该系统可以对测量点进行分组观测,单独设置相应的测量方法、测量周期、测量等级等,非常人性化。

4. 测量周期、限差、断面的设置

可根据分组的不同,针对每组测量点,单独配置相应的测回数、每天测量的开始时间等,该功能可以对一些重点区域进行重点观测。可以根据观测等级的不同,设置各个组的测量限差,系统将会根据测量数据自动计算考虑各限差,如果超限,仪器会自动重测 3 次,以检查是否真正的超限,如果真正超限,系统会根据设置的报警方式进行报警。可以根据大坝、边坡的情况,对测点变形数据按照设定的方向进行分析。

5. 测量过程可视化

当所有的设置完成后,只需点击“开始”按钮,系统就可以自动进行测量了。

GeoMoS Analyzer 可以图形化和数字化呈现数据。其结果可用不同的方式来显示,比如时间序列图,从而表示在所选择时间段上的移动趋势。

待第一次测量完成后,系统就可以自动生成测点的网形图,该图包含位置、点号、变形是否超限等,超限点会在图上以不同的颜色表现出来,还可以用鼠标点击超限点,系统会自动生成超限的测量数据,一目了然,方便查看测量点的情况。

数据分析可以分为实时分析和历史分析、单点分析和面状分析。纵向位移分析可以多点,也可以单点,随着时间的延续,各个方向量值可以生成与时间相关的线性函数。纵轴表示监测值,横轴表示时间,可以给监测值设置预警限值,并且按照报警级别可以设置不同的限值。

6. 多重图表综合分析

日常报表可以根据各种分析结果归纳出变化速率、最大变形值、最小变形值、各监测点的稳定性、整体变形趋势等信息。根据需要提供日报、周报或月报等多种报表形式。相关专家和领导通过报表分析可以对被监测体及时作出诊断,并反馈意见。

该设备将用于水库管理单位进行水库大坝表面变形数据比测等辅助测量。徕卡 TS 系列智能全站仪全套含全站仪原装标准配置 1 台、三脚架 3 副、单棱镜组 2 组、2.15 m 对中杆支架 1 副。主要技术参数见表 6-3。

表 6-3 测量机器人参数

技术参数		TS
角度测量	精度(Hz,V1)	1″、2″、3″、5″
	测量方法	绝对编码,连续
	补偿器	四重轴系补偿
棱镜距离测量 2	圆棱镜(GPR1,GPH1P)3	1.5~3 500 m
	精度/测量时间	标准(单次)2,5:1 mm+1.5×10^{-6} mm/一般为 2.4 s
		连续 2,5:3 mm+1.5×10^{-6} mm/一般为 0.15 s
无棱镜距离测量	测量距离	*R*500:1.5~500 m
		*R*1 000:1.5~1 000 m
		长测程模式 2,4,5:12 000 m
	精度/测量时间	2 mm+2×10^{-6} mm/典型 3 s
距离测量常规参数	测量原理	基于相位测量原理(同轴,红色可见光)
	激光点的大小	在 50 m:8 mm×20 mm

续表 6-3

<table>
<tr><td colspan="2">技术参数</td><td colspan="2">TS</td></tr>
<tr><td rowspan="11">综合数据</td><td>操作系统</td><td colspan="2">Windows EC7</td></tr>
<tr><td>处理器</td><td colspan="2">TI OMAP4430 1 GHz 双核 ARM ® CortexTM -A9 MPCoreTM</td></tr>
<tr><td>显示屏</td><td colspan="2">WVGA,5 英寸,彩色,触屏,双面</td></tr>
<tr><td>键盘</td><td colspan="2">37 键带照明功能</td></tr>
<tr><td>仪器内存/外置存储</td><td colspan="2">2 GB/SD 卡 1 GB 或 8 GB</td></tr>
<tr><td>接口</td><td colspan="2">RS232,蓝牙,微型 USB 端口,WLAN</td></tr>
<tr><td>操作</td><td colspan="2">2 个无限位驱动,用户自定义快捷键</td></tr>
<tr><td>电源</td><td colspan="2">可更换内置锂电池,具有给电池充电功能;
使用时间:5~8 h</td></tr>
<tr><td>质量(包括电池)</td><td colspan="2">5.3~6 kg</td></tr>
<tr><td>工作温度</td><td colspan="2">-20~50 ℃</td></tr>
<tr><td>防尘防水/防雨/防潮</td><td colspan="2">IP55/MIL-STD-810G,遮挡系数 95%,防冷凝</td></tr>
<tr><td>马达驱动</td><td>直驱,转速</td><td colspan="2">最大 45°(50 gon)/s</td></tr>
<tr><td rowspan="6">自动目标识别与照准(ATRplus)</td><td>棱镜类型</td><td>ATR 模式 2</td><td>锁定模式 2</td></tr>
<tr><td>圆棱镜(GPR1,GPH1P)</td><td>1 500 m</td><td>1 000 m</td></tr>
<tr><td>360°棱镜(GRZ4、GRZ122)</td><td>1 000 m</td><td>1 000 m</td></tr>
<tr><td>微型棱镜(GMP101)</td><td>500 m</td><td>400 m</td></tr>
<tr><td>ATRplus 测角精度 HZ、V</td><td colspan="2">1″(0.3 mgon),2″(0.6 mgon),3″(1 mgon),5″(1.5 mgon)</td></tr>
<tr><td>测量时间(GPR1)</td><td colspan="2">3~4 s</td></tr>
<tr><td rowspan="2">EGL 导向光</td><td>工作范围</td><td colspan="2">5~150 m</td></tr>
<tr><td>定位精度 1,2</td><td colspan="2">100 m 处:5 cm</td></tr>
<tr><td rowspan="2">超级搜索(360°棱镜)</td><td>范围</td><td colspan="2">300 m</td></tr>
<tr><td>搜索时间</td><td colspan="2">典型 5 s</td></tr>
<tr><td rowspan="3">图像(广角相机)</td><td>传感器</td><td colspan="2">500 万像素 CMOS 传感器</td></tr>
<tr><td>视场</td><td colspan="2">19.4°</td></tr>
<tr><td>帧频率</td><td colspan="2">高达 20 帧/s</td></tr>
<tr><td>机载软件系统</td><td colspan="3">Captivate 软件(含应用程序)</td></tr>
</table>

注:1. 标准偏差,依据《光学和光学仪器 大地测量和测绘仪器的现场试验规程》偏差 2″。

2. 阴天、无风、能见度达 40 km、无热流闪烁环境。

3. 1.5~2 000 m,使用 360°棱镜(GRZ4、GRZ122)。

4. 测量目标处于阴影下、阴天,柯达灰白板(90%反射率)。

5. 标准差,依据 ISO 17123—4—2012。

6. 距离>500 m;精度 4 mm+2×10^{-6} mm,测量时间典型 6 s。

(二)边坡自动安全监测系统

iSafety 微芯桩安全监测预警系统是由多所科研机构及高校联合研发的态势感知传感器,内置低功耗、高灵敏度、耐用性强的无线态势感知传感器,可定时或主动采集倾斜、空间形变、振动等信息,同时根据需求可外接数字式、振弦式等标准接口传感器。内置无线传输系统实时将监测信息和预警信息上传至采集测站,内置电源系统确保传感器连续工作 10 年以上。该监测系统主要应用于边坡、山洪泥石流、尾矿库坝、中小型土石坝等工程安全监测。

该监测系统由微芯桩传感器、一杆式采集测站(或手提式采集测站)构成,可自动监测工程安全参数的细微变化,分析工程安全状态及演变趋势,并通过云平台及移动互联网推送实时信息及安全警示。针对滑坡,该自动化监测系统可实现边坡倾斜监测、振动监测、形变监测、降雨量监测、监控照片观测等。微芯桩主要布设在溢洪道左边边坡上,拟布置 3 个微芯桩测点,配置 1 台移动式手提采集测站。微芯桩监测工作流程见图 6-5。

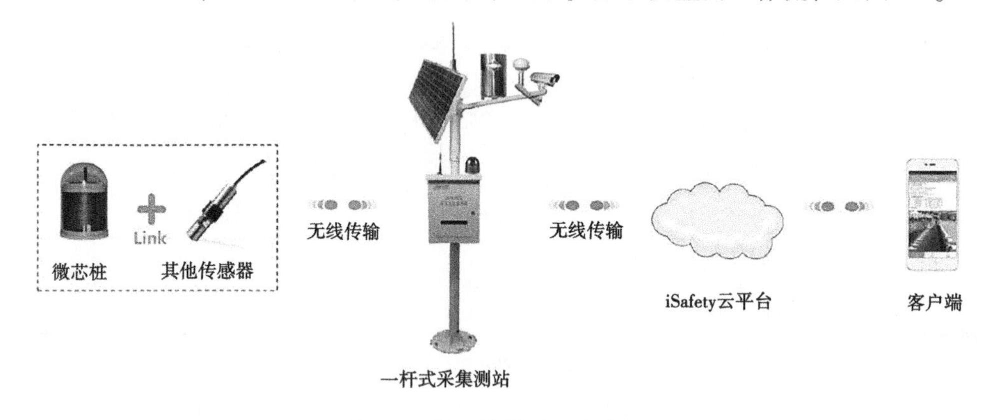

图 6-5　微芯桩监测工作流程

(三)大坝安全巡检模块

工作人员可以利用智能巡检 App 进行日常的巡视检查工作。点击“巡视检查”按钮,开始巡检,App 会自动记录巡检轨迹和巡检时间,通过巡检记录,将巡检的结果进行记录和上报,信息填写无误后,点击“提交”按钮,提交的内容将会同步到 PC 端的综合信息管理中,由管理员来核实该信息是否有效。工作人员或者管理人员可以对巡检问题进行查看和处理,最终达到巡检要求和管理标准。

水库智能巡查平台涉及信息采集、传输、存储、信息标准与管理、应用系统和服务等,其关键在于实现水库巡查数据的整合、分析方法的融合与资料信息的共享服务。为此,水库大坝智能巡查管理平台总体框架结构包括信息采集系统、计算机网络系统、资源共享服务平台、综合业务应用平台 4 个层次,以及水库大坝智能巡查信息化标准体系和安全保障体系两个外部条件。

信息采集系统是整个系统建设的基础,包括采集水文数据、水工建筑物图片信息、故障问题现场描述等,以及对水利工程及设施的运行数据和安全数据的监测,实现实时获取工程运行信息,严格工程运行管理,为有序调度、科学调度、发挥工程综合效益、逐步提高工程巡查管理水平创造条件。

计算机网络系统将充分利用公网资源,依托水利专网、政务内外网等现有资源,建设满足水库大坝智能巡查管理平台需求的网络系统,满足信息传输需要。

资源共享服务平台是系统建设的核心内容,包括软硬件基础平台、地理信息系统和水库安全管理综合数据库三部分,为采集到的各类数据提供数据交换、信息展示、数据分析及技术指引等。

综合业务应用平台是整个系统的中枢,它以专业应用为主体,完成对水库大坝智能巡查业务的监测、分析、预测、决策、执行和反馈。

水库大坝智能巡查管理平台将采用"一个登录门户分级权限管理"的方式实现业务的管理。各水利业务部门将使用统一的入口登录信息系统,根据各自的权限进入本业务系统处理具体业务,社会公众和相关业务单位也可以通过公共信息门户查询相关信息。

水库大坝智能巡查管理平台采用 java EE 技术架构开发;智能巡查终端中配置的应用程序基于 Android 的原生开发,客户端和后台服务端通过 Http 协议方式的接口进行交互。

第三节　施工期(含完建期)监测及分析

一、施工期监测内容

施工期监测主要包括施工期间的监测、监测仪器设备维护、监测资料整编、巡视检查等。

施工方应在施工期监测工作开始前,编制一份施工期监测规程,其内容包括:

(1)监测点的位置和埋设时间。

(2)各种监测仪器设备的监测要求、监测程序和方法。

(3)监测仪器设备的维护。

(4)监测资料的整编方法。

施工方应在施工过程中,直到所有的监测设施和监测资料(包括电子文件)移交前,随时向设计单位报送包括监测原始数据在内的监测记录和初步分析与评价结果,形成施工期监测资料和监测资料整编分析报告。

监测仪器设备交付验收前,施工方应向监理人提交以下完工资料:

(1)仪器设备编号和仪器设备说明书。

(2)仪器的检验和率定记录。

(3)仪器设备安装和埋设的施工记录。

(4)仪器设备安装和埋设完工图。

(5)隐蔽部位的验收记录。

(6)施工期原始监测资料及监测成果整编分析报告。

二、沥青混凝土心墙坝监测分析案例

以中叶水库监测成果为例,对其监测数据进行分析。中叶水库大坝工程于 2015 年 1

月1日开工,2017年4月大坝封顶。水库于2019年3月下闸蓄水,至2021年6月15日,水库蓄水至试蓄水期间的最高水位为1 536.3 m(2021年1月27日),相应库容为476万m^3。水库正常蓄水位为1 550.32 m,相应库容为943.40万m^3。

该工程坝体结构为沥青混凝土心墙土石坝;工程规模为中型。结合工程地质条件、建筑物布置、结构设计及施工方式等的具体特点,有针对地选择监测项目,以满足施工期和运行期的工程安全监测要求。

针对该工程地质条件、变形、渗流及结构受力条件的实际情况,中叶水库大坝安全监测系统包括巡视检查、变形监测(含坝体表面变形、坝体内部变形、坝体接缝开合度监测、坝体接缝错位监测、心墙应变监测、心墙温度监测、坝基变形监测、土压力监测)、渗流监测(含渗流量监测、坝基渗流压力监测)、环境量监测(水情系统)、视频监控等。

表面变形监测系统含基准点、工作基点和测点。其监测工作包括选点、浇筑观测墩、安装强制对中底盘及水准标志等。内部变形监测系统含坝体内部水管式沉降仪、电磁沉降环、测斜管和引张线水平位移计。渗流监测包括坝基渗流监测渗压计和渗流量监测量水堰。变形监测系统包括基岩变位计、单向测缝计、土压力计、位错计、挠度计、应变计、温度计、无应力计。环境量监测包括闸位计和翻斗式雨量计等水情监测设备。该项目安全监测的重点有:坝体变形、心墙变形、渗流压力和渗流量等。沥青混凝土心墙安全监测设置的常规监测项目见表6-4。中叶水库大坝的安全监测设置的监测项目汇总见表6-5。

表6-4　沥青混凝土心墙土石坝安全监测项目

序号	监测类别	监测项目	说明
1	巡视检查	坝区巡视检查	包括日常、年度、特殊3类
2	变形	表面变形	坝体表面水平位移、垂直位移
		内部变形	坝体内部垂直沉降和水平位移
		接缝位移	坝体与坝基位移,心墙和反滤料位移
		坝体应力应变	心墙温度、应变,坝体应力,土压力
3	渗流	渗压	坝体及边坡绕坝渗流
		渗流量	下游坝脚设置量水堰
4	环境量	上、下游水位	水位变化
		降雨量、气温	

表 6-5　中叶水库大坝的安全监测设置的监测项目汇总

项目名称		仪器/设备名称	单位	设计数量	说明
大坝	表面变形	基准点	个	5	TN
		工作基点	个	2	TB
		测点	个	37	SD
	坝体内部变形	水管式沉降仪	套	4	
		引张线水平位移计	套	4	
		沉降环	套	17	
		测斜管	套	3	
	渗压	渗压计	支	23	
	渗流量	量水堰板	套	1	
	坝基位移	基岩变位计	支	6	
	接缝观测	单向测缝计	支	14	
	错位观测	位错计	支	18	
	心墙应变	应变计	支	16	
	心墙应力	无应力计	套	9	
	心墙温度	温度计	支	7	
	土压力	土压力计	支	27	
水情	降雨量	翻斗式雨量计	台	3	
	闸门开合度	闸位计	台	2	
	水位计	浮子式水位计	台	1	

(一)位移监测

1. 坝体

2017 年 9 月至 2021 年 5 月,沉降监测 54 次,水平位移监测 34 次。其中,坝体水平位移最大值为 10 mm,位于 WS10 和 WS14 监测点,水平位移随水位变化存在波动。沉降最大值为 360 mm,位于 WS9 监测点;大坝竖向位移监测数据已趋于稳定,无异常情况,大坝沉降基本完成。

2. 坝基

截至 2021 年 6 月,在坝基 3 个横断面 0+060、0+105 和 0+150 安装 6 支基岩变位计(M1~M6),用于坝基变位测量,从测值来看,最大坝基变位为 49. 12 mm,出现在基岩变位计 M1,其他仪器测值多在 40 mm 以内,测值变化平稳,无异常突变,基岩变位计位移典型测值过程曲线见图 6-6。

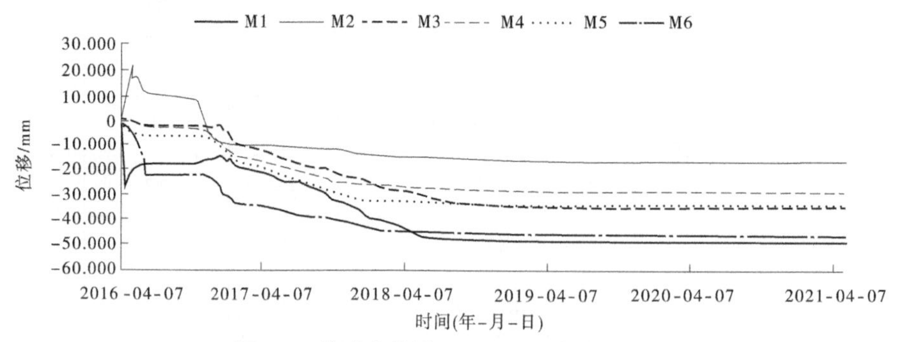

图 6-6　基岩变位计 M1~M6 位移过程曲线

(二)渗流监测

1. 坝体及坝肩渗流监测

坝体 3 个横断面和左、右岸边坡共埋设了 23 支渗压计,用于分析沥青混凝土心墙防渗效果和绕坝渗流情况。

2018 年 1 月至 2021 年 5 月,共监测数据 41 组,心墙上游测压管水位与库水位联动,心墙后测压管水位明显下降,说明防渗墙降低坝体浸润线作用明显。下游填筑区测压管水位呈缓慢下降趋势,最终与下游水位持平。坝体内浸润线体现了心墙坝特征,无异常现象。

右坝肩防渗帷幕前后测压管数据显示:右岸延伸段防渗帷幕效果不明显,测压管前后差异不大(见表 6-6)。

表 6-6　UP14 与 UP15 水位对比

监测时间(年-月-日)	仪器环境温度/℃	UP14 水位/m	UP15 水位/m
2018-01-07	18.9	1 480.08	1 480.05
2018-02-08	20.0	1 480.67	1 481.35
2018-03-15	19.5	1 481.26	1 481.91
2018-04-15	18.3	1 481.85	1 482.47
2018-05-18	17.4	1 482.44	1 483.03
2018-06-14	17.1	1 483.03	1 483.59
2018-07-15	16.8	1 483.62	1 484.15

续表 6-6

监测时间(年-月-日)	仪器环境温度/℃	UP14 水位/m	UP15 水位/m
2018-08-18	16.4	1 484.21	1 484.71
2018-09-11	16.1	1 484.80	1 485.27
2018-10-15	16.0	1 485.39	1 485.83
2018-11-13	15.8	1 485.99	1 486.39
2018-12-04	15.7	1 486.58	1 486.95
2019-01-05	15.6	1 487.17	1 487.51
2019-02-14	15.1	1 487.76	1 488.07
2019-03-15	15.6	1 488.35	1 488.63
2019-04-16	15.8	1 488.94	1 489.19
2019-05-13	16.3	1 489.53	1 489.75
2019-06-14	16.8	1 490.12	1 490.31
2019-07-18	17.1	1 490.71	1 490.87
2019-08-23	17.1	1 491.30	1 491.43
2019-09-12	17.3	1 491.89	1 491.99
2019-10-14	17.5	1 492.48	1 492.55
2019-11-12	17.8	1 493.07	1 493.11
2019-12-05	17.9	1 493.66	1 493.67
2020-01-07	18.4	1 494.25	1 494.23
2020-02-13	18.9	1 494.84	1 494.79
2020-03-12	19.0	1 495.43	1 495.35
2020-04-15	19.2	1 496.02	1 495.91
2020-05-14	19.4	1 496.61	1 496.47
2020-06-13	19.6	1 497.20	1 497.03
2020-07-18	19.8	1 497.79	1 497.59

续表 6-6

监测时间(年-月-日)	仪器环境温度/℃	UP14 水位/m	UP15 水位/m
2020-08-13	19.9	1 498.39	1 498.15
2020-09-15	20.3	1 498.98	1 498.71
2020-10-11	20.5	1 499.57	1 499.27
2020-11-15	20.6	1 500.16	1 499.83
2020-12-16	20.3	1 500.75	1 500.39
2021-01-14	20.6	1 501.34	1 500.95
2021-02-15	20.5	1 501.93	1 501.51
2021-03-18	20.4	1 502.52	1 502.07
2021-04-14	20.2	1 503.11	1 502.63
2021-05-13	19.6	1 503.70	1 503.18

2. 量水堰渗流量监测

2019 年 4 月开始监测,下闸蓄水前初始情况量水堰堰上水深 58 mm,渗流量为 1.1 L/s,该流量为坝肩两岸山体地下水排泄流量。下闸蓄水后渗流量呈上升趋势,库水位与渗流量关系见表 6-7。

表 6-7　库水位与渗流量关系

序号	年份	日期	库水位/m	量水堰堰上水深/mm	渗漏量/(L/s)
1	2019	下闸蓄水前	1 498.00	58	1.1
2	2019	4 月 1 日	1 498.80	58	1.1
3	2019	5 月 7 日	1 499.94	63	1.4
4	2019	5 月 15 日	1 500.81	65	1.5
5	2019	6 月 1 日	1 501.61	66	1.6
6	2019	7 月 1 日	1 503.10	69	1.8
7	2019	8 月 1 日	1 509.46	83	2.8
8	2019	9 月 1 日	1 518.37	97	4.1
9	2019	10 月 1 日	1 519.46	100	4.4
10	2019	11 月 1 日	1 521.58	100	4.4
11	2019	12 月 1 日	1 522.05	101	4.5
12	2020	1 月 1 日	1 522.08	102	4.7

续表 6-7

序号	年份	日期	库水位/m	量水堰堰上水深/mm	渗漏量/(L/s)
13	2020	2月1日	1 522.52	104	4.9
14	2020	3月1日	1 522.66	103	4.8
15	2020	4月1日	1 522.60	104	4.9
16	2020	5月8日	1 522.47	104	4.9
17	2020	6月1日	1 521.44	104	4.9
18	2020	7月1日	1 519.71	104	4.9
19	2020	8月1日	1 522.28	109	5.5
20	2020	10月1日	1 534.48	161	14.6
21	2020	11月1日	1 535.76	162	14.8
22	2020	12月1日	1 536.10	163	15.0
23	2021	1月1日	1 536.20	163	15.0
24	2021	1月27日	1 536.30	163	15.0
25	2021	5月23日	1 530.33	144	11.0

水库自蓄水后，大坝渗流量在1~15 L/s，渗水清澈。类比其他工程，渗流量属正常偏大值，其原因与中叶水库坝基地质条件有关，坝基下伏基岩砂岩及泥岩，存在一定的透水性。

渗流监测资料变化规律正常，测值在经验值与理论计算允许值内，运行过程无异常情况，认为大坝安全性态正常。

(三)坝体土压力监测

截至2021年6月，在坝体安装埋设了27支土压力计，其中坝壳料安装埋设了13支土压力计，为E1~E13。在沥青混凝土心墙上、下游反滤料内埋设了14支土压力计E14~E27。对土压力计应力、温度过程曲线进行分析可知，最大压应力为1.08 MPa，发生在土压力计E5处，其余测值多在0~0.5 MPa，测值无异常突变(见图6-7)，与大坝应力应变分析成果基本吻合，应力及应力分布基本一致。

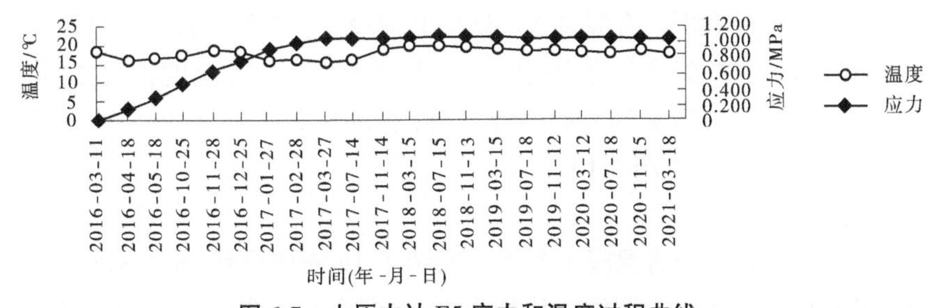

图6-7　土压力计E5应力和温度过程曲线

(四)心墙与过渡层界面开合度位移计(测缝计)监测

截至 2021 年 6 月,在沥青混凝土心墙与过渡料接缝处安装了 14 支测缝计(J1~J14),用以监测沥青混凝土心墙与过渡料之间的开合度。从测值来看,接缝最大开合度为 29. 12 mm,出现在测缝计 J2 处,其他测缝计开合度变化值多在 0~10 mm,测值变化平稳,无异常突变。测缝计 J2 开合度和温度过程曲线见图 6-8。

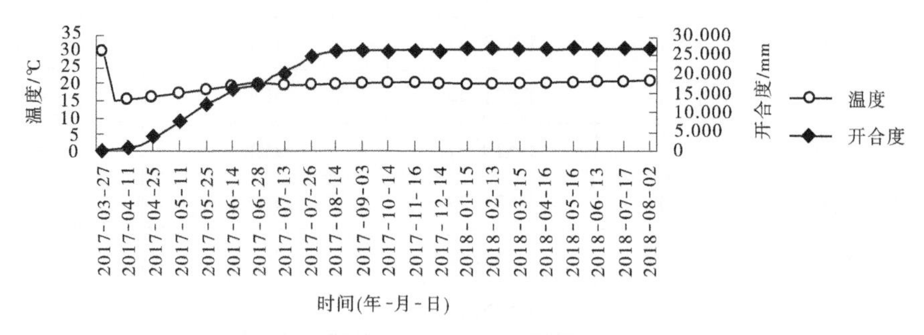

图 6-8　测缝计 J2 开合度和温度过程曲线

(五)心墙与过渡层界面剪切位移(位错计)监测

截至 2021 年 6 月,在沥青混凝土心墙与过渡料接缝处安装了 18 支位错计(C1~C18),用以监测心墙与过渡料之间接缝的错位测值。从测值来看,错位代表性测值为 20 mm,出现在测缝计 C1 处,发生在坝顶位置,其他位错计开合度变化值多在 0~20 mm,测值变化平稳,无异常突变。位错计 C1 开合度和温度过程曲线见图 6-9。

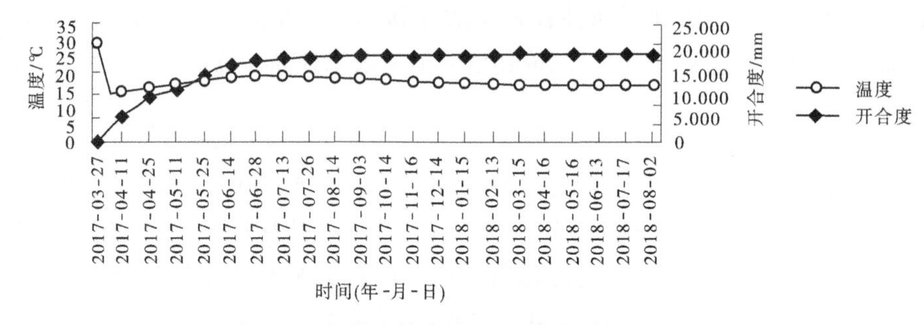

图 6-9　位错计 C1 开合度和温度过程曲线

(六)温度监测

截至 2021 年 6 月,大坝沥青混凝土心墙内共埋设了 7 支温度计。从测值变化过程来看,由温度计的测值可知,温度计埋设后沥青心混凝土墙浇筑时温度较高,随着时间的推进,温度逐渐趋于稳定,其后受气温影响较显著,最高温度达到 20. 965 ℃。温度计 T1~T7 温度典型测值过程曲线见图 6-10。

(七)应变计

截至 2021 年 6 月,在沥青混凝土心墙内安装了 16 支应变计(S1~S16),用于监测沥青混凝土受荷载作用发生应变测值。从测值来看,应变最大测值为 1 121. 21 με,出现在应变计 S8 处,其他应变计测值变化多在 0~300 με 范围内,测值变化平稳,无异常突变。

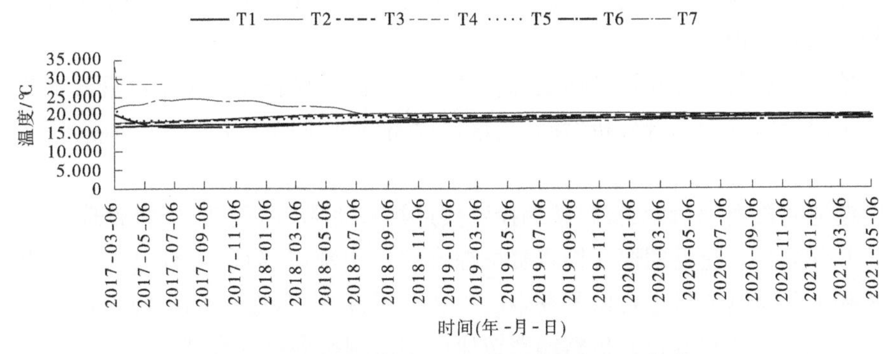

图 6-10　温度计 T1～T7 温度典型测值过程曲线

应变计 S5～S8 微应变典型测值过程曲线如图 6-11 所示。

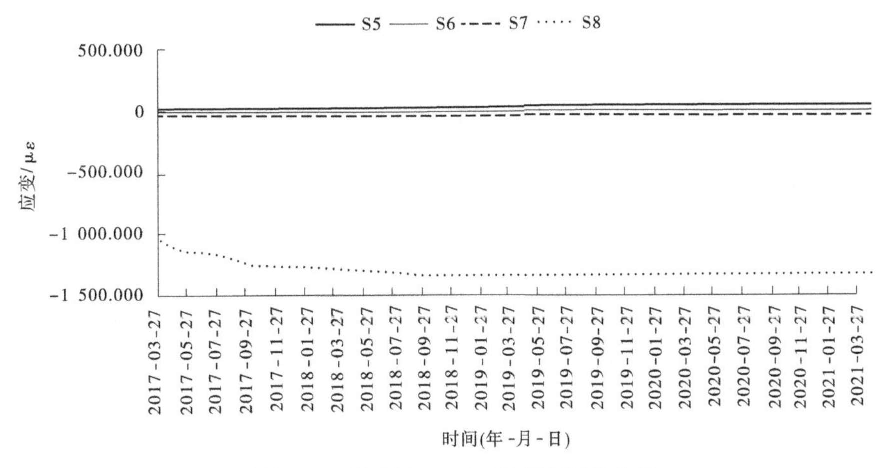

图 6-11　应变计 S5～S8 微应变过程曲线

(八)主要结论

大坝变形趋于稳定,大坝渗流场符合心墙坝的一般规律,大坝应力应变小于设计值,运行过程中无异常现象,认为大坝安全性态正常。

第四节　大坝安全监测投资

大中型水利水电工程在可行性研究阶段应编制安全监测专项投资,并纳入项目设计概算中。大坝安全监测工程投资根据《水电工程安全监测系统专项投资编制细则》(NB/T 35031—2014)进行编制,其中包括建筑工程、设备及安装工程两部分,同时应考虑施工期监测及资料整编,计入设备及安装工程。

大坝安全监测内容应根据本项目的建筑物级别,依据《土石坝安全监测技术规范》(SL 551—2012)中“应监测内容”,方可编入安全监测投资,施工单位为其自身施工活动的安全开展而进行的安全监测工作,其费用计入相应的建筑安装工程单价中。为配合结构设计、监测系统及设备的开发等科研项目进行的特殊监测,其费用计入科研勘察设计费中。建设征地移民安置范围的安全监测及以生态环境保护为目的的库区温度监测，其投资计入相应的专项投资中。

设备单价由设备原价和设备运杂综合费组成。国产设备原价依据投资编制期相同或相似设备市场价格进行综合分析后确定；进口设备的原价由设备到岸价和进口环节税费组成。

建设期巡视检查、监测及资料整编投资按巡视检查费、监测费、资料整理和资料分析整编费3部分编制。建设期巡视检查费按综合年费用乘以巡视年限计算；建设期监测费为对临时和永久监测项目进行监测发生的一切费用，运行期监测费计入运行期成本；建设期安全监测资料整理和资料分析整编费按建设期监测费乘以综合费率计算。

安全监测系统专项投资中不单独计算独立费用和基本预备费，统一在设计概算中计取。该项工程投资约为枢纽工程投资的1.5%较为合适。

第七章　沥青混凝土坝施工及质量控制

第一节　概　述

自 1949 年葡萄牙第一座沥青混凝土心墙坝开工建设,至今达 70 余年,由于沥青混凝土心墙受到坝壳保护,防渗体受外界环境变化影响较小,不易老化,耐久性能、抗震性能、适应坝体及坝基变形能力较强,近年来,该坝型在水利水电工程中得到广泛应用。一座座具有里程碑意义的沥青混凝土心墙坝相继建成,1962 年世界上第一座采用机械压实的沥青混凝土心墙坝在德国建成,1978 年高达 105 m 的沥青混凝土心墙坝在中国香港建成,1997 年高达 128 m 的 Storglomvatn 大坝在挪威建成(见图 7-1)。

图 7-1　Storglomvatn 沥青混凝土心墙坝施工

我国水工沥青技术起步较晚,我国第一座沥青混凝土心墙坝于 1973 年在吉林建设,50 余年来,经历了由人工到半机械化施工,再发展到全机械化施工的过程,从理论研究到工程实践,各方面均取得较大发展。随着项目建设,促进了国产施工设备的革新,大批量专业化施工队伍及设计团队技术水平进一步提高。具有代表性的项目有尼尔基水利枢纽、长江三峡水利枢纽茅坪溪防护坝工程、冶勒水电站大坝工程、四川官帽舟水电站大坝、云南墨江县中叶水库大坝工程,以及位于四川省甘孜藏族自治州得荣县境内的去学水电站大坝工程。去学水电站大坝沥青混凝土心墙堆石坝最大坝高 170 m,心墙最大高度为 132 m。工程于 2014 年 2 月 1 日正式开工,2017 年 1 月 31 日大坝填筑到顶,2017 年 7 月 30 日电站投产发电,标志着我国沥青混凝土心墙坝造坝技术达到了新高度(见图 7-2～图 7-5)。

图 7-2　去学水电站大坝沥青混凝土心墙施工

图 7-3　去学水电站大坝下游坝面

图 7-4　去学水电站大坝坝壳施工

图 7-5　去学水电站蓄水后

沥青混凝土心墙按施工方法分类,可分为碾压式沥青混凝土心墙坝和浇筑式沥青混凝土心墙坝两大类。碾压式沥青混凝土心墙是采用碾压机械对在一定温度条件下的沥青拌和料进行压实,使其达到设计要求的密实度,满足心墙的物理力学指标要求。其施工工艺与碾压式土石坝类似,国内外已建成的沥青混凝土心墙坝多为碾压式沥青混凝土心墙坝,浇筑式沥青混凝土心墙坝在俄罗斯相对较多。

浇筑式沥青混凝土心墙则采用较高的沥青用量提高沥青混凝土拌和物在规定的温度条件下的流动性,实现在沥青拌和物自重作用下得以压实达到设计要求的密实度,保证沥青混凝土心墙的技术参数。在浇筑式沥青混凝土心墙防渗体方面,苏联早在 20 世纪 30 年代就已开始应用,并在心墙坝的施工中取得了成功的经验。20 世纪 70 年代以后,工程技术人员针对采用浇筑式沥青混凝土作为高土石坝心墙防渗体的可行性,在沥青混凝土的配合比、性能、制备以及心墙的施工工艺、应力-应变状态计算等方面,开展了一系列的试验研究工作。研究结果及工程实践证实,浇筑式沥青混凝土与碾压式沥青混凝土相比,具有较高的密实度、不透水性和耐久性,能适应较大的变形,并具有裂缝自愈能力,作为土石坝防渗体是安全可靠的;浇筑式沥青混凝土靠自重压实,不需要任何压实机械,因而简化了心墙的施工程序;此外,由于该技术采用高温热拌沥青混凝土,故可在多雨、严寒等较恶劣的气候条件下全年施工,从而大大缩短了工期。鉴于以上的优点和显著的经济效益,浇筑式沥青混凝土防渗体在苏联北部、西伯利亚寒冷地区的土石坝建设中被相继采用。到 20 世纪 80 年代,在西伯利亚已开始修建鲍谷昌(坝址区年平均气温为-3.2 ℃)和捷尔马姆(坝址区年平均气温在-5～-3.3 ℃,年冰冻期大约 200 d,最低气温-55 ℃)两座浇筑式沥青混凝土心墙堆石坝,高分别为 82 m 和 140 m,在北高加索修建了坝高达 100 m 的伊尔干埃斯卡亚浇筑式沥青混凝土心墙坝,其技术水平当时在世界上处于领先地位。

20 世纪 90 年代以后, 我国抽水蓄能电站的兴建和三峡大坝等大型水利水电工程的开工, 使水工沥青混凝土工程进入了新阶段。一些大型水利水电工程开始采用沥青混凝土防渗, 同时也兴建了若干中小型水利工程。党河(二期)碾压式沥青混凝土心墙坝,坝高 74 m,于 1994 年完工。1997 年,104 m 高的三峡茅坪溪沥青心墙坝开工。2000 年,

125.5 m高的四川冶勒沥青心墙坝正式开工。2001年,黑龙江尼尔基工程正式开工,沥青混凝土心墙坝主坝坝高40 m。2005年,新疆下坂地沥青心墙坝正式开工。在此期间,重庆48 m高的洞塘水库沥青心墙坝、新疆54 m高的坎尔其水库沥青心墙坝也相继建成运用,工程质量良好。现正在建设的沥青心墙土石坝还有:75.4 m高的云南省墨江县中叶水库(2015年开工)、43.3 m高的贵州省册亨县者岳水库(2017年开工)等。我国水工沥青混凝土防渗的应用在20世纪90年代后期有较大发展,主要得益于工程界对水工沥青混凝土防渗技术的认识有了改变和提高,相应沥青的供应、施工队伍技术的提高和施工设备的完善都对沥青混凝土技术的应用和发展起到了很大的推动作用。

第二节 沥青混凝土心墙施工

本节重点讲述碾压式沥青混凝土心墙的施工。沥青混凝土心墙施工前应进行混凝土配合比试验。选用工程所对应料源进行生产性试验,检测试验环境下沥青混凝土的物理力学指标。

一、沥青混凝土原材料质量控制

沥青混凝土主要组成原材料包括沥青、粗骨料、细骨料和填料。

(一)沥青

依来源不同,沥青分为地沥青和焦油沥青两大类。地沥青又分为天然沥青和石油沥青两种。天然沥青是地下石油在自然条件下经过长时间阳光等地球物理因素作用而形成的,如中美洲的天然沥青湖、克拉玛依的沥青矿等。石油沥青是石油提炼后的产品,而且是市场上供应量最大和应用最广泛的沥青。沥青材料的品种及标号应考虑工程类别、当地气温、施工及应用条件,还应考虑混凝土的结构性能要求。

目前,市场上沥青种类繁多,以道路石油沥青较为普遍。随着水工石油沥青行业标准的发布,水利水电工程选择沥青也有了依据。我国已建的沥青混凝土心墙坝所选用的沥青品种及标号见表7-1。

表7-1 已建工程沥青品种及标号

项目名称	沥青品种及标号
三峡茅坪溪防护坝	AH-70号重交通道路沥青
四川冶勒大坝	AH-70号重交通道路沥青
山西西龙池抽水蓄能电站上库	AH-90号重交通道路沥青作为基质的SBS改性沥青
天荒坪抽水蓄能电站上库	中东进口的B80号沥青
云南省墨江县中叶水库大坝	2号水工石油沥青
四川官帽舟水电站大坝	克拉玛依70号沥青(SG-70)
贵州省册亨县者岳水库大坝	2号水工石油沥青

2号水工石油沥青质量较优,价格适中,且已用于多项实际工程,效果良好,建议采用2号水工石油沥青。寒冷地区应进行试验判断其适应性后最终确定沥青品种。2号水工石油沥青技术要求应满足表7-2的要求。

表7-2　2号水工石油沥青技术要求

试验项目		规范质量指标
针入度(25°,100 g,5 s)		60~80
延度(15 ℃,5 cm/min)		≥150
延度(4 ℃,1 cm/min)		≥15
软化点/℃		45~55
溶解度/%		>99
脆点/℃		≤-10
闪点/℃		≥230
密度(15 ℃,g/cm^3)		实测
含蜡量/%		<3
薄膜烘箱后(163 ℃,5 h)	质量变化/%	≤0.5
	针入度比/%	≥65
	延度(15 ℃,5 cm/min)	≥80
	延度(4 ℃,1 cm/min)	≥4
	脆点/℃	≤-6
	软化点升高/℃	≤6.5

(二)骨料及填料

沥青混凝土骨料应采用碱性骨料,粗骨料指粒径在19~2.36 mm的颗粒,细骨料指粒径在2.36~0.075 mm的颗粒,粒径小于0.075 mm的粒料为填料,这三种材料统称为矿料。粗、细骨料又称为集料,它是沥青混凝土骨架的主要组成部分,填料在沥青混凝土中起到填充作用。

石灰岩经破碎后的人工骨料质地坚硬,在加热过程中未出现开裂、分解等现象,与沥青黏附力强,坚固性好,满足《土石坝沥青混凝土面板和心墙设计规范》(SL 501—2010)规定的沥青混凝土骨料的技术要求,可作为沥青混凝土心墙的骨料。石灰岩矿粉填料或水泥指标满足《土石坝沥青混凝土面板和心墙设计规范》(SL 501—2010)规定的沥青混凝土填料的技术要求,可用作沥青混凝土心墙的填料。根据已建工程经验,石灰岩料场为沥青混凝土骨料的理想料源。

二、沥青混凝土配合比控制

沥青混凝土配合比设计是指在一定的施工工艺条件下,按照沥青混凝土原材料的特性和沥青混凝土的技术要求,通过室内试验确定沥青混凝土各组成材料之间的最佳组成比例,使之既能满足沥青混凝土设计技术指标要求,又符合经济合理的原则。配合比设计主要包括沥青混凝土标准配合比和现场施工配合比,后者是在标准配合比的基础上结合现场施工条件进行适当调整而得的,如根据现场筛分、计量系统的计量精度情况对骨料、填料、沥青用量等进行计量调整,确保拌和后的沥青混凝土混合料的各组分含量尽量靠近标准配合比,确保施工后的沥青混凝土质量满足设计要求。

为保证现场施工质量,应严格控制室内试验技术指标,因此设计要求碾压式沥青混凝土的孔隙率小于3%,但是在室内碾压式沥青混凝土配合比试验过程中,尽量将沥青混凝土孔隙率控制在1%以内。对于孔隙率大于1%的配合比,一般只进行渗透试验。在小梁弯曲试验中,先进行试验温度为5 ℃的小梁弯曲试验,从两种不同配合比中分别选定两个较好矿料级配所对应的配合比,再进行试验温度为15 ℃的小梁弯曲试验。因此,在各项技术指标均满足设计要求的前提下,优先选择孔隙率较小、抗弯强度较低、流值和应变较大的沥青混凝土配合比作为推荐配合比。选用工程所对应料源进行生产性试验,检测试验环境下沥青混凝土的物理力学指标。沥青混凝土主要技术指标见表7-3。

表7-3　沥青混凝土主要技术指标

试验项目	规范质量指标	说明
孔隙率/%	≤3	芯样
渗透系数/(cm/s)	$\leq 1\times10^{-8}$	
水稳定系数	≥0.9	
沥青含量/%	6~7.5	
粗骨料最大粒径/mm	≤19	
弯曲强度/MPa	≥0.4	水利规范未提出要求
弯曲应变/%	≥1	水利规范未提出要求
内摩擦角/(°)	≥25	水利规范未提出要求
黏聚力/kPa	≥300	水利规范未提出要求

我国已完工多座沥青混凝土心墙坝,在混凝土配合比上已经积累了大量的经验,现提供几种标准配合比供设计参考(见表7-4~表7-7)。

表7-4　中叶水库大坝沥青混凝土配合比的材料和级配参数

配合比编号	级配参数				材料			
	矿料最大粒径/mm	级配指数	填料含量/%	油石比/%	粗骨料	细骨料	填料	沥青
6	19	0.42	12	6.9	破碎石灰岩料	石灰岩人工砂	石灰岩矿粉	克拉玛依70号A级

表7-5　中叶水库大坝沥青混凝土配合比的矿料级配

配合比编号	筛孔尺寸/mm	粗骨料(19~2.36 mm)					细骨料(2.36~0.075 mm)					小于0.075 mm
		19	16	13.2	9.5	4.75	2.36	1.18	0.6	0.3	0.15	
6	通过率/%	100	97.4	91.2	73.8	59.6	43.1	32.1	22.7	17.4	14.8	12.0

表 7-6　官帽舟水电站大坝沥青混凝土配合比的材料和级配参数

配合比编号	级配参数				材料			
	矿料最大粒径/mm	级配指数	填料含量/%	油石比/%	粗骨料	细骨料	填料	沥青
21	19	0.38	16	6.9	破碎石灰岩料	石灰岩人工砂	水泥	克拉玛依70号A级

表 7-7　官帽舟水电站大坝沥青混凝土配合比的矿料级配

配合比编号	筛孔尺寸/mm	粗骨料(19~2.36 mm)					细骨料(2.36~0.075 mm)					小于0.075 mm
		19	16	13.2	9.5	4.75	2.36	1.18	0.6	0.3	0.15	
21	通过率/%	100	94	87.6	77.8	60.8	47.6	47.5	33.5	23.4	19.5	16.0

施工现场根据确定的施工配合比进行沥青混合料的制备,按预先拟定的施工工艺进行沥青拌和料的运输、摊铺及碾压,当现场取样检测沥青混凝土的性能指标满足规范和设计要求后,表明室内所确定的沥青混凝土配合比是合适的,拟定的施工工艺流程就可用于指导现场沥青混凝土施工。官帽舟水电站大坝沥青混凝土配合比级配曲线见图 7-6。

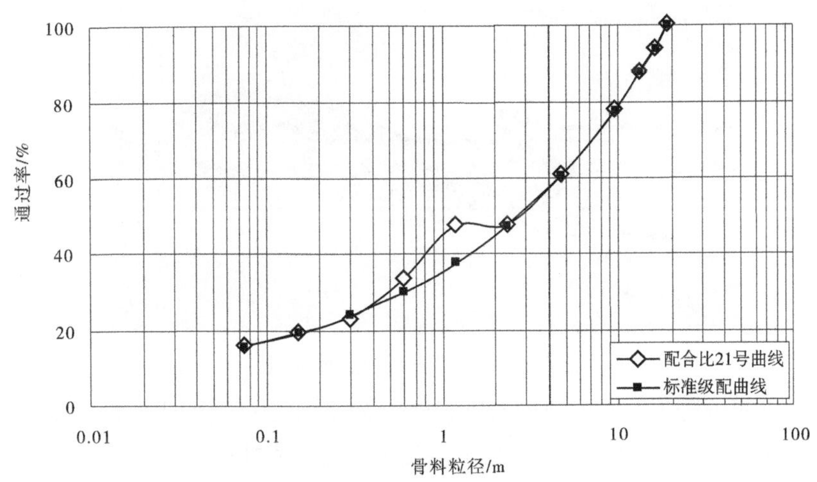

图 7-6　官帽舟水电站大坝沥青混凝土配合比级配曲线

三、沥青混凝土心墙施工

(一)沥青混凝土心墙的施工机械

沥青混凝土心墙的施工机械包括沥青混合料制备设备、运输设备、心墙及过渡料摊铺机、压实设备和其他辅助设备。沥青混凝土心墙摊铺机是水利水电工程中沥青混凝土心墙施工机械化的关键设备,随着水利水电工程中沥青混凝土心墙坝的增多,该机械设备的应用越来越多。

心墙摊铺机是专用施工设备,市场上没有成品设备,国外水工沥青施工设备都是由施工企业自主研发生产的，由公路摊铺机经过调整、改制后用于沥青混凝土心墙摊铺，但由于心墙摊铺机的熨平装置、过渡料摊铺等与公路摊铺机完全不同，因此公路摊铺机改装成心墙摊铺机时应增加过渡料料斗及层间结合处理装置。摊铺机对碾压式沥青混凝土心墙的施工质量与施工速度有重要影响，根据沥青混凝土心墙施工的需要，摊铺设备主要性能及技术要求如下：

(1)具备连续摊铺厚度约为 20 cm 的沥青混凝土心墙的能力，并初步压实至 90%以上。

(2)摊铺心墙沥青混合料的同时，能铺筑一定宽度和厚度的过渡层砂石料以支撑心墙，摊铺过渡材料时不能污染心墙表面。

(3)心墙厚度随着坝体的升高逐渐减小，因此要求摊铺机摊铺心墙时能在一定范围内控制厚度变化。

(4)摊铺机上应设有层面接合处理设备，使心墙上、下层能融为一体。

德国 STRABAG 公司是世界上最早研制沥青混凝土心墙摊铺机的公司，并于 1980 年在沥青混凝土心墙施工中首次应用成功，该摊铺机将过渡料斗置于机器的后部(见图 7-7)。

图 7-7　德国第三代心墙摊铺机

国产水工沥青混凝土心墙摊铺机的研制始于 20 世纪 80 年代，主要由西安理工大学研发。目前，主流摊铺设备主要有牵引式沥青混凝土心墙摊铺机和 XT120 型联合摊铺机。

牵引式沥青混凝土心墙摊铺机摊铺宽度为 0.5~0.7 m，是一种轻型沥青混凝土心墙摊铺机，适用于中、小型工程，它采用振动滑模成型，可以完成沥青混凝土心墙体的摊铺成型，初压压实度在 90%以上，并同时完成两侧 0.5 m 宽过渡料的铺筑。牵引用卷扬车与主机是分离的，该卷扬车上装有电动卷扬机，能实现工作时的牵引速度为 1 m/min。该卷扬车体积小、自重轻、转移场地时较方便，但为了可靠地进行工作，在工作时须用地锚杆。该设备具备远红外电加热器。沥青混合料斗容积为 1.5 m^3，为了适应装载机上料，料斗斗口前后侧壁设计成活动可倾翻式，通过液压油缸来操作。下部有螺旋喂料器，在沥青混合料斗出料口处，直接与振动滑模相接。该振动滑模采用高效的水平力激振器，沥青混合料的初压密实度达 90%以上。该设备有一小的过渡料斗。整个过渡料斗在侧面由两轮胎支承,在中部直接与振动滑模后部的稳定模相连。在摊铺心墙时,两侧可铺筑0.5 m宽的过渡料带。牵引式沥青混凝土心墙摊铺机主要技术参数见表7-8。

表7-8　牵引式沥青混凝土心墙摊铺机主要技术参数

项目	技术参数
心墙摊铺宽度/m	0.5~0.7
摊铺层厚/m	0.2
过渡层摊铺宽度/m	两侧各0.5
沥青混凝土预压密实度/%	90%以上
摊铺速度/(m/min)	1.0
沥青混凝土料斗容量/m^3	1.5
过渡料料斗容量/m^3	0.6
整机重量/t	3
主机外形尺寸(长×宽×高)/(m×m×m)	3.8×2×1.8

牵引式沥青混凝土心墙摊铺机本身没有行走动力,需牵引卷扬车牵引,行走不便,过渡料料斗较小,摊铺宽度较窄,不自带吸尘器,需要人工清理心墙表面,机型小,造价低廉,具备振动滑模和远红外加热器,沥青混凝土心墙的质量还是有保证的。

XT120型联合摊铺机是沥青混凝土心墙施工的大型专用工程机械,摊铺宽度为0.6~1.2 m,目前国外仅德国、挪威生产,国内首次研发并投入生产,整机由履带式台车、驾驶室、动力仓、沥青混凝土料仓、振动滑模、过渡料拖车、层面清洁器、层面加热器、液压系统、电气控制系统组成,该机采用了经过优化的专利技术——水平力激振器,以及液压控制的无级调宽机构、变频调速行走传动机构、自控过渡料铺层平整度的激光扫平仪等先进技术,可完成变宽度心墙及两侧1.5 m宽的过渡料的摊铺和初步碾压工作。该机在使用性能上基本与德国第三代摊铺机相同,与它相比不同点如下:

(1)心墙成型滑模采用振动滑模,因装有专利技术的水平力激振器,使沥青混凝土初压密实度达95%以上,提高了心墙的施工质量。而德国的第三代摊铺机只是在尾部装有预压装置,滑模本身并不是振动的。而振动滑模的宽度调节可依照心墙设计要求在0.6~1.0 m宽度范围内实现遥控无级调节,并通过传感器将宽度值显示在控制台上。调宽和锁定自动连锁,只有在松开锁定的情况下,才能进行宽度调整,调整宽度后则自动锁紧,而德国第三代摊铺机能在短期内改装,以适应心墙宽度的变化。

(2)沥青料斗放于中部,其料斗出口直接与滑模相接,省去了输送沥青混合料的结构,同时缩短了滑模长度,整机结构简单可靠。德国第三代摊铺机的沥青混合料斗位于驾驶室前面,这使得成型滑模较长,挪威的摊铺机沥青混合料斗也位于驾驶室前面,沥青混合料通过输送机构被送到后部的滑模。

(3)该机采用的是电远红外加热器,德国和挪威生产的摊铺机采用的都是液化气加热器。使用电加热器没有明火,易于控制加热温度,可避免沥青心墙表面老化。

(4)XT120型联合摊铺机驾驶室空间大,且是空调驾驶室,给驾驶员提供了良好的工作环境,而德国第三代摊铺机的驾驶室较狭小。XT120型联合摊铺机主要技术参数见表7-9,XT120型联合摊铺机结构图见图7-8,XT120型联合摊铺机实物图见图7-9。

表 7-9　XT120 型联合摊铺机主要技术参数

项目	技术参数
心墙摊铺宽度/m	无级可调 0.6~1.0 m
摊铺层厚/m	0.2
过渡层摊铺宽度/m	两侧各 1.5
沥青混凝土预压密实度/%	95%以上
摊铺速度/(m/min)	1.0~2.5
沥青混凝土料斗容量/m^3	2.5
过渡料料斗容量/m^3	5.0
整机重量/t	22
整机功率/kW	120
单侧履带接地(长×宽)/(m×m)	3.035×0.4
主机外形尺寸(长×宽×高)/(m×m×m)	8.748×4.2×3.4

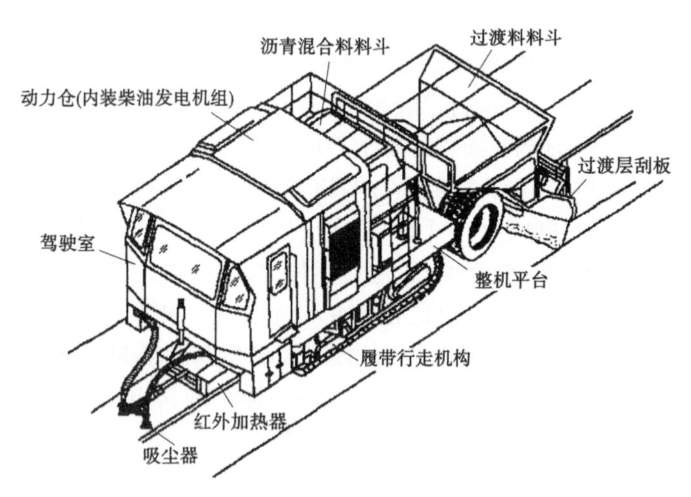

图 7-8　XT120 型联合摊铺机结构图

图 7-9　XT120 型联合摊铺机实物图

除摊铺机外，沥青混凝土拌和站、运输设备碾压机械等施工辅助设备是整个设备配套中的重要组成部分。沥青混凝土拌和站的生产能力应能满足上坝料要求,对一般工程,生产能力为 100 t/h 的强制间歇式拌和站即可满足要求。水工沥青混合料要求精度较高,因此沥青混凝土拌和站应有足够多的冷料仓和热料仓,常规情况冷料仓和热料仓均不少于 5 个。沥青混凝土拌和站同时应具有自动测温和自动计量系统,计量的精度应满足要求。沥青混合料一般采用保温罐储存,用自卸汽车运输。由改装的装载机将沥青混合料卸入摊铺机沥青混合料的料斗内。过渡料由汽车运输,采用反铲装入摊铺机的过渡料料斗。沥青混合料的碾压设备可采用 1.5 t 振动碾,如德国 BOMAG 公司生产的 BW90AD 型(1.5 t)振动碾;过渡料的碾压可采用 2.5~3.0 t 的振动碾,如 BOMAG 公司生产的 BW120AD-3 型(2.7 t)振动碾。心墙及过渡料碾压见图 7-10。

图 7-10 心墙及过渡料碾压

(二)沥青混凝土心墙的碾压施工

1. 沥青混凝土心墙铺筑前的准备

沥青混凝土的施工必须满足设计所规定的各项技术要求,为使沥青混凝土心墙的施工技术先进、保证质量,按预定的计划有序地进行,在进行正式施工前必须做好充分的准备,完成前序工作,主要如下:

(1)根据前文提到的试验,确定沥青混凝土的施工配合比、施工工艺参数和检查施工机械的运行情况。

(2)心墙底板已经浇筑完成,大坝基础灌浆工作完成并检查合格。

(3)沥青混凝土心墙与基座的连接面在心墙沥青混合料铺筑前必须进行处理,首先应将基座混凝土表面清除干净,将潮湿部位进行烘干,需要时可进行喷砂处理或用盐酸冲洗混凝土表面,以利于混凝土和沥青玛瑺脂间的结合。基座混凝土表面清洁干燥后均匀涂刷一层阳离子乳化沥青或稀释沥青,用量为 0.20 kg/m²,乳化沥青涂抹要均匀,无空白,色泽一致。待充分干燥后,再涂一层厚度为 2 cm 的砂质沥青玛瑺脂。沥青玛瑺脂应在乳化沥青或稀释沥青充分干燥后进行铺筑,铺筑要均匀,沥青玛瑺脂铺设应表面平整,无流淌和鼓包现象,施工温度为 170~190 ℃。砂质沥青玛瑺脂铺筑的宽度至少要比心墙底部宽 0.5 m,并填充基座的施工接缝。在施工中,要求严控阳离子乳化沥青和砂质沥青玛瑞脂的配料比例。稀释沥青和沥青玛瑞脂的配合比应通过试验确定。三峡茅坪溪工程采用的稀释沥青为冷底子油,其配合比为(质量比)沥青:汽油=4:6,冷底子油在现场配制。砂质沥青玛瑞脂的配合比(质量比)为沥青:矿粉:人工砂=1:2:2。

(4)沥青混凝土心墙与岸坡基岩、相邻混凝土建筑物连接面的处理与上述相似,沥青胶涂层要均匀,不得流淌,如涂层较厚,可分层涂抹,涂抹层的厚度可根据连接面的部位特点和施工难易程度,由试验确定。

2. 沥青混凝土心墙施工

沥青混凝土心墙施工对天气有一定的要求,主要影响因素为降雨、气温及风速。在不采取措施的情况下,日降雨量大于0.1 mm时应停工,雨后根据前日降雨大小决定是否停工一天;若前日降雨量大于10 mm,雨后需停工一天;气温低于5 ℃应停工,温度在5~15 ℃时,若风力大于4级也应停工。

沥青混凝土心墙的施工方法有人工施工、半机械化施工和机械化施工3种。人工施工的沥青混凝土心墙的所有施工工序均由人工完成,此种施工方式劳动强度大、效率低,施工的质量不易保证。沥青混凝土心墙人工施工在早期建设的中小型工程中使用过,如我国党河水库沥青混凝土心墙坝就是采用地炕加热骨料,大锅熬制沥青,手推车运输和人工打夯压实施工,目前已安全运行近40 a,工程性状良好。鉴于这种施工方式存在的缺点,在以后的沥青混凝土心墙堆石坝工程中,该施工方式逐步被半机械化和机械化施工替代。新疆石门大坝沥青混凝土心墙人工摊铺见图7-11。

图7-11　新疆石门大坝沥青混凝土心墙人工摊铺

沥青混凝土心墙半机械化施工方式则采用人工立模、人工铺筑,然后由自行式振动碾碾压密实。该施工方式除摊铺外,其余均采用机械施工,相对于人工施工,半机械化施工方式在某种程度上提高了工作效率,提高了劳动强度,但由于采用人工摊铺,只能在温度降到一定程度时才可碾压,当缺少完善的温度控制和测量手段时,质量难以保证。

机械化施工则采用专用心墙摊铺机进行沥青混合料的铺筑,心墙沥青混合料和两侧的过渡料同时摊铺,摊铺机具有预压的功能,沥青混合料和过渡料的终碾由振动碾完成。机械化施工的方式提高了施工效率,有利于保证施工质量,是目前世界上沥青混凝土心墙施工中最常用的方法。沥青混凝土心墙分层施工厚度为:摊铺厚度一般为23 cm,碾压压实后的厚度为 20 cm 左右。近年,随着设备的革新,沥青混凝土摊铺厚度可采用 0.3 m,压实厚度可采用 0.27 m 左右,1 d 摊铺 2 层,工作效率得到了极大提高。

沥青混凝土心墙铺设过程见图 7-12,官帽舟水电站大坝沥青混凝土心墙碾压见图 7-13,过渡料碾压见图 7-14。

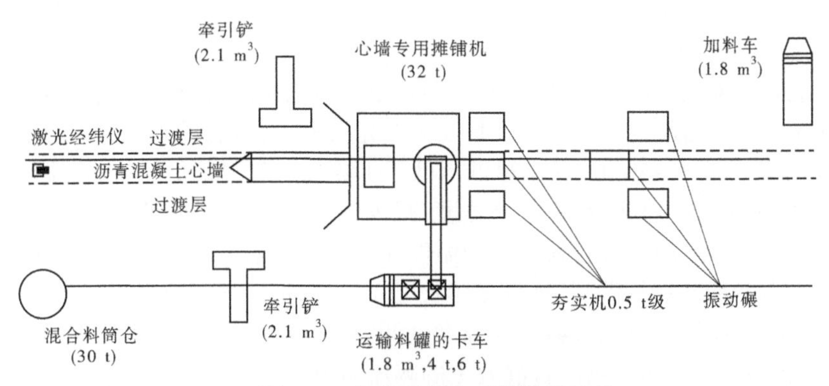

图 7-12　沥青混凝土心墙铺设过程

图 7-13　官帽舟水电站大坝沥青混凝土心墙碾压

图 7-14　过渡料碾压

在已压实的心墙上继续填筑时，应将接合面清理干净。污面可用压缩空气喷吹清除，风压一般选取 0.3 MPa。如喷吹不能完全清除时，可用红外线加热器烘烤沾污面，使其软化后铲除。当沥青混凝土表面温度低于 70 ℃时，宜采用红外线加热器加热，使温度不低于 70 ℃。专用心墙摊铺机前部装有红外线加热器，可实现边加热边摊铺，当采用人工摊铺或使用简易摊铺机摊铺时，需人工使用红外线加热器对温度低的层面进行加热，注意加热时间不得过长，以防沥青老化。

在沥青混合料摊铺过程中要随时检测沥青混合料的温度，发现不合格的料必须及时清除。三峡茅坪溪土石坝沥青混凝土心墙工程规定，沥青混合料的入仓温度一般为 160~180 ℃，盛夏最低不低于 130 ℃，冬季最低不低于 140 ℃。气温偏低时，入仓温度应提高；气温较高时，应采用 150~160 ℃的入仓温度，减少铺筑后的静止时间，以提高工作效率。实践表明，在盛夏，如果沥青混合料的入仓温度在 170 ℃左右，要放置 1~2 h 才能将温度降到 150 ℃左右的初始碾压温度，这势必延长了工作时间，使填筑效率大大降低；而在冬季，由于温降较快，如果沥青混合料入仓温度过低，碾压过程中温度损失较大，终碾时温度会达不到规定的要求，从而影响沥青混凝土的碾压质量。

振动碾压的遍数按设计要求的密度通过试验确定。沥青混凝土心墙碾压一般先静压 2 遍，再振动碾压 4 遍，收光碾压 2 遍，碾压时采用贴缝碾压方式。碾压时，要注意随时将防雨布展平，并不得突然刹车或横跨心墙行车。横向接缝处应重叠碾压 30~50 cm。随着碾压遍数的增加，沥青混凝土的容重逐步增加，但当碾压遍数过多时，沥青混合料中的部分沥青会析出，从而造成靠近上表面的 3~7 cm 沥青混合料沥青含量偏大，矿粉和砂子的含量也偏大，碾压后容重偏低，而铺筑层的底部则会出现粗骨料含量偏大，直接影响心墙沥青混凝土的防渗性能。机械设备碾压不到的边角和斜坡处，必须辅以人工夯实或夯机夯实，夯实的标准是沥青混凝土表面“泛油”为止。

碾压过程中应对碾压轮定期洒水，以防止沥青及细料黏在碾压轮上，振动碾上的黏附物应及时清理，以防施工中“陷碾”。如果发生“陷碾”现象（见图 7-15），应将“陷碾”部位的沥青混合料全部清除，并回填新的沥青混合料。

图 7-15　沥青混凝土碾压“陷碾”现象

碾压施工过程中,因为柴油不易挥发,振动碾表面严禁涂刷柴油,并严防柴油或油水混合液撒在层面上,若混在沥青混凝土中将严重降低沥青混凝土的质量,因此受污染的沥青混合料必须全部清除。沥青混合料在碾压过程中遇雨应停止施工,未经压实受雨、浸水的沥青混合料,应全部铲除。

沥青混合料与过渡料的碾压,以贴缝碾压方式为最好,这样既可以不污染仓面,不浪费沥青混合料,又能保证沥青混凝土心墙的质量。但是当碾轮宽度大于沥青混凝土心墙宽度时,就必须采取骑缝碾压方式。为了解决上述问题,就要用苫布覆盖沥青混合料后再进行碾压,由于沥青混合料与过渡料的压实度不同,所以在摊铺时,过渡料的摊铺高度应低于沥青混合料的摊铺高度,具体数值应由试验确定。

3. 沥青混凝土心墙铺筑的注意事项

(1)沥青混凝土心墙铺筑应尽量采用专用沥青混凝土心墙摊铺机施工。在摊铺机机械无法铺筑的部位可用人工铺筑、小型压实机械压实,但需加强检查,确保与机械摊铺的沥青混凝土具有相同的施工质量。

(2)沥青混凝土心墙与过渡层、坝壳填筑应尽量平起平压,均衡施工,保证压实质量。

(3)心墙铺筑后,在心墙两侧 4 m 范围内,禁止使用大型机械压实坝壳填筑料,以防心墙局部受振变形或破坏。

(4)各种大型机械及车辆不得跨越心墙,必须跨越时应对心墙采取保护措施。

(5)沥青混凝土心墙的铺筑应尽量减少横向接缝。当必须有横向接缝时,应设置一定坡度,不得陡于 1∶3;上下层的横缝应相互错开,错距不小于 2 m。

(6)若横缝结合面的坡度不得不陡于 1∶3 时,此处横缝须做特殊处理。摊铺前将热沥青砂浆铺于坡面上,厚 1~2 cm,然后立即人工摊铺沥青混合料,并使之形成 1 个三角槽,利于人工夯实或机械夯实。此处如果处理不当,极易形成漏水通道。

(7)由于拌和楼拌制的沥青混合料开始的温度不稳定且偏低,因此开始时不要紧贴岸坡基础混凝土摊铺,待沥青混合料温度稳定后再摊铺岸坡处,这样更有利于沥青混凝土和岸坡基础混凝土的黏结。

(8)沥青混合料与过渡料碾压设备一般不得混用,若要混用,必须在使用前将碾压轮清理干净。

(9)关于沥青混合料在仓内静置 15~30 min 的“排气”问题,国内外的很多工程在试验中发现,由于沥青混合料在拌制过程中掺入一部分空气,如沥青混合料入仓后立即碾压,就会发现这部分空气以气泡的形式从碾压后的沥青混凝土表面冒出,使原有的表面浮油沿气泡的通道而渗入,以致碾压后的沥青混凝土表面变暗,并产生坑坑点点的麻面。碾压沥青混合料的振动碾以小吨位为好,这样在碾压过程中更有利于沥青混合料排出孔隙中的空气,目前工程上通用的碾压沥青混合料的设备为 1 t 左右。

第三节　沥青混凝土心墙质量检查

一、质量检查

在现场铺筑点中取未碾压的防渗层沥青混合料试样，在实验室内做一组马歇尔试件的密度、热抽提试验，主要检测马歇尔试件容重、稳定度和流值、孔隙率、渗透系数、沥青含量、骨料级配及沥青含量。在完成现场取样试验后，还要对现场摊铺、碾压情况进行检测。根据规范要求，承包商应根据工程师指示的位置钻取芯样。实验室主要检测芯样的厚度、容重、孔隙率、渗透系数，心墙施工初期宜多取 1 个芯样熔化后进行热抽提试验，测量芯样的骨料级配及沥青含量。每组芯样要保留 1 个，由承包商做好标记，保存在工地，直到工程结束后由承包商交给业主。通过检查，如果发现现场任何一个部位沥青混凝土不能达到规范要求，经复查确认后，承包商有责任将其清除，并负责重新修补至满足质量要求。

《水工碾压式沥青混凝土施工规范》(DL/T 5363—2016)规定了沥青混凝土质量检验项目、技术要求和检测频率，分别列于表 7-10～表 7-13。

沥青混凝土原材料的检验项目和检测频率按表 7-10 进行。

表 7-10　沥青混凝土原材料的检测项目和检测频率

<table>
<tr><th>检测对象</th><th>取样地点</th><th colspan="2">检测项目</th><th>检测频率</th><th>检测目的</th></tr>
<tr><td rowspan="14">沥青</td><td rowspan="14">沥青仓库</td><td colspan="2">针入度</td><td rowspan="4">同厂家、同标号沥青每批检测 1 次，每 30～50 t 或一批不足 30 t 取样 1 组，若样品检测结果差值大，应增加检测组数</td><td rowspan="14">沥青进场质量检验</td></tr>
<tr><td colspan="2">软化点</td></tr>
<tr><td colspan="2">延度(15 ℃)</td></tr>
<tr><td colspan="2">延度(4 ℃)</td></tr>
<tr><td colspan="2">密度</td><td rowspan="5">同厂家、同标号沥青每批检测 1 次，取样 2～3 组，超过 1 000 t 增加 1 组</td></tr>
<tr><td colspan="2">含蜡量</td></tr>
<tr><td colspan="2">当量脆点</td></tr>
<tr><td colspan="2">溶解度</td></tr>
<tr><td colspan="2">闪点</td></tr>
<tr><td rowspan="5">薄膜烘箱</td><td>质量损失</td><td rowspan="5">同厂家、同标号沥青每批检测 1 次，每 30～50 t 或一批不足 30 t 取样 1 组，若样品检测结果差值大，应增加检测组数</td></tr>
<tr><td>针入度比</td></tr>
<tr><td>延度(15 ℃)</td></tr>
<tr><td>延度(4 ℃)</td></tr>
<tr><td>软化点升高</td></tr>
</table>

续表 7-10

检测对象	取样地点	检测项目	检测频率	检测目的
粗骨料	成品料仓	密度	每 1 000～1 500 m^3 为 1 个取样单位，不足 1 000 m^3 按 1 个取样单位抽样检测	材料品质检定
		吸水率		
		针片状颗粒含量		
		坚固性		
		黏附性		
		含泥量		
		级配及超、逊径：超径	每 100～200 m^3 为 1 个取样单位，不足 100 m^3 按 1 个取样单位抽样检测	控制生产
		级配及超、逊径：逊径		
细骨料（含人工砂和天然砂）	成品料仓	密度	每 1 000～1 500 m^3 为 1 个取样单位，不足 1 000 m^3 按 1 个取样单位抽样检测	材料品质检定
		吸水率		
		坚固性		
		黏土、尘土、炭块含量		
		水稳定等级		
		超径		
		石粉含量		
		含泥量		
		轻物质含量		
填料	储料罐	密度	每 50～100 t 取样 1 次，不足 50 t 按 1 个取样单位抽样检测	材料品质检定
		含水量		
		亲水系数		
		级配	每 10 t 取样 1 次，不足 10 t 按 1 个取样单位抽样检测	控制生产

沥青混合料制备检测与控制标准及检测频率应遵循表 7-11 的规定。

表 7-11　沥青混合料制备检测与控制标准及检测频率

检验对象	检验场所	检验项目	检验目的及标准	检测频率
沥青	沥青加热罐	针入度、软化点、延度	参照《水工碾压式沥青混凝土施工规范》(DL/T 5363—2016)附录 A 的要求，掺配沥青应符合试验规定的要求	正常生产情况下，每天至少检查 1 次
		温度	按拌和温度确定	随时监测

续表 7-11

检验对象	检验场所	检验项目	检验目的及标准	检测频率
粗、细骨料	热料仓	级配	测定实际数值,计算施工配料单	计算施工配料单前应抽样检查,每天至少1次,连续烘干时,应从热料仓抽样检查
		温度	按拌和温度确定,控制在比沥青加热温度高20 ℃之内	随时监测,间歇烘干时应在加热滚筒出口监测
矿粉	拌和系统矿粉罐	细度	计算施工配料单	必要时进行监测
沥青混合料	拌和楼出机口或铺筑现场	沥青用量	±0.3%	正常生产情况下,每天至少抽提1次
		矿料级配	粗骨料配合比允许误差±5%,细骨料配合比允许误差±3%,填料配合比允许误差±1%	正常生产情况下,每天至少抽提1次
		马歇尔稳定度和流值	按设计规定的要求	正常生产情况下,每天至少检验1次
		其他指标(如渗透系数、斜坡流值、弯拉强度、c值、φ值等)	按设计规定的要求	定期进行检验。当现场可钻取规则试样时,可不在机口取样检验
		外观检查	色泽均匀、稀稠一致、无花白料、无黄烟及其他异常现象	混合料出机后,随时进行观察
		温度	按试拌试铺确定,或根据沥青针入度选定	随时监测

沥青混凝土心墙施工现场质量无损检测项目及频率应遵循表 7-12 的规定。

表 7-12 施工现场质量无损检测项目及频率

检测项目	检验内容	取样数量及检测频率
无损检测	密度	每一个施工单元每 10~30 m 取样 1 次,试验阶段或有必要时可适当增加
	孔隙率	
	抗渗指标	每一个施工单元每 100 m 取样 1 次,试验阶段或有必要时可适当增加

沥青混凝土心墙施工现场钻取芯样质量检测项目及频率应遵循表 7-13 的规定。

表 7-13 芯样质量检测项目及频率

项目	取样数量及检测频率
密度	沥青混凝土心墙每升高 2~4 m 或每摊铺 1 000~1 500 m^3 检测 1 次,沿坝轴线每 100~150 m 布置钻取芯样 2 组
孔隙率	
抗渗指标	
马歇尔稳定度、流值	按设计要求
小梁弯曲	
三轴试验	
其他指标	

二、质量控制要点

沥青混凝土施工质量控制是一项复杂的系统工程,从原材料、沥青混合料到沥青混凝土,各施工环节都要求有很好的质量控制措施及标准。从温度控制、拌和称量控制到沥青混凝土取芯检测各个方面,均不能有疏漏。施工过程控制应注意以下几点。

(一)配合比误差

配合比误差主要是指沥青混合料的配合比误差,事前控制主要是依靠对拌和楼的称量误差控制来实现的,事后控制则只有通过对现场取的混合料进行抽提试验来检验。配合比误差要求在拌和楼出机口、沥青混合料摊铺现场等进行取样,也可以对沥青混凝土芯样或其他形式的沥青混凝土采用溶剂溶解的方式进行抽提获取。配合比误差是沥青混凝土力学性能产生波动的主要原因之一。

(二)温度控制

温度控制应贯穿于沥青混凝土施工过程的始终。温度控制包括沥青材料进入拌和楼的温度控制、骨料的加热温度控制、沥青混合料的拌和温度控制、沥青混合料的出机口温度控制、沥青混合料储料罐的温度控制、沥青混合料的运输温度控制、沥青混合料摊铺温度控制、沥青混凝土碾压温度控制、沥青混凝土钻孔取芯时的温度控制等。在整个生产过程中,应定期对称量和测温的仪器仪表设备进行校准。王家沟水库沥青混凝土摊铺后温度检测见图7-16。

图7-16 王家沟水库沥青混凝土摊铺后温度检测

(三)沥青混合料运输过程控制

沥青混合料的运输过程控制,就是要避免沥青混合料产生骨料分离或离析现象,即将沥青混凝土运输过程的温度损失控制在允许的范围之内。

(四)沥青混凝土摊铺碾压过程控制

沥青混凝土的摊铺碾压,除在温度方面要控制摊铺温度和碾压温度外,还需要控制沥青混合料的摊铺及碾压厚度和平整度、沥青混凝土的碾压方式及碾压遍数、过渡料的碾压及其与沥青混合料碾压方式的协调等。在沥青混凝土摊铺过程中,要连续控制沥青混凝土的摊铺厚度。沥青混凝土的摊铺厚度一般要控制在设计要求范围内。组成沥青混凝土护面的各层应按图纸所示的体形和高程施工。护面各层完工后的容许误差必须符合标准。

(五)沥青混凝土检测

沥青混凝土检测包括无损检测、现场钻取芯样检测及钻孔取芯检测。无损检测包括利用核子密度仪对已经完成施工的沥青混凝土测试其容重、推算其孔隙率及利用沥青混凝土渗气测试仪测试其渗透系数两个方面的内容。现场取样检测内容包括沥青混合料的配合比抽提试验,击实成型的沥青混凝土马歇尔稳定度、马歇尔流值、渗透试验,小梁弯曲试验,沥青混凝土三轴试验等。钻孔取芯检测内容包括配合比抽提、沥青混凝土马歇尔稳定度及马歇尔流值、渗透试验,小梁弯曲试验,沥青混凝土三轴试验等。中叶水库大坝现场取芯芯样见图7-17。

(1)无损检测。无损检测采用西安理工大学生产的ZC-97型渗气仪检验心墙的渗透系数;采用美国生产的5001C核子密度仪测试沥青心墙的容重,从而计算沥青混凝土孔隙率和含水率。中叶水库沥青混凝土心墙现场无损检测结果:平均视密度为2.44 g/cm^3,

图 7-17　中叶水库大坝现场取芯芯样

理论密度值为 2.5 g/cm^3,孔隙率为 1.4%。

(2)现场钻芯取样检测。心墙每升高 3 m,沿心墙轴线方向布置 2~4 个断面,采用专用钻机钻取长度为 0.6 m 的芯样,进行容重、渗透系数和力学性能等试验。中叶水库大坝相对应点位钻取芯样检测结果:平均视密度为 2.48 g/cm^3,理论密度为 2.5 g/cm^3,孔隙率为 2.6%,渗透系数 $k<1\times10^{-8}$ cm/s。层间结合处视密度为 2.43 g/cm^3,理论密度为 2.47 g/cm^3,孔隙率为 2.3%,渗透系数 $k<1\times10^{-8}$ cm/s。现场无损检测及钻孔取样检测结果均满足设计要求,表明成墙效果较好。

(3)抽提试验。抽提试验的目的是检测沥青混合料的实际配合比是否满足设计要求,以及测定沥青混合料的理论密度值,以便根据沥青混凝土的容重计算孔隙率。抽提用的沥青混合料是在每层的摊铺现场取样的,取 3 个断面的料经混合后使用。抽提试验检测沥青混合料的实际配合比结果均满足设计要求。

(4)马歇尔击实试验。将现场取回的沥青混合料制成标准试件,根据摊铺现场的施工工艺及前期现场摊铺试验和生产性试验的成果,在与摊铺现场碾压温度相同的条件下,用马歇尔击实仪进行击实试验(正反面各 35 次),测定击实后的试件容重。根据理论密度值计算出试件的孔隙率,只要孔隙率小于 3%,即满足设计要求。

(5)沥青混凝土力学性能试验。沥青混凝土的力学性能采用三轴试验予以测定,试件取自现场钻孔取样。三轴试验能很好地模拟真实的应力应变状态,通过试验可确定沥青混凝土的黏聚力 c、内摩擦角 φ 及其他力学性能指标。中叶水库大坝沥青混凝土心墙的主要力学性能指标如下:黏聚力 c 值为 0.35 MPa;内摩擦角 φ 为 41°;弯曲强度大于 0.8 MPa。

第四节　缺陷处理

一、缺陷分类

沥青混凝土的摊铺施工过程是一个复杂的系统工程,任何一个环节出现问题,如拌和设备、运输设备、摊铺及碾压设备的故障,施工工艺控制过程中的各种人为及非人为的影响因素,都会造成沥青混凝土的质量缺陷。工程施工中,质量缺陷是不能完全避免的,出现后更不能掩盖问题,要正确地对待出现的问题,认真分析缺陷产生的原因及其危害性,采取切实可行的处理措施,消除施工缺陷,不给工程留下任何的隐患,保证工程的整体安全。

沥青混凝土摊铺施工的质量缺陷可以分为两大类:第一类为沥青混凝土产生表面裂缝;第二类为结构缺陷,如通过检测沥青混凝土孔隙率、渗透系数等物理力学性能指标达不到设计要求。

二、表面裂缝

沥青混凝土施工过程中,表面可能形成一些横向、纵向、混合裂纹或裂缝,也可能产生龟裂现象。其裂纹或裂缝有长有短、或深或浅,长可达 1~1.5 m,以致连通裂纹,短则 1~2 cm;深可达 1~3 cm,浅的 0.1~1 mm。裂缝的出现虽然不是人们希望看到的,但也没有必要害怕和紧张,只要对其产生的原因进行分析研究,不留工程隐患,同时采取有效措施进行预防,就可以保证沥青混凝土摊铺施工的整体质量。

(一)沥青混凝土表面裂缝的分类及成因

沥青混凝土的表面裂纹,根据其成因,可分为以下几类。

1.质量裂缝

质量裂缝是施工过程中由于施工质量控制工艺偏差不能满足要求而造成的施工缺陷。质量裂缝的产生主要有以下几个方面原因:

(1)当沥青混凝土的配合比发生了较大的误差时,如沥青含量远远小于预定值、矿粉的用量远远大于预定值,使沥青混合料无法在正常碾压情况下达到理想的压实度,颗粒之间的内摩擦力较小,无法形成密实结构,沥青混凝土制品表面形成大量裂纹。

(2)施工过程中,由于沥青混合料矿料加热温度不够,沥青与矿料的黏聚力变小,这样沥青混合料在摊铺碾压后,沥青混凝土表面将产生很宽、很深的贯穿性裂纹。

(3)沥青混合料在摊铺碾压后,长时间未能实施碾压,进行碾压施工时,沥青混合料温度偏低,在此情况下碾压,同样会形成表面裂纹。

质量裂缝一般为贯穿性裂纹,裂纹较深,可达 3 cm,是沥青混凝土表面裂纹中性质最严重的一类裂纹。

2.温度裂缝

在沥青混凝土施工过程中,沥青混凝土的配合比及施工工艺控制正常的情况下,气温的骤降而使沥青混凝土制品表面形成的一类裂缝可称为温度裂缝。

从沥青混凝土心墙施工的气候条件、现场施工及检测成果分析,此类裂缝产生的原因大致如下:由于天气原因,如突降暴雨,积水浸泡心墙,心墙强度多次骤降骤升,形成温度应力、强度应力,是沥青混凝土表面裂缝发生的主要原因。

温度裂缝一般可分为以下三种形式:

(1)贯穿式:基本横向贯穿心墙。

(2)半贯穿式:以心墙中心线为界,分布在心墙两侧。

(3)密布式:于心墙一定长度范围内存在数条裂缝密布。既有贯穿裂缝,又有半贯穿裂缝。

各种形式的裂缝宽度、深度不等,宽度一般为0.1~2 mm,深度一般为0~5 mm。

3.层间缝及其他裂缝

一般裂缝是由施工工艺造成的,主要是由于沥青混凝土过碾,表面形成一层浮浆,此层浮浆是沥青混凝土的最薄弱部位,在沥青混凝土冷却过程中,由于沥青混凝土表面浮浆的表面张力小于其温度变化形成的拉应力,它与其他原因联合作用,使沥青混凝土形成表面裂缝。严格意义上讲,此类裂缝也属温度裂缝或施工缝。层间缝对大坝运行危害极大。

(二)表面裂缝处理

施工过程中出现表面裂缝,应认真分析其成因,制定其相应的处理措施。裂缝出现的形式不同,处理方式也应进行相应的调整。

温度裂缝和一般裂纹对沥青混凝土的渗透性影响不大,沥青混凝土的自愈能力较强,此类裂缝在一定条件下,如温度升高条件下均可愈合。一般情况下,不对此类裂缝进行特殊处理,只需在进行下一层施工时,对心墙表面进行加热施工,裂缝就能完全愈合。因此,沥青混凝土碾压完毕后要特别注意加强保护,减少外界因素对心墙的侵蚀,沥青混凝土表面裂缝是完全可以减少的,甚至是可以避免的。质量裂缝由于其成因较为特殊,没有办法采取措施使得沥青混凝土的表面裂缝愈合,裂缝的存在会大大降低沥青混凝土的防渗性能,成为工程防渗的隐患,必须进行处理,通常采用贴沥青玛琋脂、彻底挖除的处理方式。层间裂缝则需严格执行缝面处理的每一道工序方可避免,若后期出现,处理难度则更大。

三、结构缺陷

沥青混凝土心墙的施工质量控制,现场主要以无损检测为主,辅以钻孔取芯作为最终的确认手段。若发现有不合格的检测点,应立即钻取芯样进行复测。一旦使用无损检测发现沥青混凝土的物理力学指标不能满足设计要求,要求及时对出现问题的工程范围进行确定、对质量问题的性质进行分析,采取相应的对策进行处理。

沥青混凝土心墙碾压后需进行质量检验,检测指标包括沥青混凝土密度大于2.4 kg/cm^3,孔隙率小于3%,渗透系数小于1×10^{-8} cm/s等。

(一)处理范围的确定

在发现沥青混凝土施工质量有问题的层次,需按以下步骤来确定处理区间:

(1)首要工作是增加无损检测的频率,对沥青混凝土孔隙率不合格的区间进行分析,必要时可以采用每米一个测点甚至更密,确定待分析、处理的区间。

(2)在无损检测确定的、不合格的区间内,采用钻孔取芯的办法,对沥青混凝土的孔隙率、渗透系数等物理力学参数进行监测分析。

(3)以沥青混凝土芯样的试验检测成果为标准,初步划分需要进行处理的区间。

(4)在已确定的处理区间两端向外各1 m,再次取芯确认沥青混凝土的物理力学指标是否满足要求,如满足要求可不扩大处理区间,否则继续向区间两端外各1 m重新进行取芯,直至满足要求,同时也确定最终的处理区间。

(5)根据质量缺陷的性质及范围的大小,确定处理方式。

通常情况下,如沥青混凝土芯样测试值合格,则认为沥青混凝土质量满足要求;如沥青混凝土芯样测试值仍不合格,则认为必须要进行处理。

(二)结构缺陷处理

无损检测检查出不能满足要求的沥青混凝土,通常有以下3种处理方式。

1. 可不进行处理的情况

在经核子密度仪无损检测发现存在力学性能(主要指孔隙率和渗透系数)不能满足设计要求后,在进行加密检测确定的待处理的区间内,钻孔取芯样进行检测。对无损检测发现问题的部位,无损检测结果处于设计容许值的边缘,补充钻孔取芯进行检测试验,沥青混凝土芯样检测结果满足设计要求,经分析论证确认,不影响沥青混凝土心墙的正常运行,不会给工程留下隐患,对这部分心墙的沥青混凝土可以不做处理。

2. 必须处理的情况

对无损检测发现问题的部位,无损检测结果与设计容许值的偏差较大,补充钻孔取芯进行检测试验,沥青混凝土芯样检测结果也不能满足设计要求,经分析论证确认,将会影响沥青混凝土心墙的正常运行,给工程留下隐患,对这部分心墙的沥青混凝土必须进行处理。

若检测发现孔隙率超标点较多,范围较大,即采用心墙迎水面浇筑沥青玛琋脂处理方法,可增加心墙防渗性能。若检测不合格点仅为局部并集中分布且范围较小,采用不合格部位挖除后重新铺筑沥青混合料处理方法。挖除时烤熔并用人工辅助机械挖除,对接缝处斜坡和底层要用人工小心修整,保证坡度小于1:3,并将底层松散颗粒剔除;必要时可将处理层面加热用振动碾静压几遍,再重新铺筑沥青混合料。一般认为水工沥青混凝土的孔隙率小于3%时,其水稳定性是有保证的。若在心墙迎水面铺筑几厘米厚的沥青玛琋脂,该方法在大坝蓄水后高水头作用下能否真正起作用,还需工程检验。挖除后重新铺筑沥青混合料势必对原有结构造成破坏,并导致横向接缝和底层结合面增多从而增加渗透薄弱点。此类处理措施的有效性及耐久性仍需等待时间的检验。具体处理方式如下。

1)沥青玛琋脂贴面

对发现问题的部位,可以在缺陷部位的心墙上游面贴5~10 cm厚沥青玛琋脂,可增强沥青混凝土的防渗效果。

沥青玛琋脂贴面高度一般为3个自然浇筑层,即裂缝层、裂缝层上层、裂缝层下层。用于施工浇筑的沥青玛琋脂配合比需根据试验确定。通常情况下,沥青:填充料(矿粉):人工砂=1:2:4。侧面浇筑沥青玛琋脂的具体做法是:继续进行下一层的沥青混凝土施工,施工结束后将心墙上游面过渡料挖开,在侧面将其表面进行处理,要求表面平整,且无过渡料镶嵌。

在对沥青混凝土心墙迎水侧表面处理完成并通过验收后,就可以在需要贴沥青玛琋脂的部位支立施工模板了。立模完成后,采用与沥青混凝土与混凝土结合部沥青玛琋脂加热、拌和相同的工艺,按照试验确定的沥青玛琋脂的配合比,现场拌和生产沥青玛琋脂,并在迎水侧的沥青混凝土心墙表面,浇筑一层厚5～10 cm的沥青玛琋脂。玛琋脂贴面的处理方式也可以使一部分质量缺陷问题彻底解决,但也不是万能的,而且其施工工序太麻烦。

2)拆除重新填筑

对发现问题的部位,补充钻孔取芯,对沥青混凝土的力学性能(主要指孔隙率、渗透系数)进行检测,沥青混凝土芯样的检测结果不能满足设计要求时,可以采用将质量缺陷段彻底挖除并重新铺筑沥青混凝土的处理办法。

拆除处理方法是在缺陷段用红外线加热罩等加热方法加热沥青混凝土,人工用铁锹等工具铲除已加热的沥青混凝土,直至把该层全部清除,并重新铺筑沥青混凝土,并使之达到合格要求。

当缺陷的处理范围较小时,采用这种办法进行处理;如缺陷的处理范围很大,采用贴沥青玛琋脂的办法可以从根本上解决质量问题时,应尽量采用贴沥青玛琋脂的处理方法。当然,如缺陷的处理范围很大,但采用贴沥青玛琋脂的办法不能从根本上解决质量问题时,也必须采用挖出的方法彻底处理,不给工程留下任何隐患。

四、过碾返油

施工过程中刻意追求表面效果而加大碾压力度,形成明显的“返油”现象,将直接影响沥青混凝土心墙的使用性能。这类“返油”主要是沥青胶浆,厚度可达0.5～1 cm,将其称为“过碾返油”。

“过碾返油”现象形成的原因有很多,归纳起来有以下几个方面:

(1)沥青混凝土的过碾。一定程度地增加碾压遍数,对沥青混凝土的孔隙率无明显影响,如果碾压遍数过多,则形成沥青混凝土“过碾返油”现象。

(2)沥青混合料的碾压温度偏高,如果不改变相应的施工碾压参数,同样会形成“过碾返油”现象。一般情况下,沥青混合料的碾压温度控制为140～160 ℃,温度较高时进行碾压,骨料颗粒间的内摩擦力较小,重颗粒下沉,轻物质上浮的速度提高,形成表面“返油”,对沥青混凝土结构形成不利。

沥青混合料配合比偏差较大,特别是沥青用量远高于设计值,同样在正常碾压工艺情况下造成“过碾返油”现象。

在设计沥青混合料时,通常采用马歇尔击实试验的方法。作为水工沥青混凝土,与公路沥青混合料设计的区别在于选用了更大的填充料用量和更高的沥青用量。

由于心墙沥青混凝土现场碾压效果较室内马歇尔击实效果差,现场沥青混凝土施工配合比选用了较马歇尔击实试验所确定的最佳沥青用量稍大的沥青用量,而根据相关规范要求,现场施工沥青含量允许一定程度的波动。当沥青含量较大时,如果不相应地改变施工碾压参数,必然造成沥青混凝土心墙“过碾返油”现象。

“过碾返油”将对沥青混凝土的力学和变形性能造成很大的影响,“过碾返油”浇筑层是沥青混凝土心墙施工存在的一个薄弱环节。从抽取的芯样看,层间形成明显的沥青胶浆层，没有因上一层的铺筑而消失。同时，“过碾返油”层的中下部芯样的孔隙率较大，影响沥青混凝土的抗渗性能。

在沥青混凝土心墙施工过程中，应严格控制沥青混合料配合比及施工工艺参数，消除“过碾返油”现象。沥青混凝土心墙结构设计要考虑坝体填料与沥青混凝土心墙的协调变形，要考虑沥青混凝土承受的自重压力和侧压力对沥青混凝土心墙的使用性能的影响。

因此，如果施工中出现“过碾返油”现象，首先要检查沥青混凝土的孔隙率是否满足设计要求，如果沥青混凝土心墙“过碾返油”浇筑层的中下部沥青混凝土满足设计要求，则可将“过碾返油”浇筑层表面清除，否则，需要将“过碾返油”浇筑层全部挖除。

五、混合料离析

近年我国沥青混凝土坝迅速发展，其中沥青路面混合料的离析问题越来越引起广大施工人员、技术人员及研究人员的重视。众所周知，影响沥青路面寿命其中一个关键问题是沥青混合料的均匀性，即级配的均匀性、沥青含量的均匀性和空隙率的均匀性等。影响离析主要有两个方面的原因：一是混合料的颗粒骨料离析；二是温度离析。骨料离析通常很容易观察，特别是粗骨料的混合料，但温度离析很难直接观察到，其影响更是不容易发现。

（一）离析的成因

1. 骨料离析

沥青混凝土拌和机拌出的料一般是比较均匀的，能满足工程的需要，然而在施工过程中会出现离析，主要有以下几个方面的原因：

（1）拌和机向运输车装料时，装料时形成的料堆使大骨料滚向四周，每一次装料大料都会滚向四周，当一车料装完时，车厢四周的大料会多一些，形成第一次离析。

（2）在运输过程中，运输车的颠簸，使表面的混合料中的大骨料进一步滚向四周，又使离析进一步扩大。

（3）当运输车向摊铺机倒料时，同样会在摊铺机的料斗形成料堆，也同样形成混合料的离析。

（4）每一车卸料完毕后，摊铺机料斗收斗，在料斗四周的大料被摊铺机的输料器送到熨平板下，这样就形成骨料的离析。

（5）摊铺机螺旋布料器分料时，沥青混合料在链条箱及螺旋布料器的吊架处部位受到阻挡等原因也易形成料的离析。

2. 温度离析

还有一种离析是温度离析，这种离析不容易通过眼睛观察出来，最容易被人们忽视。下面重点分析温度离析的形成及防止措施。影响温度离析的因素包括沥青混合料装入运输车的温度、环境温度、运距等。运输中的温度离析，通过对实际运输车进行检测，当温度正常的沥青混合料经过 0.5 h 到达摊铺现场，不同部位的温度差别竟达 50 ℃，有些料的温度竟低于 100 ℃。运输车中混合料的温度差异很大，表面及与箱体接触的部分温度最低，当进入摊铺机料斗时，料车两侧的温度较低的混合料落在料斗两侧，每车底部的料也是最后落在摊铺机的料斗内,这时混合料的温度已经很低,当摊铺机铺完时,摊铺面的温度差异就出现了。

(二)离析的影响

试验证明孔隙率与混合料的压实温度关系密切,如果摊铺时发生温度离析,在同样压实的情况下温度低的部位孔隙率高。把该项试验的试样放在沥青分析仪中进行疲劳断裂试验,直到试样破坏为止,试验表明:当沥青混合料的孔隙增大(压实温度降低)时,试样断裂所需要的轮式试验次数显著降低。

(三)解决方法

总结离析产生的原因,是减少离析最有效的方法。

(1)拌和机向运输车装料时,每装一盘料移动一次运输车,以免沥青混合料在运输车形成太大的料堆,减少混合料大料滚动概率,从而减少离析。

(2)运输车的运输量不能超载,提高运输车的运行速度,减少车辆故障率,缩短运输的时间。

(3)拌和站选址时尽量靠近施工地点,减少运输时间。

(4)选择离析小的摊铺机,并尽量减少摊铺机的摊铺宽度。

(5)摊铺前增加拌和装置。

(6)及时压实。

以上方法只能尽量减少骨料离析及温度离析,但效果并不明显,现在欧美一些国家经过多年的研究,通过改进摊铺工艺防止离析。

六、既有工程沥青混凝土心墙缺陷处理

(一)缺陷定位

防渗墙被广泛应用于各工程水库大坝中,对于坝体的防渗具有重要作用。防渗墙在施工时,各种因素会导致墙体存在如裂缝、架空、蜂窝、离析、层间渗漏等隐患。快速有效地确定防渗墙墙体完整性、连续性及对可能存在的裂缝、空洞、层间渗透等缺陷位置进行准确定位,是缺陷处理的关键。通常先采用电阻率对比法进行快速普查,发现墙体可能存在的缺陷横向位置,再在疑似异常位置利用电阻率 CT 法或孔中自然电位法进行异常位置的精确定位。电阻率 CT 数值模拟结果表明:电阻率 CT 法对防渗墙的缺陷具有较强的敏感性,该组合方法受库水位及地面探测条件等限制因素影响较小,具有较强的适用性,可为工程质量的判定提供依据。

1.快速普查技术

防渗墙渗漏隐患快速普查技术具体做法如下:①在防渗墙背水坡一侧布置一条电法测线,测试一组高密度电阻率背景值;②在迎水坡一侧布置一个钻孔,钻孔深度与防渗墙深度一致,钻孔采用非金属管花管(如 PVC 花管)护孔,钻孔完成后在孔中注入饱和盐水,并保持水头与地面持平;③钻孔灌注盐水 3 ~ 5 h 后,在背水坡测试背景电阻率的电法测线相同位置再进行一次高密度电阻率测试,通过将前后电阻率差值与背景电阻率相除,确定电阻率变化率。若变化较大,判定此处为渗漏区域。

2. 精确查找

电阻率 CT 法是一种把电极放入钻孔内进行测量的直流电阻率物探勘察方法,探测深度主要由测线的长度控制,由于电极布置于地下,传感器离目标体更近,可有效减少地面电法测量的各类干扰,提高了勘探精度。目前,电阻率 CT 法被广泛应用于岩溶、孤石的探查。由于沥青混凝土防渗墙为混凝土结构,它相对于两侧的土层来说是一个高阻屏蔽层,防渗墙墙体的裂隙、孔洞等缺陷位置是电场穿过防渗墙的良好通道,在电阻率 CT 剖面中表现为低阻特征,通过穿透防渗墙墙体的低阻异常区位置来确定防渗墙的隐患位置。完整防渗墙及异常防渗墙模型模拟结果见图 7-18。

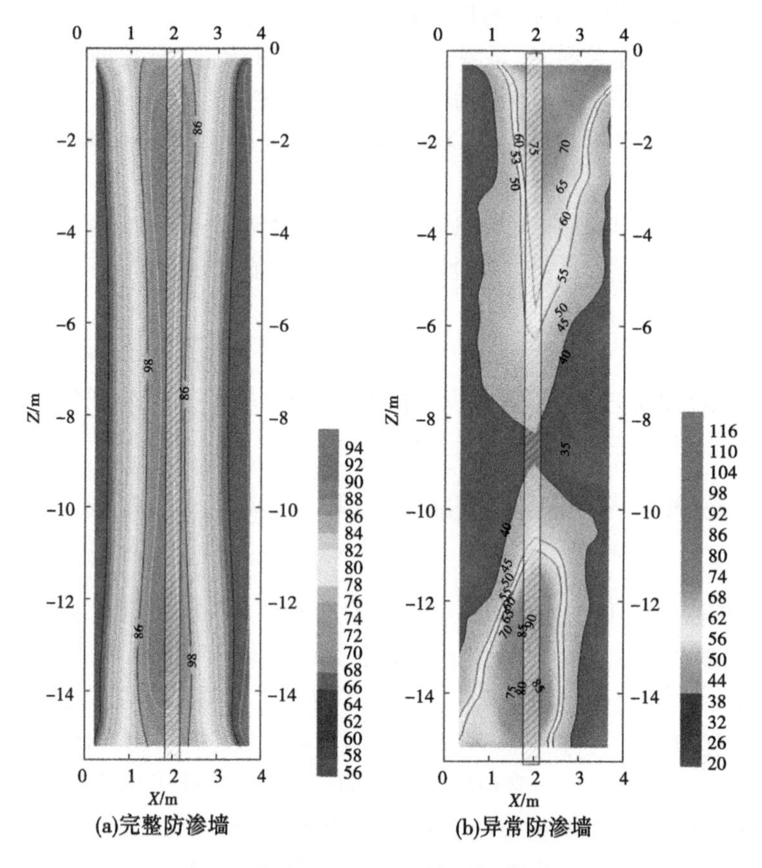

(a)完整防渗墙　(b)异常防渗墙

图 7-18　完整防渗墙及异常防渗墙模型模拟结果

根据以往工程经验,电阻率对比法的快速检测手段是通过人为制造水头差并加注盐水,利用同一测线的两次探测结果差值与背景值相除,可快速发现检测范围内防渗墙墙体存在的渗漏隐患区域的横向位置和范围,相比于传统的钻孔法及传统物探检测方法具有明显的优势。数值模拟和现场实际探测结果表明,电阻率 CT 法对墙体内存在的裂缝等可导通防渗墙两侧的隐患具有很高的灵敏度,是检测墙体裂缝、空洞等隐患的有效方法。通过自然电位法和电阻率 CT 法对快速检测结果中发现的异常位置进行精细探查,可准确查明缺陷的纵向位置,两种方法在结果上具有一致性,相互验证,成果可靠。通过高密度电阻率对比法快速普查,结合自然电位及电阻率 CT 法的精细探测方法,可准确判断防渗墙墙体的施工深度和隐患位置,具有由简再繁、循序渐进、无损高效、成果可靠的特点,符合探测实际过程。同时,该组合方法不受库水位和坝体内金属等因素干扰,具有较强的适用性。

(二)缺陷处理

防渗墙施工属于隐蔽工程,覆盖之后处理难度较大。通过上述方法锁定缺陷位置后可通过混凝土修补技术或再造防渗墙进行处理。

混凝土修补技术可在缺陷部位的防渗墙轴线钻孔至对应高程,采用灌注环氧树脂、水溶性聚氨酯,或采用聚脲对缺陷部位进行补强处理。再造防渗墙则是沿缺陷部位的防渗墙平行布置一道或两道防渗墙对原有防渗墙进行缺陷封闭处理。

参考文献

[1] 王为标,申继红. 中国土石坝沥青混凝土心墙简述[J]. 石油沥青,2002(4):27-31.

[2] 王为标. 土石坝沥青防渗技术的应用和发展[J]. 水力发电学报,2004,23(6):70-74.

[3] 朱晟,闻世强. 当代沥青混凝土心墙坝的进展[J]. 人民长江,2004,35(9):9-11.

[4] 祁庆和. 水工建筑物[M]. 3 版. 北京:中国水利水电出版社,1997.

[5] 王为标,Kaare Höeg. 沥青混凝土心墙土石坝:一种非常有竞争力的坝型[C]//第一届堆石坝国际研讨会论文集. 成都:中国水利水电出版社,2009:62-67.

[6] Höeg K. Asphaltic concrete Cores for Embankment Dams[M]. Norway:Stikka Press,1993.

[7] WANG Wei Biao. Research on the Suitability of Asphalt Concrete as Water Barrier in Dams and Dikes [D]. Norway:University of Oslo,2008:1-11.

[8] Saxegaard H. Asphalt Core Dams: increased productivity to improve speed of construction[J]. International Journal on Hydropower and Dams,2002,9(16):72-74.

[9] Alicescu V,Tournier J P,Vannobel, et al. Design and construction of nemiscau-1 dam, the first asphalt core rockfill dam in North-America[C]// Canadian Dam Association Annual Conference. Winnipeg. MB, Canada,2008:1-11.

[10] Hao Y L,He S B. Design of the Yele Asphalt Core rockfill Dam[C]//Dam Construction in China-State of the Art. CHINCOLD,2008:226-233.

[11] 余梁蜀,吴利言,郝巨涛. 我国沥青混凝土心墙摊铺机开发及工程应用[J]. 水利电力机械,2003,25(3),14-18.

[12] 关志诚. 土石坝工程:面板与沥青混凝土防渗技术[M]. 北京:中国水利水电出版社,2015.

[13] 中华人民共和国水利部. 碾压式土石坝设计规范:SL 274—2020[S]. 北京:中国水利水电出版社,2020.

[14] 中华人民共和国水利部. 水利水电工程天然建筑材料勘察规程:SL 251—2015[S]. 北京:中国水利水电出版社,2015.

[15] 曹克明,汪易森,徐建军,等. 混凝土面板堆石坝[M]. 北京:中国水利水电出版社,2008.

[16] 中华人民共和国国家能源局. 水电工程水工建筑物抗震设计规范:NB 35047—2015[S]. 北京:中国水利水电出版社,2015.

[17] 孙钊. 大坝基岩灌浆[M]. 北京:中国水利水电出版社,2004.

[18] 陈祖煜. 土质边坡稳定分析:原理 · 方法 · 程序[M]. 北京:中国水利水电出版社,2003.

[19] 孙涛,顾波. 边坡稳定性分析方法评述[J]. 岩土工程界,2002,5(11):48-50.

[20] 周红祖,刘晓辉. 边坡稳定分析的原理和方法[J]. 高等教育研究,2008,25(1):91-93.

[21] 钱家欢,殷宗泽. 土工原理与计算[M]. 北京:中国水利水电出版社,1995.

[22] 夏元友,李梅. 边坡稳定性评价方法研究及发展趋势[J]. 岩石力学与工程学报,2002,21(7):34-38.

[23] 张鲁渝,欧阳小秀,郑颖人. 国内岩土边坡稳定分析软件面临的问题及几点思考[J]. 岩石力学与工程学报,2003,22(1):166-169.

[24] 吕擎峰,殷宗泽. 非线性强度参数对高土石坝坝坡稳定性的影响[J]. 岩石力学与工程学报,2004,23(16):2708-2711.

[25] 陈立宏,陈祖煜. 堆石非线性强度特性对高土石坝稳定性的影响[J]. 岩土力学,2007(28):

1807-1810.

[26] 张启岳. 用大型三轴仪测定砂砾石料和堆石料的抗剪强度[J]. 水利水运科学研究,1980(1):25-38.

[27] Indraratna B, Wi jewaedena LSS, Balasubramanian A S. Large-scale triaxial testing of grewacke rockfill[J]. Geotechnique, 1993, 43(1):37-51.

[28] 柏树田,崔亦昊. 堆石的力学性质[J]. 水力发电学报,1997(3):21-30.

[29] Duncan J M, Byme P M, Wong K S. Strength, stress-strain and bulk modulus parameters for finite element-analysis of stress and movements in soil masses[R]. Report. No. VCB/GT/78-02, Berkeley: University of Califomia, 1978.

[30] 姜帆,宓永宁,张茹. 土石坝渗流研究发展综述[J]. 水利与建筑工程学报,2006,4(4):94-97.

[31] 毛昶熙. 渗流计算分析与控制[M]. 北京:中国水利水电出版社,2003.

[32] 中华人民共和国水利部. 土石坝安全监测技术规范:SL 551—2012[S]. 北京:中国水利水电出版社,2012.

[33] 中华人民共和国水利部. 水库大坝安全评价导则:SL 258—2017[S]. 北京:中国水利水电出版社,2017.

[34] Erich Schönian. The Shell Bitumen Hydraulic Engineering Handbook[M]. London: Shell International Petroleum Company Ltd, 1999.